国|际|环|境|设|计|精|品|教|程

Interior Design and Construction Drawing Method Illustration

室内设计施工图画法图解

[日] 本间至　濑野和广　关本龙太　彦根明 / 编著

朱波 / 译

目录

建筑设计图

建筑设计图[详图]

结构图

设备图

从完工状态学习施工图纸

平面详图 1

柱子与墙体的收头要详细绘制

绘制平面详图时（笔者所在设计事务所采用的比例尺是 1:50），原则上平面上看得到的线都要绘制。柱子与墙体的收头（即底层与饰面的规格、承重墙的位置等）以及设备机器、搬入家具等的布局及尺寸均应准确描绘。笔者习惯将管道走向及灯具的图示等都绘制在设备图中，尽量在一张平面详图上就能看到与建筑施工相关的所有信息。

平面详图承担了施工图的作用，因此必须要起到作为其他详图关键方案的作用。笔者将从这一角度，介绍如何绘制容易让施工方看懂的图纸。［濑野和广］

1 标注承重墙的布局

承重墙的布局是结构承重中的重要因素。安装位置如果有误，则墙壁数量的平衡会被打乱，有可能降低房屋应有的抗震力。为了避免出错，最好在施工方最常使用的平面详图中，在承重墙的安装位置处用图示标注（本页图中为涂成灰色的墙壁）。

2 用 4 种线型绘制的图纸清晰易懂

笔者所在的设计事务所采用4种线型绘图，轻重有别，容易区分（本书中图纸为特别调整后的图纸）。底层等细线则保持了线的浓度以保证可读性。施工方都是用A3纸打印（比例尺1:50一般为了以A2纸打印看得清楚），重要的是要保证即使比例尺变更，图纸也能看得清楚（A3纸打印，比例尺是1:75）。

平面详图［S=1:80］；原图［S=1:50］　**日本/坪=3.3057平方米**

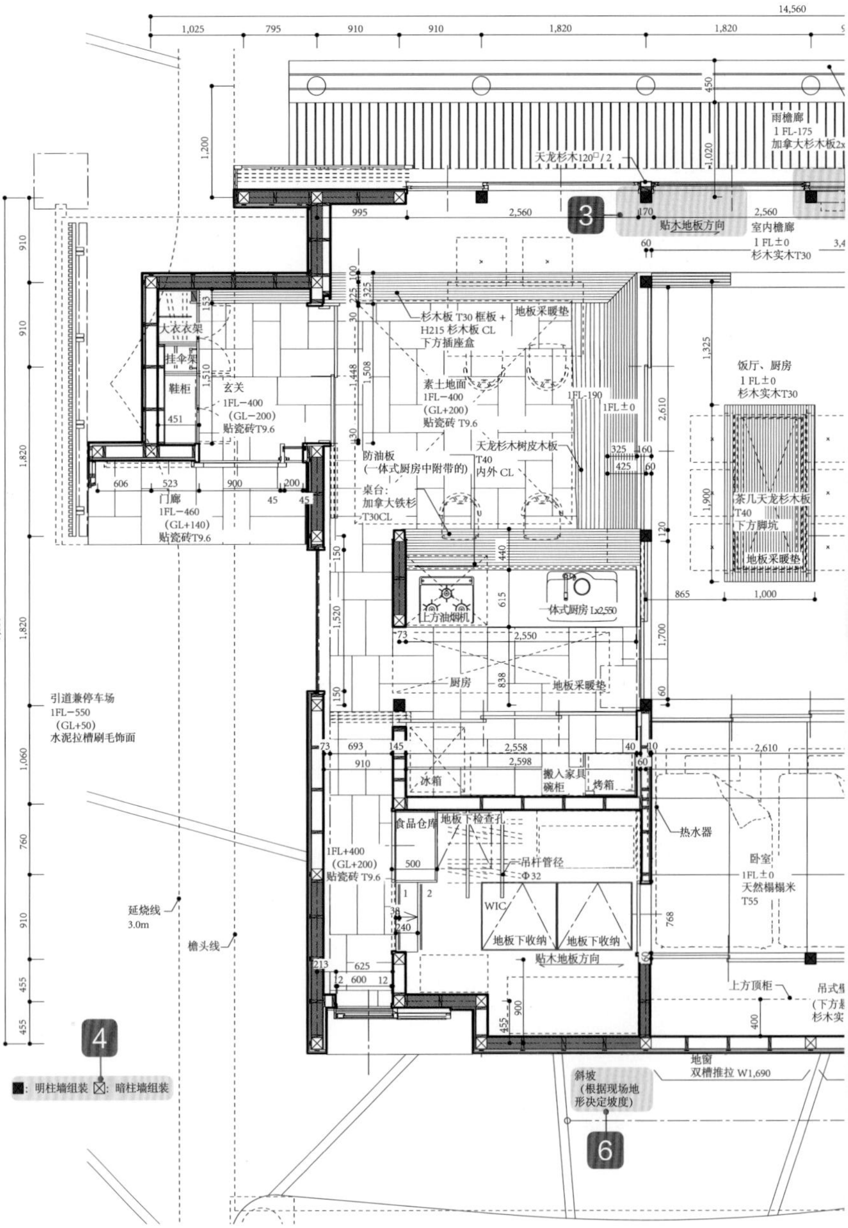

■：明柱墙组装　⊠：暗柱墙组装

将搬入家具与家电制成清单

	名称	尺寸	备注
1	烘干机	w630×d520×h700	洗衣机
2	西服衣柜	w1,450×d610×h2,050	WIC
3	和服衣柜	w1,100×d610×h1,700	WIC
4	抽屉式收纳	w400×d740×h700	WIC
5	冰箱	w600×d700× h1,700	厨房
6	抽屉式收纳	w390×d530×h180~300	家务间收纳
7	衣服抽屉式收纳	w1,050×d450×h200	WIC
8	音响	w350×d350×h410	饭厅、厨房
9	喇叭×2	w280×d270×h510	饭厅、厨房

已经决定要搬入的家具和家电要制作为清单放在平面详图上。特别是尺寸要标注清楚，以便在施工现场可以合理组装。

3 标注贴地板的方法

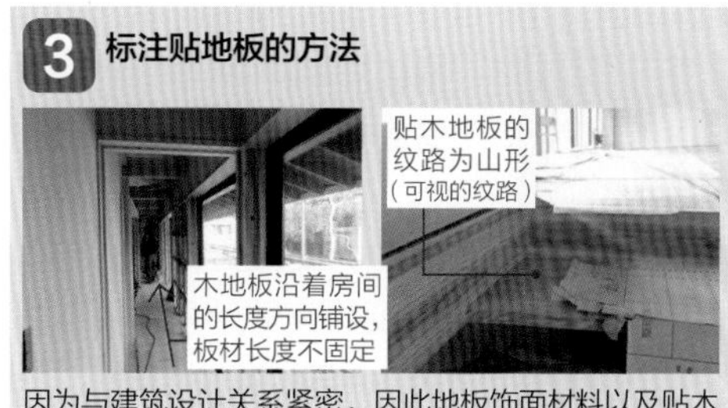

贴木地板的纹路为山形（可视的纹路）
木地板沿着房间的长度方向铺设，板材长度不固定

因为与建筑设计关系紧密，因此地板饰面材料以及贴木地板的方向要用箭头标好（入口门框的木纹、贴木地板的木纹和贴素土地面地砖的方法也要标注）

4 明柱墙和暗柱墙要容易区分

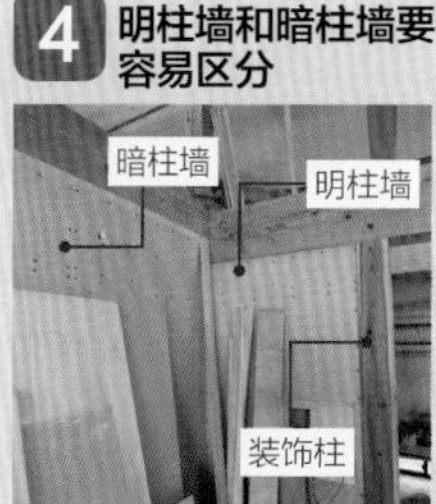

暗柱墙
明柱墙
装饰柱

此图中的房屋有暗柱墙也有明柱墙，绘制图纸时用颜色区分了是哪种柱子。关于具体的柱子收头另外准备了门框周围详图。

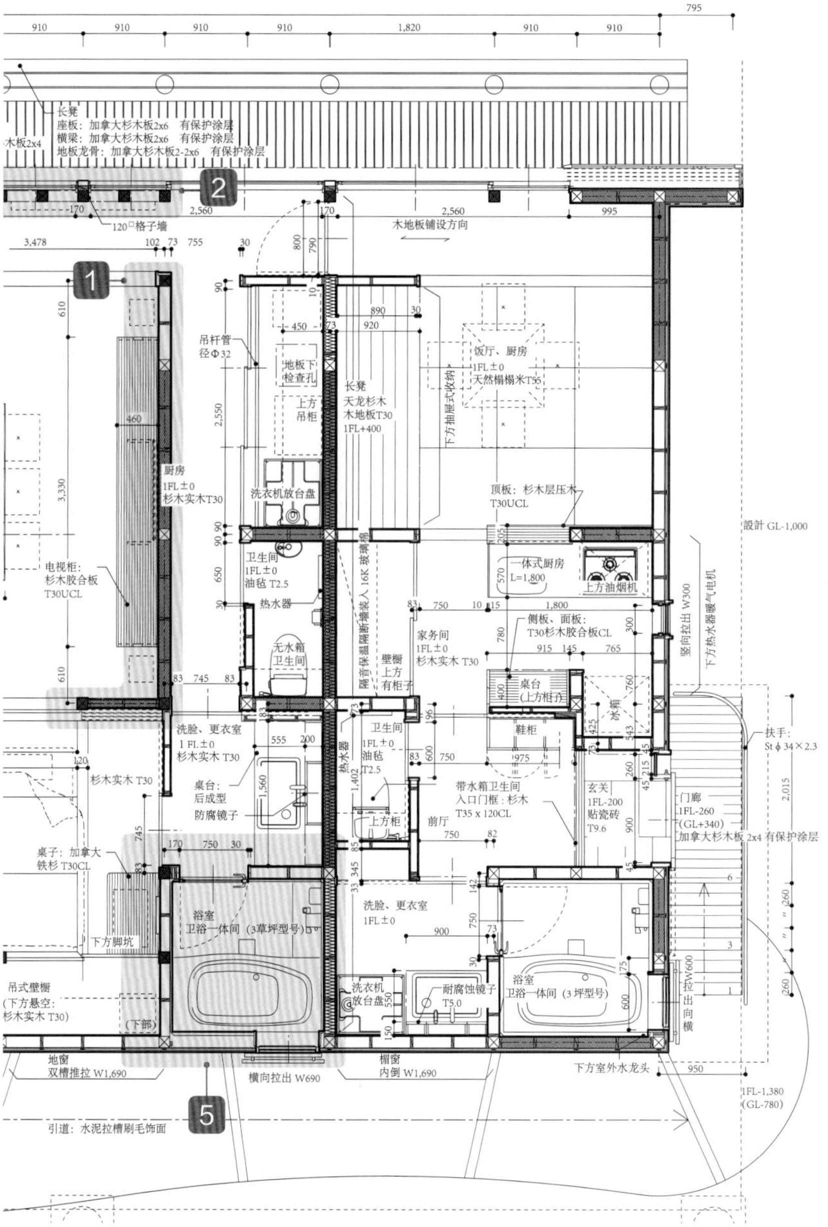

795
910　910　910　910　1,820　910　910

长凳
座板：加拿大杉木板2x6　有保护涂层
横梁：加拿大杉木板2x6　有保护涂层
地板龙骨：加拿大杉木板2-2x6　有保护涂层
木板2x4
2
170　120□格子墙　2,560　170　2,560　995
木地板铺设方向
3,478　102 73 755　30　800　790
1
吊杆管径Φ32
地板下检查孔
上方吊柜
长凳
天龙杉木
木地板T30
1FL+400
饭厅、厨房
1FL±0
天然榻榻米T55
下方抽屉式收纳
厨房
1FL±0
杉木实木T30
洗衣机放台盘
顶板：杉木层压木
T30UCL
设計 GL-1,000
电视柜：
杉木胶合板
T30UCL
卫生间
1FL±0
油毡 T2.5
热水器
隔音保温隔断墙装入 16K 玻璃棉
一体式厨房
L=1,800
上方油烟机
竖向拉出 W300
下方热水器暖气电机
家务间
1FL±0
杉木实木 T30
壁橱
上方有柜子
侧板、面板：
T30杉木胶合板CL
无水箱卫生间
桌台（上方柜子）
冰箱
鞋柜
洗脸、更衣室
1 FL±0
杉木实木 T30
卫生间
1FL±0
油毡
T2.5
热水器
扶手：
St φ 34×2.3
杉木实木 T30
桌台：
后成型
防腐镜子
带水箱卫生间
入口门框：杉木
T35 x 120CL
前厅
上方柜
玄关
1FL-200
贴瓷砖
T9.6
门廊
1FL-260
(GL+340)
加拿大杉木板 2x4 有保护涂层
桌子：加拿大铁杉 T30CL
浴室
卫浴一体间（3草坪型号）
下方脚坑
洗脸、更衣室
1FL±0
吊式壁橱
（下方悬空：杉木实木 T30）
（下部）
洗衣机放台盘
耐腐蚀镜子
T5.0
浴室
卫浴一体间（3坪型号）
W600
拉出
向横
地窗
双槽推拉 W1,690
横向拉出 W690
榻窗
内倒 W1,690
下方室外水龙头
950
1FL-1,380
(GL-780)
5
引道：水泥拉槽刷毛饰面

5 市售品应查看规格尺寸

天花板到楼板之间的高度，根据厂家规定留足250㎜
卫浴一体间

卫浴一体间及一体式厨房，标注了产品名称及尺寸，方便施工方准确报价。规格尺寸是已经定好的，只需要仔细考虑安装的位置（与建筑骨架和管道之间的接合）［参照74-77页］。

6 明确标注需要现场决定的事项

用尺子确认深度
雨水井
1
2

为有效利用宅基地的坡度，将引道设计为斜坡。先将坡度设置为一个目标数字；1:20［❶］，现场开始施工后，先确认宅基地坡度，然后实施外围施工时做出最终决定［❷］（实际的坡度是1:15）。

* 使用4分法（计算房屋的每层和每个方向的两侧1/4处的抗震所需墙量与实际墙量，以确认墙量是否有偏差的方法）确认是最简便的方法。

平面详图2

用作各部分标准的尺寸应详细标注

平面详图是所有图纸的基准，若发现剖面图或展开图等其他图纸的信息有不一致的地方，都要以平面详图为标准来判断。因此，平面详图可以说是是施工图纸的重中之重。

平面详图中最重要的信息就是“尺寸”。不仅要详细标注各部分的尺寸，还要在标注信息时遵循一定的规则，这样才能让现场施工人员更能理解设计师的意图或指示的制作方式。

如果图纸难以看懂，就不能传达正确的信息，因此需要在线的粗细、文字的位置、是否涂色等方面多下功夫，让图纸看上去清晰整齐。现场施工人员应该一看图纸就能理解施工所需的信息。［关本龙太］

平面详图［S=1:80］；原图［S=1:50］　日本/坪=3.3057平方米

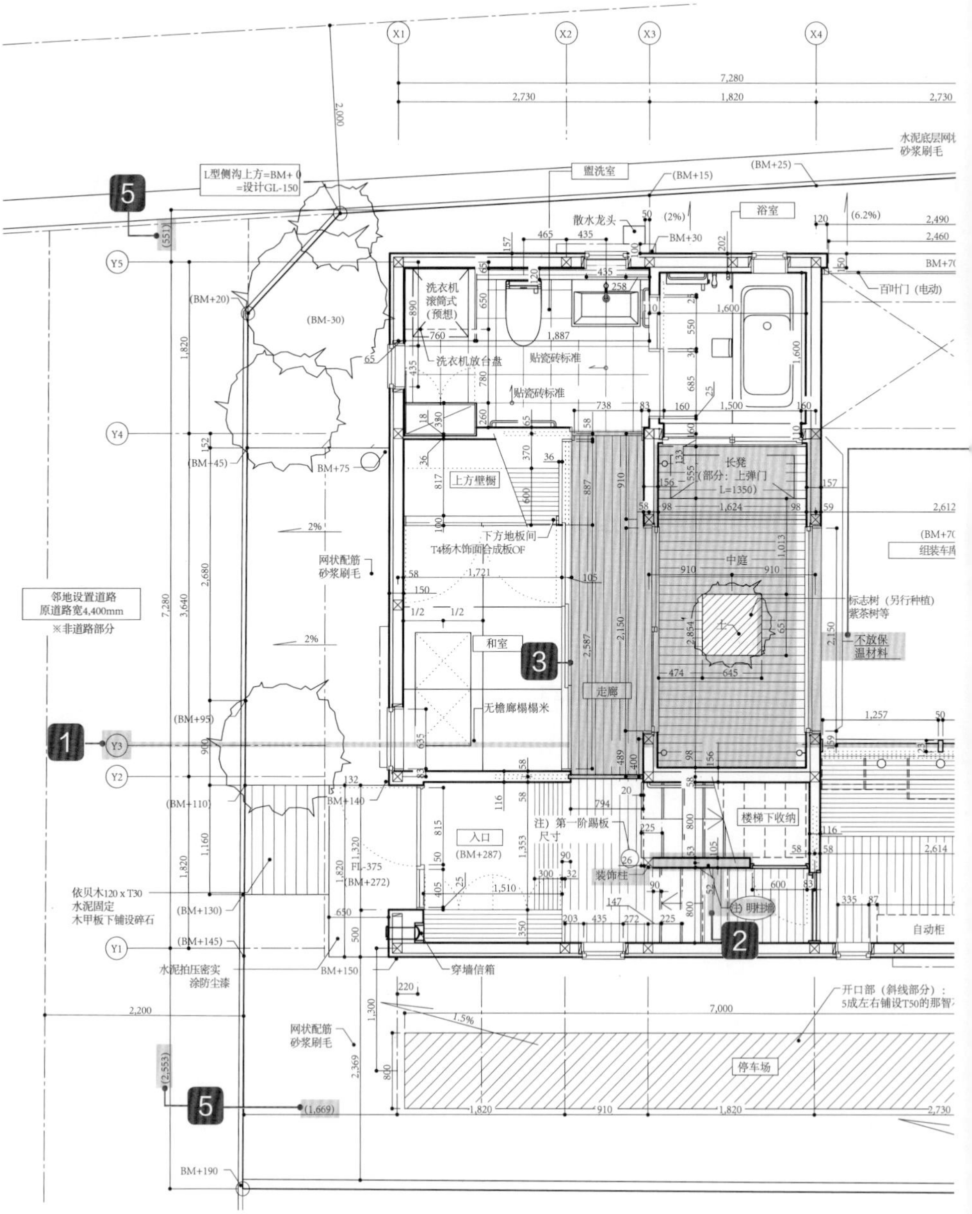

1 计算面积所用的中心线

停车场与自行车棚的面积小于建筑总面积的1/5时，不必算入容积率(建筑法令第2条第1项 第4号 及 第3项)。工(作室的墙面线是计算面积时重要的墙壁中心线，所以除了结构中心线以外，还要绘制墙壁中心线。

2 例外的注意事项应特别标注

一楼楼梯平台的装饰柱是这栋住宅里惟一的“明柱墙”。为了传达这种特殊的设计意图，要加注以进行强调。

3 标注贴地板的方向

标注各地板面贴木地板的方向，不同地板宽度在图纸上也应看上去不一样。

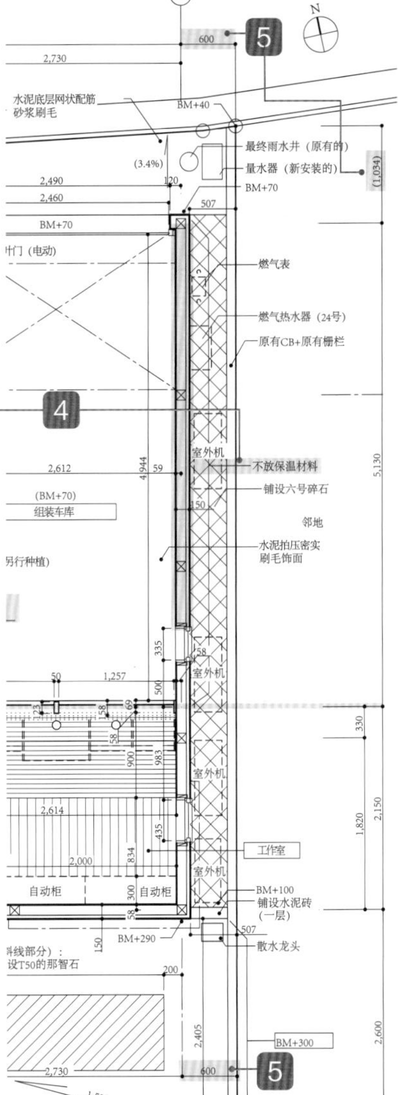

尽量标注尺寸

平面图是所有图纸的基础，窗户位置和房屋配件的位置当然也要标注，这些构件与现场浇筑件之间的关系也都要标注出来。尽量标出所有尺寸，以免在现场还要重新计算测量。

4 不需要的保温材料不必装

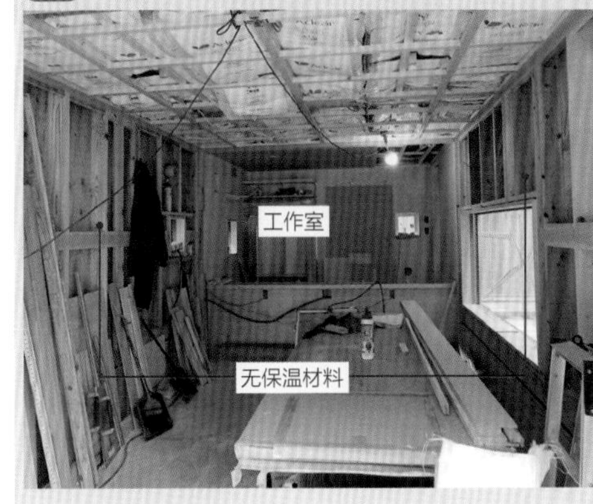

“车库与中庭”或“车库与室外”中间的隔断墙都是不需要保温的部分，为了避免过度报价和施工，要明确标注不需要装保温材料。

5 平面详图兼布局图

若图纸空间足够，应尽量把布局图绘制在平面详图中，图纸上要标出邻地及道路分界线与房屋之间的关系。本图中，为表现房屋的布局与宅基地东侧一边平行，X5中心线到宅基地一边位置的间隔标为600mm左右。另外，Y方向从宅基地东南侧开始计算，反方向的在尺寸后加( )，表示是近似值。

平面详图 3

标注设备的详细安装位置

平面详图中，不仅要绘制房间布局、各类开口位置、细木工家具的宽度和进深、各房间和空间的天花板高度，还要绘制房间中安装的所有设备的位置，其也是研究如何让设备的布局不妨碍日常生活的图纸。特别是关于机器设备的安装，为了让现场监理和设备安装人员等相关各方都共享同样的信息，要在一张平面详图中绘制好位置。同时要绘制供排水中心线（通常是供排水卫生图［参照 110-111 页］）或照明的位置（通常是天花板结构平面图［参照 32-34 页］或电气设备图［参照 112-115 页］），防止与其他图纸之间存在不一致之处。［本间至］

1 高度方向的信息也应标注（天花板的高低差等）

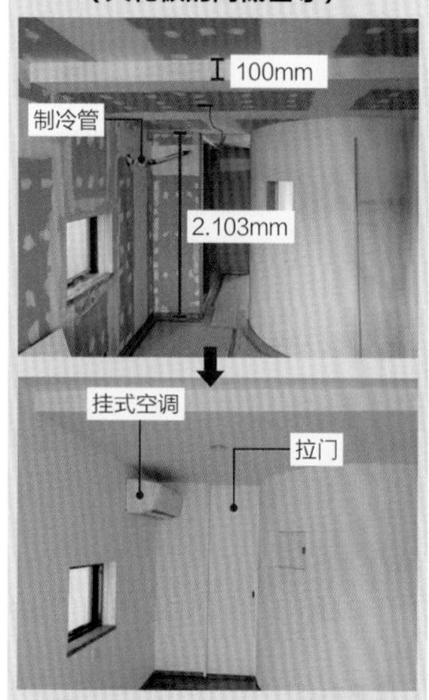

标注天花板高度，以便在这一张图纸中就能掌握所有高度。如果天花板的高度不同，在天花板高度改变的位置进行标记，并且要清楚是以平面图中哪个高度为标准进行标记的。本图中是以储物柜的袖墙为标准。

用机器隐藏热水器的管道

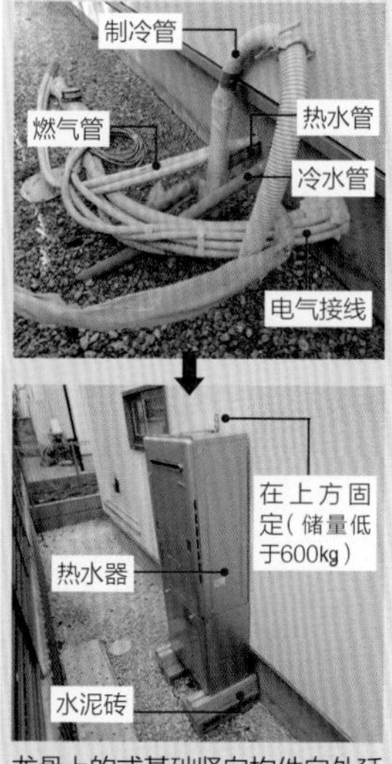

龙骨上的或基础竖向构件向外延伸的设备管道应尽量隐藏。用机器隐藏的位置不要忘记标注需要取出管道设备［＊］。

平面详图［S=1:80］；原图（［S=1:50］）

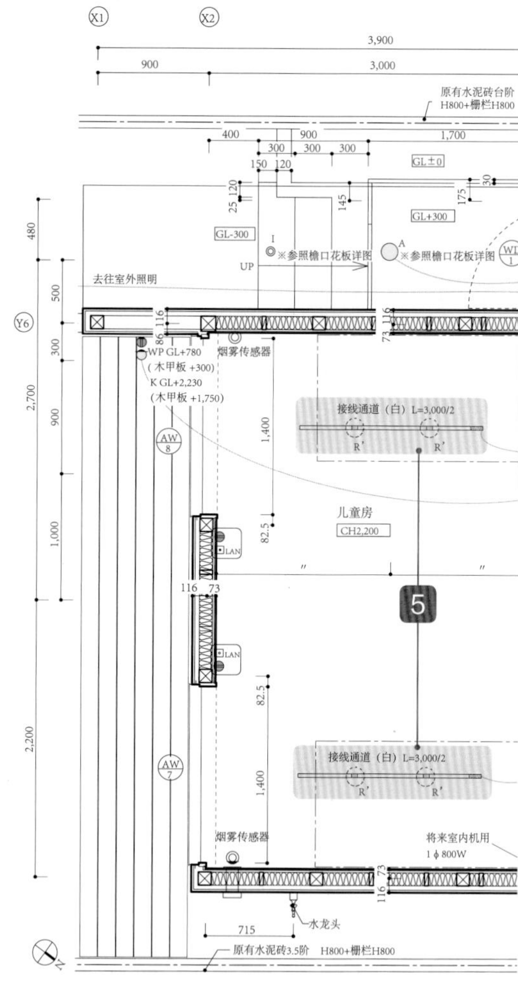

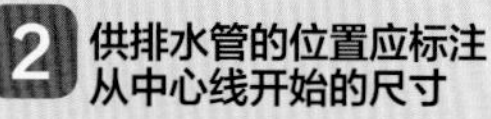

2 供排水管的位置应标注从中心线开始的尺寸

供排水卫生设备的管道施工在最后一道饰面施工前进行（照片左）。若标注了从中心线（柱心）开始的尺寸，就可以安装在正确的位置上。

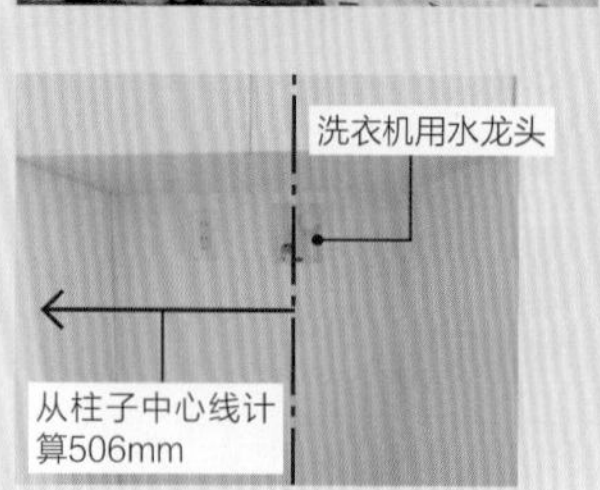

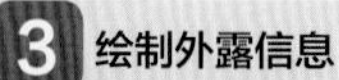

3 绘制外露信息

表现瓷砖的划分布置时，开始贴瓷砖位置相关的开口部位尺寸以及设备机器的安装位置尺寸都应标注。更详细的信息在浴室详图中标注［参照79~81页］

竣工

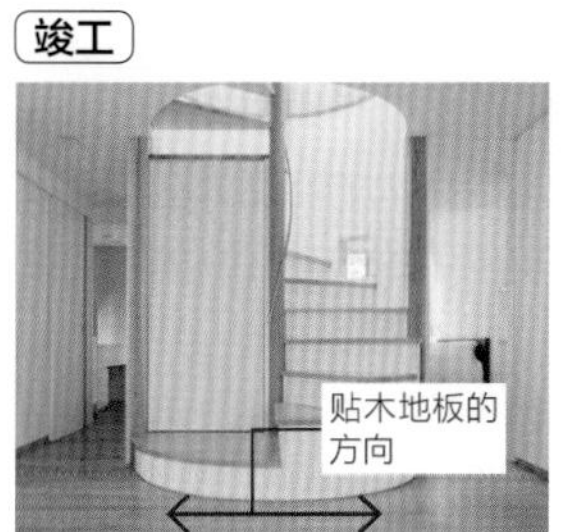

从儿童房望向旋转楼梯的方向。木地板的方向是短的一边。[摄影：大泽诚一]

4 PS 要标注最小尺寸

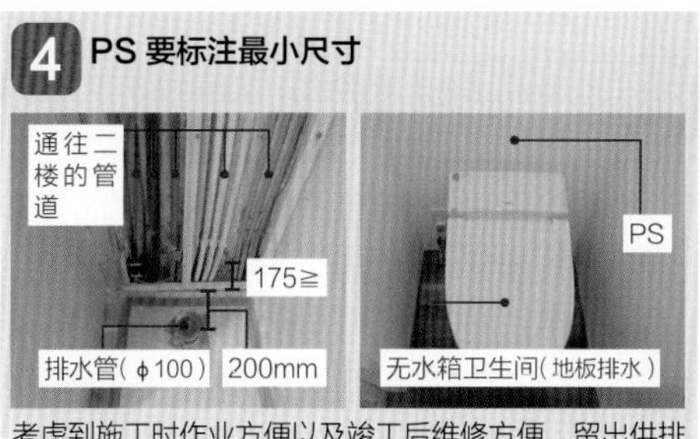

考虑到施工时作业方便以及竣工后维修方便，留出供排水、冷暖房、电气等的管道空间时，要标注PS的尺寸(所需最小尺寸)。本图中，2楼是LDK(客厅+饭厅+厨房)，用的是地板采暖，管道也需要上下层都安装，因此加了一楼卫生间的墙壁以保证PS的空间[参照82-85页]。

5 照明位置也应绘制在平面详图上

照明位置之所以需要绘制在平面详图上，是为了明确照明与其他元素的位置关系。同时安装天花板底层(吊顶木筋)时，需要避开照明[参照116-119页]。

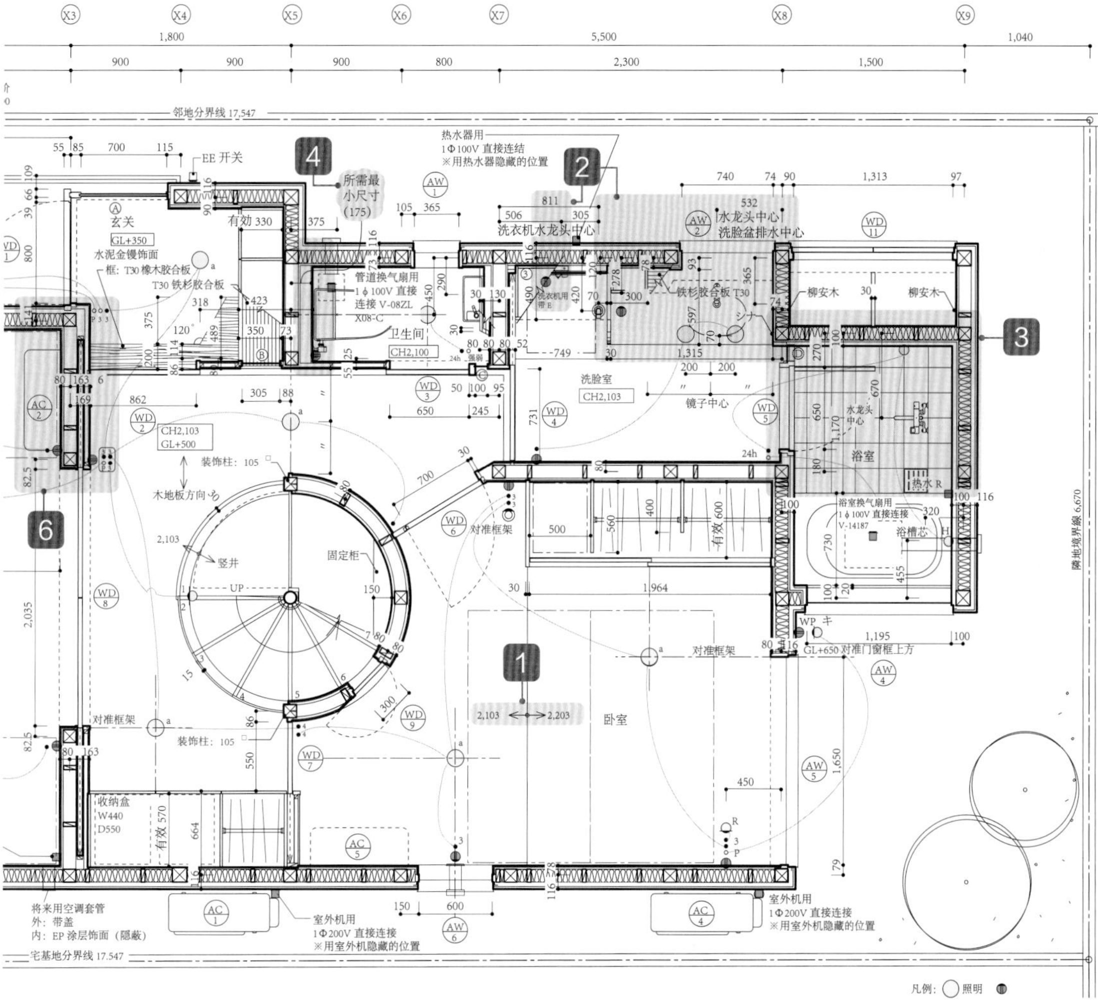

邻地分界线 17,547

热水器用
1Φ100V 直接连结
※用热水器隐藏的位置

所需最小尺寸(175)

EE 开关

玄关 GL+350
水泥金镘饰面
框：T30 橡木胶合板
T30 铁杉胶合板

管道换气扇用
1φ100V 直接连接 V-08ZL
X08-C

卫生间 CH2,100

洗衣机水龙头中心

水龙头中心
洗脸盆排水中心

铁杉胶合板 T30

柳安木

洗脸室 CH2,103

镜子中心

水龙头中心

浴室

热水 R

浴室换气扇用
1φ100V 直接连接 V-14187

浴槽芯

CH2,103 GL+500

装饰柱：105

木地板方向

竖井

UP

固定柜

对准框架

卧室

对准门窗框上方 GL+650

收纳盒 W440 D550

有效 570

将来用空调套管
外：带盖
内：EP 涂层饰面（隐蔽）

室外机用
1Φ200V 直接连接
※用室外机隐藏的位置

宅基地分界线 17,547

隣地境界線 6,670

凡例：○ 照明

6 检查内部承重墙与空调及房屋配件的嵌和

设备管道的走向最容易涉及的问题主要是与内部承重墙之间的接合。面板承重墙最好不要让管道穿过，这部分要采用对角拉条，这样不会影响结构的耐力。

* 东日本大地震中，使用接地螺栓与地基间的联系不够牢固，发生了不少住房的水箱式电气热水器倒塌的情况。平成12年(2000年)建筑公告1388号的技术标准修订了一部分，根据修改后的规定，重量在600kg以下的地面安装的热水器要在上方用角钢、螺丝固定，而底部则不需要固定。

平面详图 4

地板饰面及特殊内容应该一目了然

平面详图是最基本的图纸。笔者的事务所中，只要允许就绘制1:30比例尺的图纸，如果放不下就绘制1:50比例尺的图纸。我们认为要想弄清人的动线及物品的取放至少需要这么大的平面详图。基本的瓷砖划分布置、墙壁与家具的合理安装等，只要是施工图中需要的，所有的信息都会尽可能地囊括进去。

墙中间的柱子以及保温材料等，需要想像现场施工标注可能需要的信息。另外，这份图纸对于事先发现、确认、研究设计或施工中的问题也是非常有用的。［彦根明］

平面详图［S=1:50］

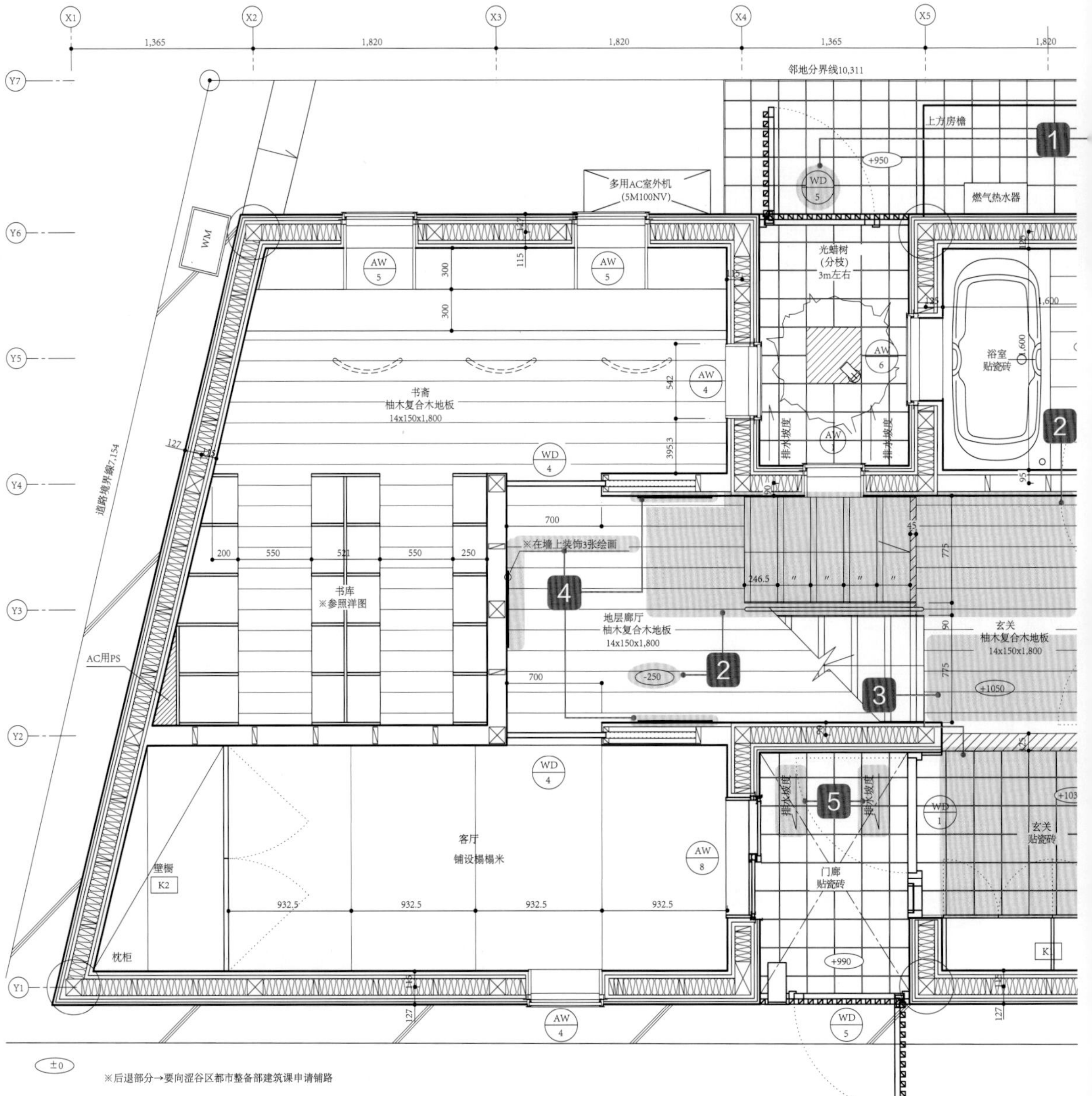

※后退部分→要向涩谷区都市整备部建筑课申请铺路

1 标注房屋配件的不同材料

木制

铝合金制

这栋房屋的房屋配件分为木制的与铝合金制的，所以要明确标注各部分的房屋配件究竟使用哪种材料。从图纸上我们可以看出，玄关、室内、后门的房屋配件是木制的，室外开口部分是铝合金制的。

2 同一层的高度不同时应以 GL 标注

住宅一楼的东半侧是地上层、西半侧是地下层，图纸上要标出这一信息。地下廊厅与相连的客厅书斋是GL-250，玄关廊厅是GL+ 1050等，各部分的地板面层高要注明。

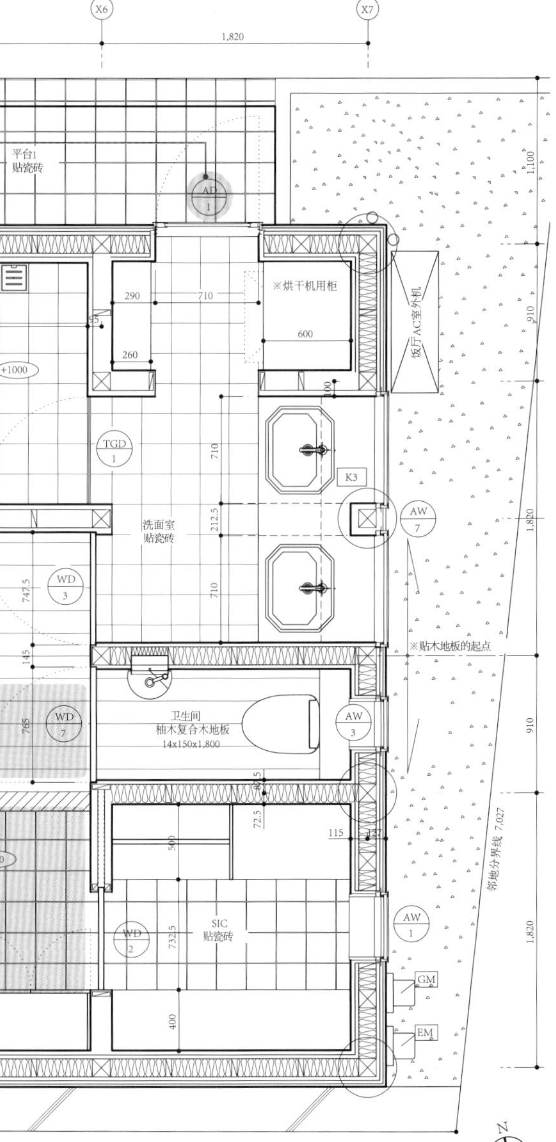

3 地板饰面的区别应一目了然

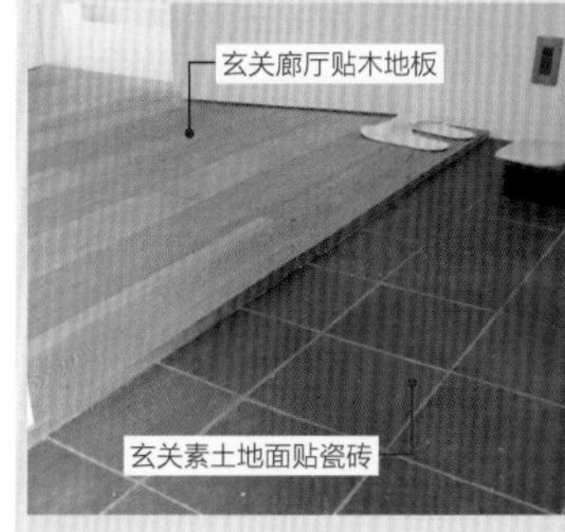

在图纸上标出地板饰面的同时，为了展现视觉上的直观理解，要更改标注方法。玄关廊厅、地下廊厅、书斋的木地板的贴板起点要统一标注。本图中，都与柱中心相关。客厅榻榻米的方向和尺寸也进行了具体标注。

4 与内装相关的重要事项应特别标出

3幅绘画装饰的场所是房主提出的希望之一。为了让现场施工人员了解这件事的重要性，特别标出来，以引起施工注意。图纸中，除用文字标注以外，还要将绘画作品的具体布局绘制出来，以保证切实传达到位。

5 标注门廊的排水坡度

被三侧的外墙包围的中庭贴瓷砖，以起到门廊的作用。中庭上方设计有天窗屋顶，门的一侧只安装了格子，容易飘进雨水。若外侧不修建坡度，容易影响到中庭的防水，这一点一定不能忘记，所以应标明。

外墙剖面详图

应包含高度方向信息及饰面信息

外墙剖面详图和平面详图一样，凡是剖面能看到的都要绘制出来。高度的数字信息尤为重要，外墙剖面详图的尺寸在施工现场将成为重要的标准。木地板每一处的厚度也要正确绘制。地板、墙、天花板、屋顶的材料构成也要以易于确认的方法进行标注。因为这类图纸也兼有展开图的作用，因此外露的墙壁或房屋配件都要标注。

外墙剖面详图是立体的关键方案，应随时确认其信息是否与平面详图保持一致。饰面标注也要和平面详图标注同样的内容，令施工方无论看哪份图纸都能在施工现场做出正确的判断。［濑野和广］

1 结构材料的接合要绘制得一目了然

外墙剖面详图最开始是制作山墙侧剖面。本案例中，将所需部位的高度和形状都在山墙侧图纸中基本标注好，平侧方向各部分的高度也可以计算出来。从两个方向看，还可以确认横架木条等部件之间的接合。

2 有效区分线条粗细

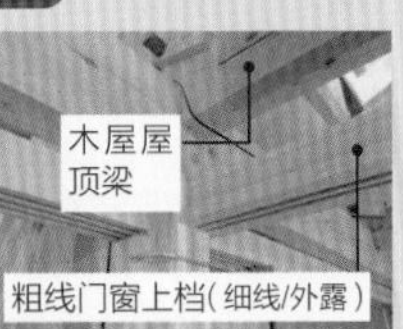

绘制外露面的设计信息时，要区分用线，以免剖面信息难以看到。外露部分用0.05mm的细线描绘，并标注位置关系。细木工家具等重要的高度尺寸，即使不在剖面图中也有可能需要标注。本图中绘制了纸门外形图，以及如何组装到梁下，这一信息可以与施工方共享。

外墙剖面详图［S=1:60］；原图［S=1:30］

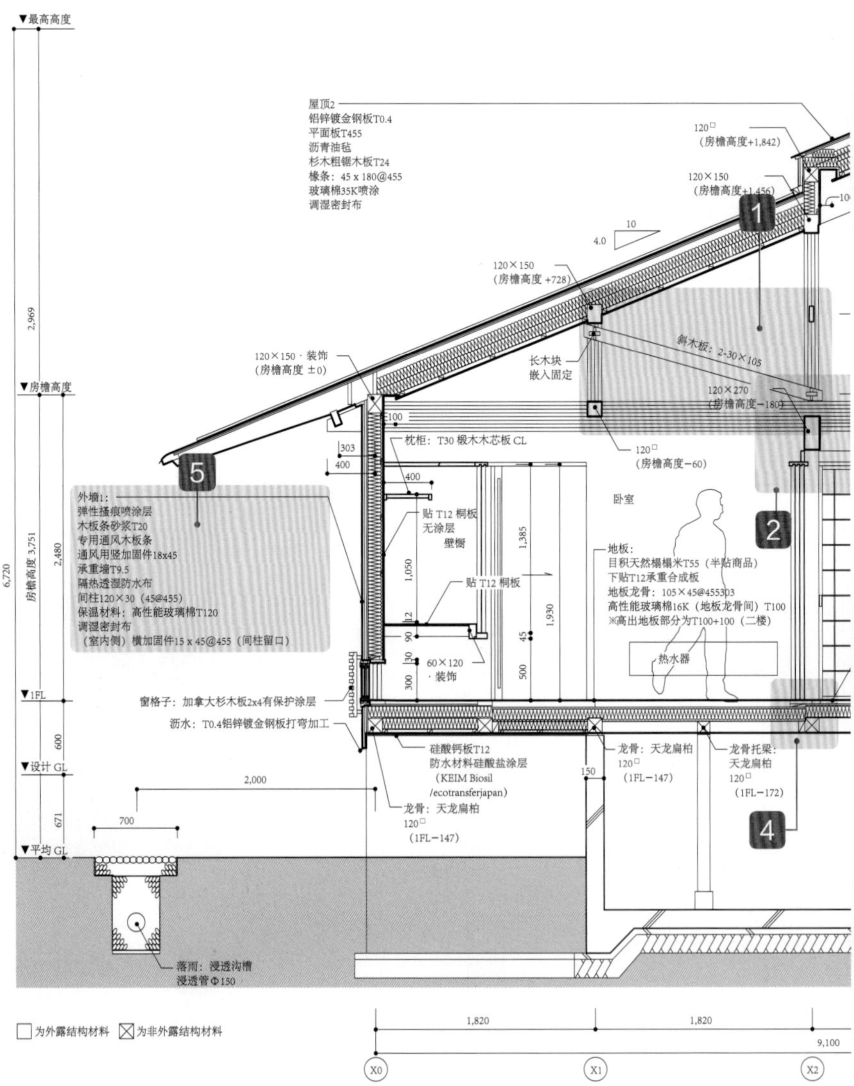

▼最高高度
▼房檐高度
▼1FL
▼设计 GL
▼平均 GL
6,720 2,969 3,751 房檐高度 2,480 600 671

屋顶2
铝锌镀金钢板T0.4
平面板T455
沥青油毡
杉木粗锯木板T24
椽条：45 x 180@455
玻璃棉35K喷涂
调湿密封布

120□（房檐高度+1,842）
120×150（房檐高度+1,456）
4.0 10
120×150（房檐高度 +728）
120×150・装饰（房檐高度 ±0）
长木块 嵌入固定
斜木板：2-30×105
120×270（房檐高度−180）
120□（房檐高度−60）
枕柜：T30 椴木木芯板 CL
贴 T12 桐板 无涂层 壁橱
贴 T12 桐板
60×120・装饰
卧室

外墙1：
弹性搔痕喷涂层
木板条砂浆T20
专用通风木板条
通风用竖加固件18x45
承重墙T9.5
隔热透湿防水布
间柱120×30（45@455）
保温材料：高性能玻璃棉T120
调湿密封布
（室内侧）横加固件15 x 45@455（间柱留口）

地板：
目积天然榻榻米T55（半贴商品）
下贴T12承重合成板
地板龙骨：105×45@455303
高性能玻璃棉16K（地板龙骨间）T100
※高出地板部分为T100+100（二楼）

热水器
窗格子：加拿大杉木板2x4有保护涂层
沥水：T0.4铝锌镀金钢板打弯加工
硅酸钙板T12
防水材料硅酸盐涂层
（KEIM Biosil /ecotransferjapan）
龙骨：天龙扁柏 120□（1FL−147）
龙骨：天龙扁柏 120□（1FL−147）
龙骨托梁：天龙扁柏 120□（1FL−172）
落雨：浸透沟槽 浸透管 Φ150
2,000 700 150
1,820 1,820 9,100
X0 X1 X2

□为外露结构材料 ☒为非外露结构材料

3 应绘制得足够详细，成为专门用于查找细节的详图

檐头详图 [S=1:15]；原图 [S=1:8]

檐垫板：杉木 T30
有保护涂层
(椽条间、Φ40 打孔加工
@455 贴不锈钢网
T24杉木有保护涂层
压顶木：T0.35铝合
锌镀膜钢板加工
吹档檐垫板：
T30杉木有保护
涂层（椽条间）
通风
210
30 45 105
椽条：46×180
180 @455
120 x 150 • 装饰
（房檐高±0）
椴木合成板表面贴EP
100
防虫
通风材料
BT18K
FUKUVI
化学工业
303
97
400
93
120
60

装筒灯
椴木合成板表面贴EP
石膏板表面贴EP
窗帘盒

门窗上档
毛屋面板
市售铝合金门窗框（非防火）
椽条

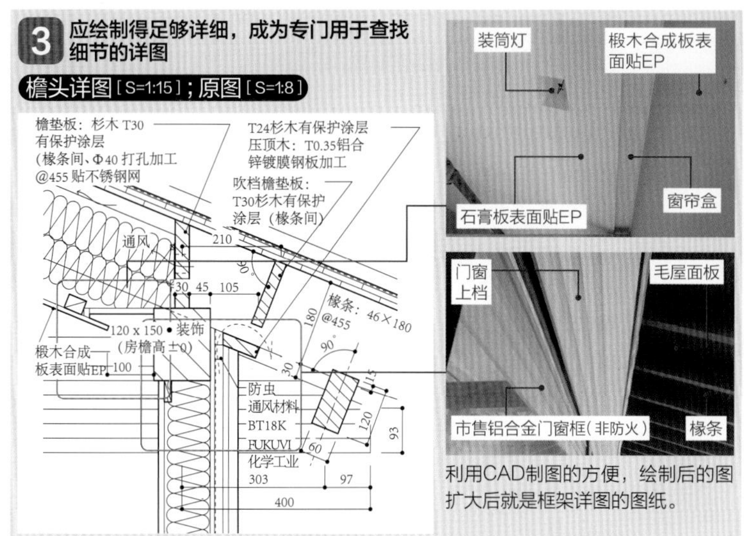

利用CAD制图的方便，绘制后的图扩大后就是框架详图的图纸。

4 饰面的接合应绘制清楚

实木木地板T30
铺设T55天然榻榻米
下铺合成板T15
门槛

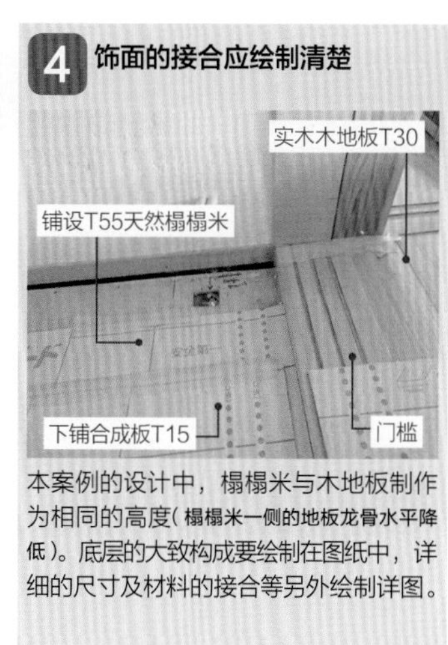

本案例的设计中，榻榻米与木地板制作为相同的高度（榻榻米一侧的地板龙骨水平降低）。底层的大致构成要绘制在图纸中，详细的尺寸及材料的接合等另外绘制详图。

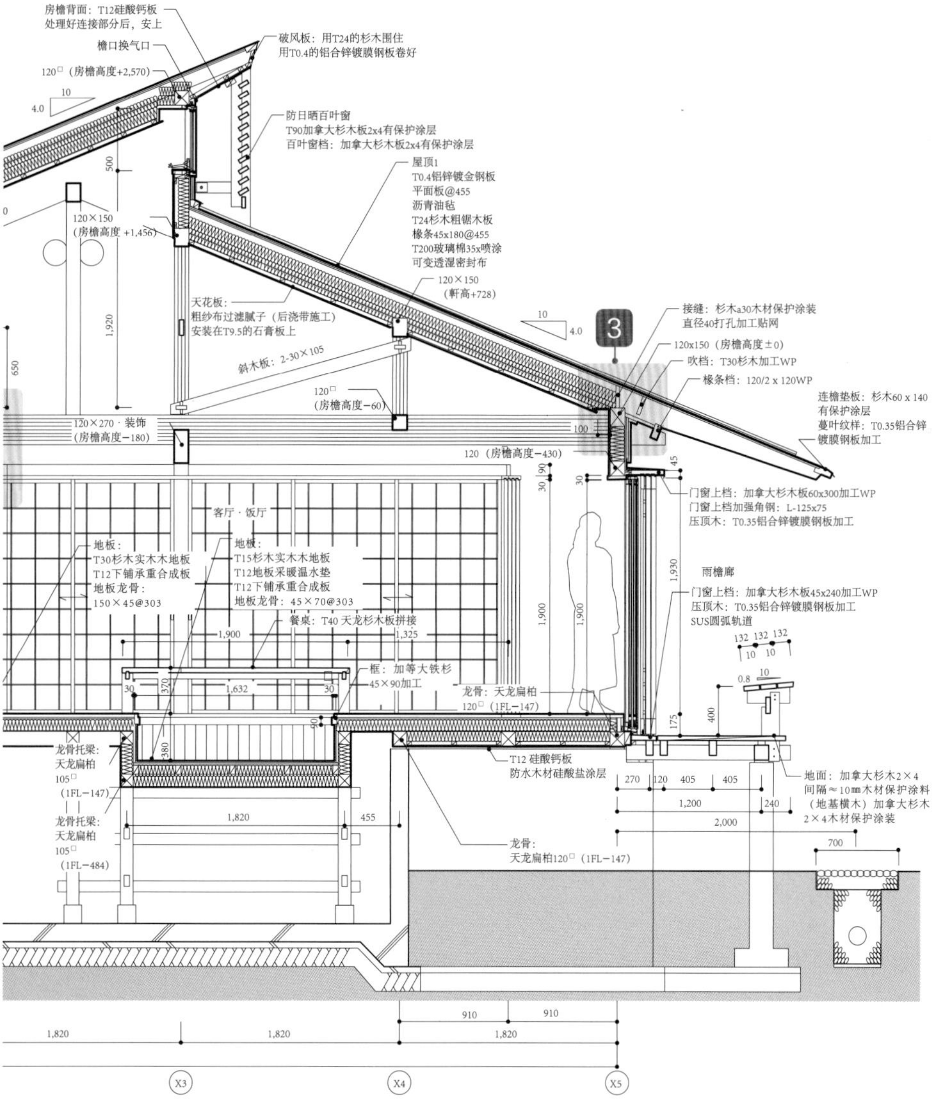

房檐背面：T12硅酸钙板
处理好连接部分后，安上
檐口换气口
120□（房檐高度+2,570）
破风板：用T24的杉木围住
用T0.4的铝合锌镀膜钢板卷好
防日晒百叶窗
T90加拿大杉木板2x4有保护涂层
百叶窗档：加拿大杉木板2x4有保护涂层
屋顶1
T0.4铝锌镀金钢板
平面板@455
沥青油毡
T24杉木粗锯木板
椽条45x180@455
T200玻璃棉35x喷涂
可变透湿密封布
120×150
（房檐高度+1,456）
120×150
（軒高+728）
天花板：
粗纱布过滤腻子（后浇带施工）
安装在T9.5的石膏板上
斜木板：2-30×105
120□
（房檐高度−60）
120×270・装饰
（房檐高度−180）
120（房檐高度−430）
接缝：杉木a30木材保护涂装
直径40打孔加工贴网
120x150（房檐高度±0）
吹档：T30杉木加工WP
椽条档：120/2 x 120WP
连檐垫板：杉木60 x 140
有保护涂层
蔓叶纹样：T0.35铝合锌
镀膜钢板加工
门窗上档：加拿大杉木板60x300加工WP
门窗上档加强角钢：L-125x75
压顶木：T0.35铝合锌镀膜钢板加工
客厅・饭厅
地板：
T30杉木实木木地板
T12下铺承重合成板
地板龙骨：
150×45@303
地板：
T15杉木实木木地板
T12地板采暖温水垫
T12下铺承重合成板
地板龙骨：45×70@303
餐桌：T40 天龙杉木板拼接
雨檐廊
门窗上档：加拿大杉木板45x240加工WP
压顶木：T0.35铝合锌镀膜钢板加工
SUS圆弧轨道
框：加等大铁杉
45×90加工
龙骨：天龙扁柏
120□（1FL−147）
龙骨托梁：
天龙扁柏
105□
（1FL−147）
龙骨托梁：
天龙扁柏
105□
（1FL−484）
T12 硅酸钙板
防水木材硅酸盐涂层
地面：加拿大杉木2×4
间隔≈10㎜木材保护涂料
（地基横木）加拿大杉木
2×4木材保护涂装
龙骨：
天龙扁柏120□（1FL−147）
1,820
1,820
1,820
910
910
X3
X4
X5

＊温度低时可以防湿，湿度高时又可透湿的密封布，可防止墙体内部结露。

5 外墙剖面详图中包含所有材料构成

1
木板条砂浆T20、
搔痕饰面

2
纵向加固件
带隔热透湿功能
的外墙防水布

3
承重墙（带调湿功能）

4
调湿密封布[＊]
密封胶带

5
壁橱的饰面材
料（泡桐板）

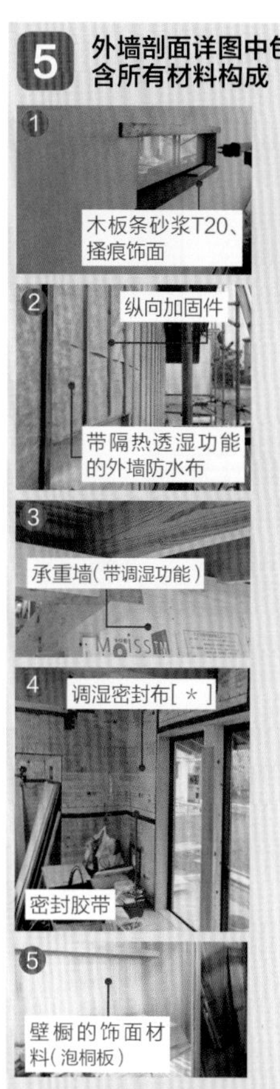

部件要与其他图纸的信息一致，无论看哪份图纸都要了解部件的构成。为了让施工方准确报价，需要详细绘制。如图所示是外墙侧的❶外墙饰面、❷外墙底层、❸承重墙、❹内墙底层、❺内墙饰面。构成部件都反映在外墙剖面详图中。

剖面图

高度与收头应该分图纸标注

笔者所在的设计事务所一般不绘制 1:20 的整体外墙剖面详图，而是分开几处绘制 1:50 的剖面图。剖面图中，要明确标注房屋整体的高度尺寸，作为尺寸的设置标准，要描绘建筑结构，但不绘制饰面及底层的详细内容。地板、墙壁、天花板内侧要涂满灰色，以便把握内部空间的大小和均衡。

通常外墙剖面详图中表现的檐头、屋脊、地基、龙骨周围的详细内容，都在剖面详图中另行绘制。同时，需要研究高度方向的详细部分，也会在剖面详图中明确细节。这一节主要就旋转楼梯部分进行说明。［本间至］

剖面图［S=1:100］；（原图［S=1:50］）

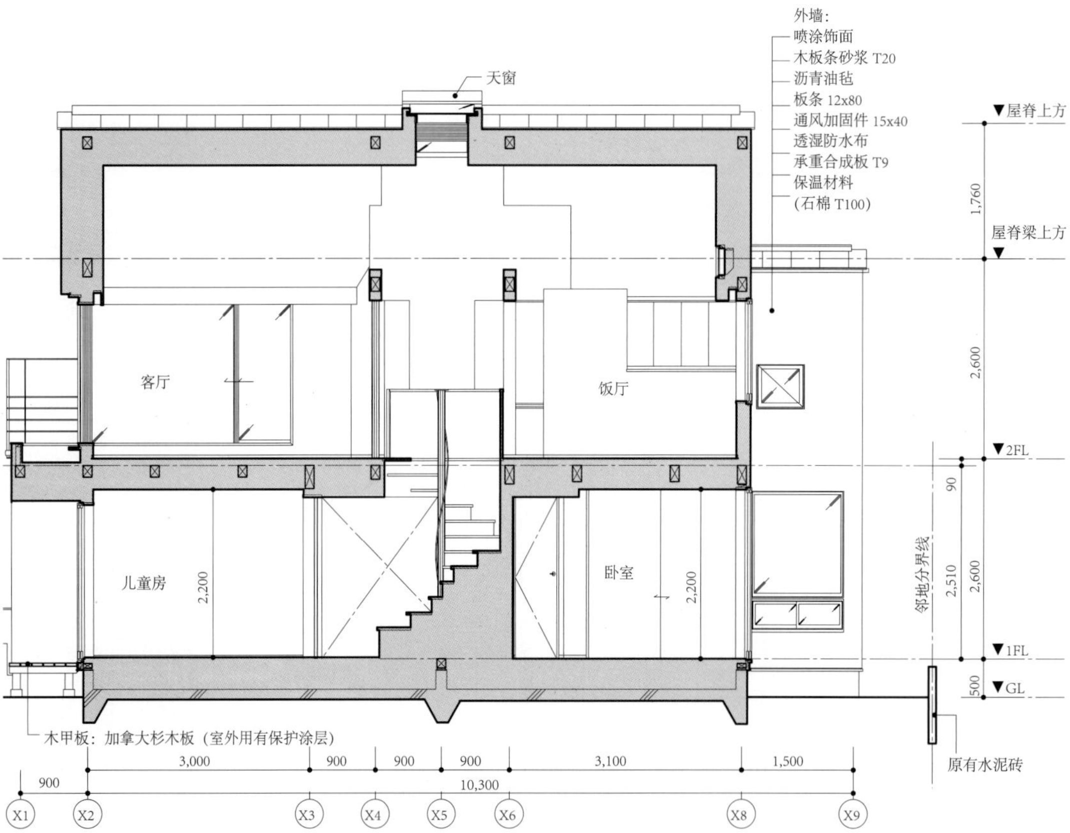

外墙：
喷涂饰面
木板条砂浆 T20
沥青油毡
板条 12x80
通风加固件 15x40
透湿防水布
承重合成板 T9
保温材料
（石棉 T100）

天窗
▼屋脊上方
1,760
屋脊梁上方
▼
2,600
▼2FL
90
2,510
2,600
邻地分界线
▼1FL
500
▼GL
客厅
饭厅
儿童房
2,200
卧室
2,200
木甲板：加拿大杉木板（室外用有保护涂层）
原有水泥砖
900　3,000　900　900　900　3,100　1,500
10,300
X1　X2　X3　X4　X5　X6　X8　X9

标注作为各层标准的高度尺寸

垂直方向的尺寸要标注为能够看到层高尺寸及地板面与水平结构材料的尺寸关系。标注水平方向的尺寸时，为了方便与平面图达成一致，有必要的话可标注中心线号码。这里虽然标注了1楼客厅的天花板高度，但由于这次的剖面图中2楼天花板是斜的，层高标准线在图中很难辨认，因此没有标注。

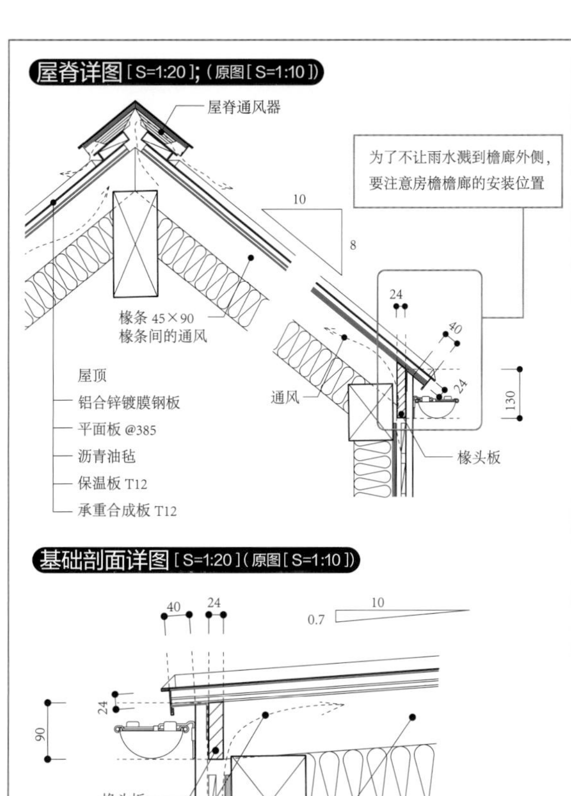

屋脊部分、檐头、山墙瓦要绘制剖面详图

要标注屋顶部分所有收头(为确保通风路径等)以及外墙与屋顶的接合(与房檐雨水槽的接合等)。这栋房屋中，通风是在椽条间进行的屋脊换气，宅基地的内侧安装了半圆的房檐雨水槽。房檐雨水槽要参考市售品的规格书，标注其与屋顶面及椽头板之间的间隙。

基础剖面详图 [S=1:20] (原图 [S=1:10])

40 24 10 0.7 24 90

椽头板

通风

椽条 45×90

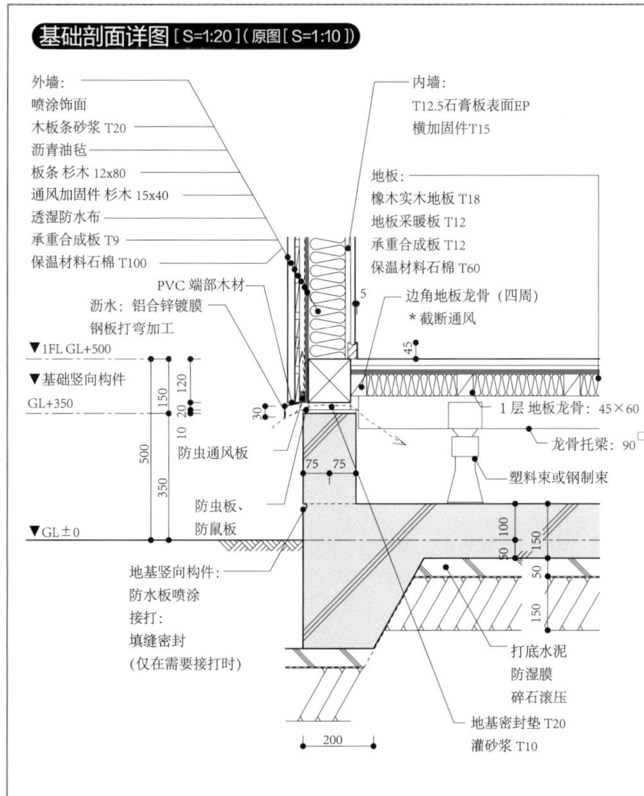

地基、龙骨周围绘制剖面详图

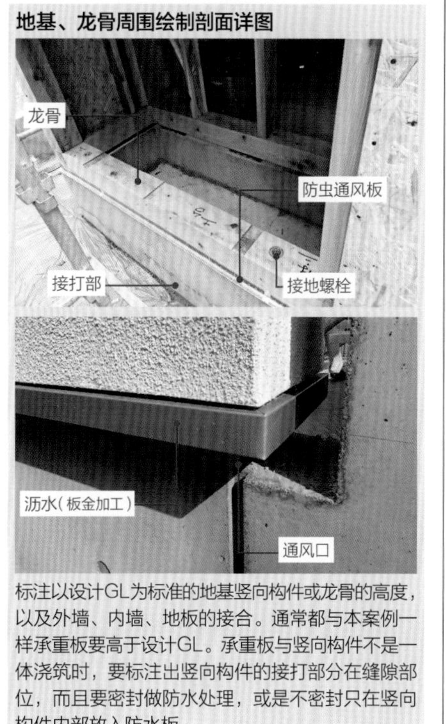

标注以设计GL为标准的地基竖向构件或龙骨的高度，以及外墙、内墙、地板的接合。通常都与本案例一样承重板要高于设计GL。承重板与竖向构件不是一体浇筑时，要标注出竖向构件的接打部分在缝隙部位，而且要密封做防水处理，或是不密封只在竖向构件内部放入防水板。

竣工

旋转楼梯俯视图。木地板与踏板对接。

1 打弯合成板制作涂层饰面时应仔细处理腻子

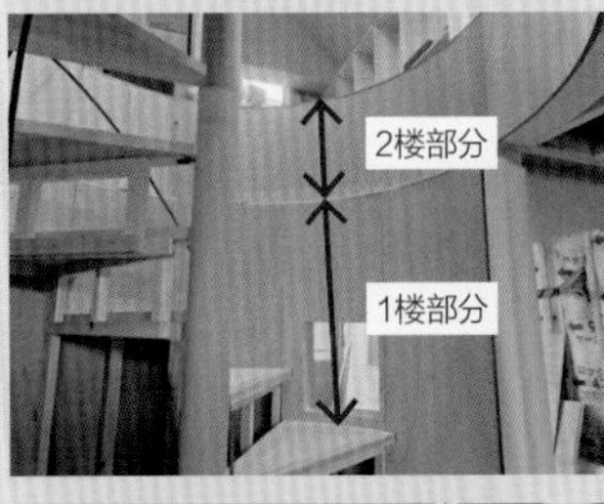

楼梯墙的弯部制作是重点。实施设计时，涂层底层原本也要用较为合理的石膏板制作，但为了弯曲面能更美观，在施工现场与施工方商量后变为了打弯合成板。使用合成板时涂层前的底层处理要特别注意。为了更加平滑，要过滤腻子并不断打磨。

剖面详图［S=1:40］；原图［S=1:20］

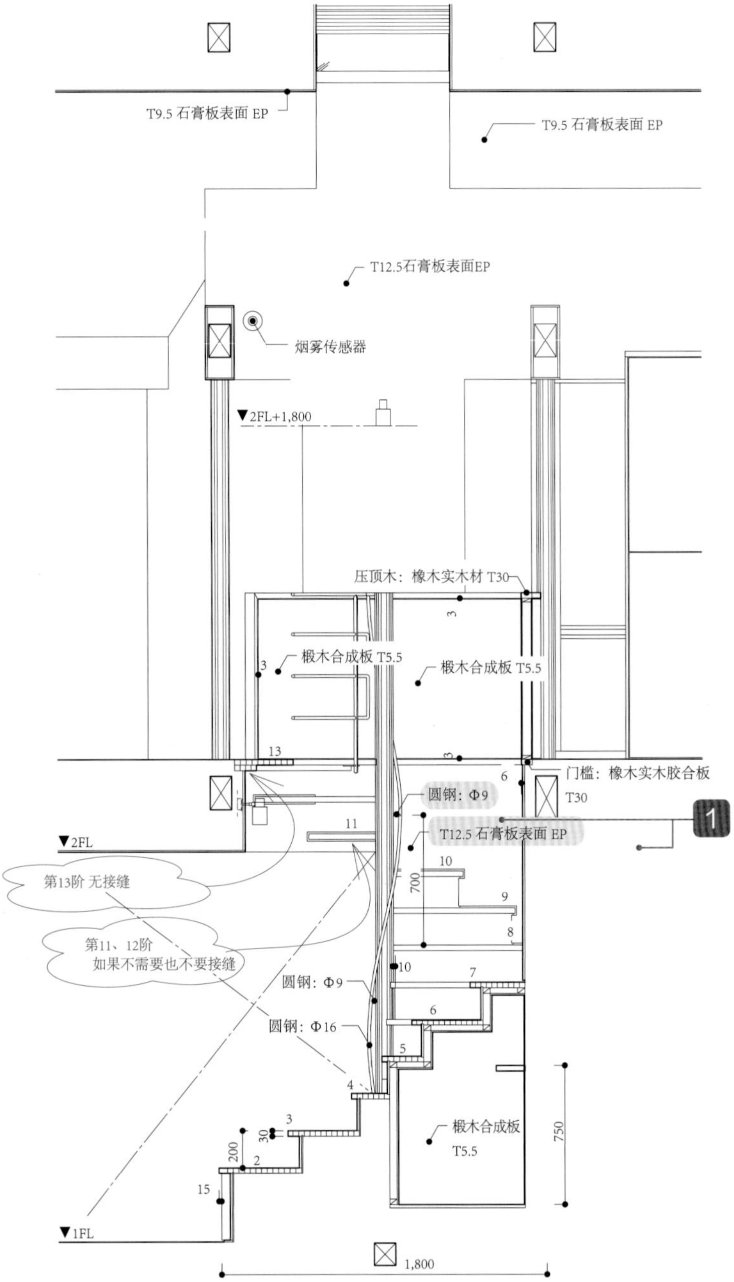

T9.5 石膏板表面 EP
T9.5 石膏板表面 EP
T12.5石膏板表面EP
烟雾传感器
▼2FL+1,800
压顶木：橡木实木材 T30
椴木合成板 T5.5
椴木合成板 T5.5
门槛：橡木实木胶合板 T30
圆钢：Φ9
T12.5 石膏板表面 EP
▼2FL
第13阶 无接缝
第11、12阶 如果不需要也不要接缝
圆钢：Φ9
圆钢：Φ16
椴木合成板 T5.5
▼1FL
1,800
700
750
200
30
15

踢脚板与支柱的端部为接缝

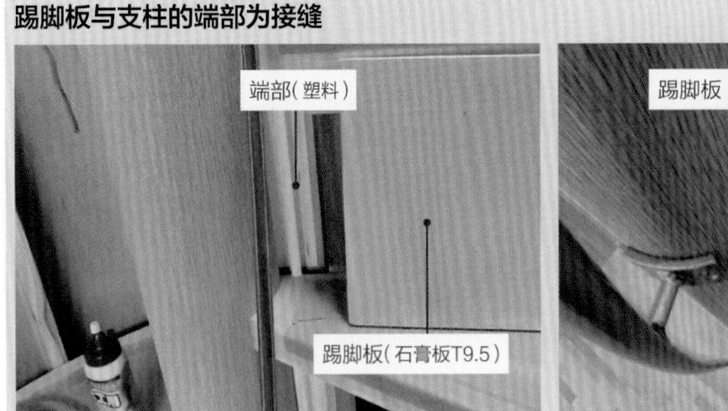

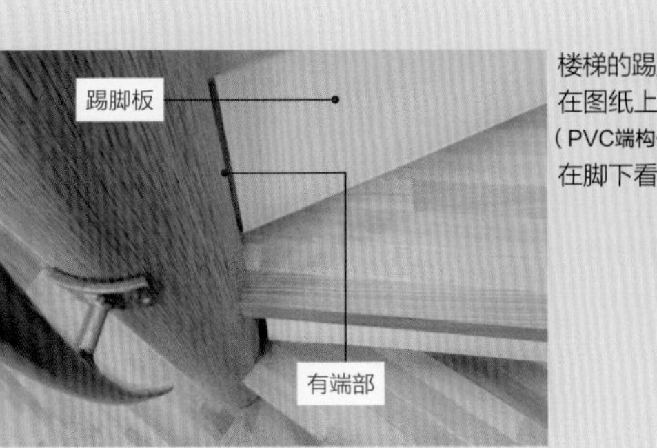

楼梯的踢脚板与支柱的接合，在图纸上标注用10㎜的接缝（PVC端构件料）做边。圆柱放在脚下看上去也比较美观。

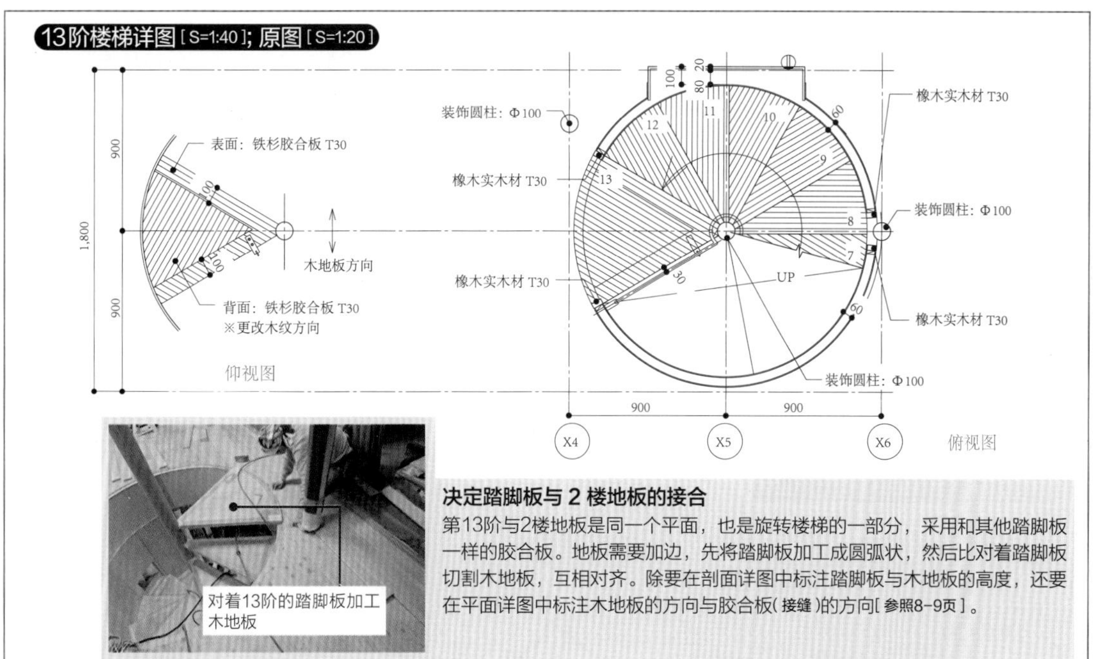

决定踏脚板与 2 楼地板的接合

第13阶与2楼地板是同一个平面，也是旋转楼梯的一部分，采用和其他踏脚板一样的胶合板。地板需要加边，先将踏脚板加工成圆弧状，然后比对着踏脚板切割木地板，互相对齐。除要在剖面详图中标注踏脚板与木地板的高度，还要在平面详图中标注木地板的方向与胶合板（接缝）的方向[参照8-9页]。

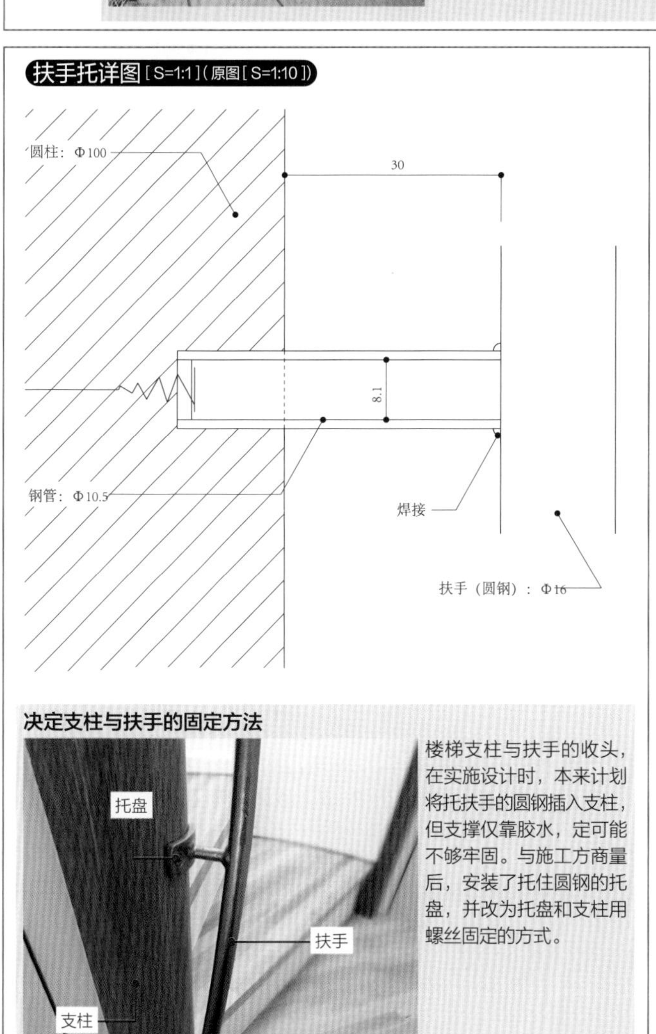

决定支柱与扶手的固定方法

楼梯支柱与扶手的收头，在实施设计时，本来计划将托扶手的圆钢插入支柱，但支撑仅靠胶水，定可能不够牢固。与施工方商量后，安装了托住圆钢的托盘，并改为托盘和支柱用螺丝固定的方式。

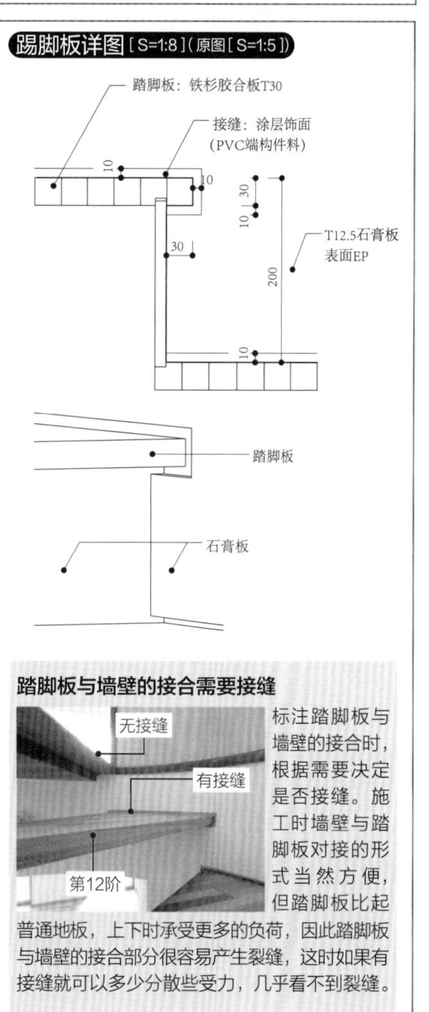

踏脚板与墙壁的接合需要接缝

标注踏脚板与墙壁的接合时，根据需要决定是否接缝。施工时墙壁与踏脚板对接的形式当然方便，但踏脚板比起普通地板，上下时承受更多的负荷，因此踏脚板与墙壁的接合部分很容易产生裂缝，这时如果有接缝就可以多少分散些受力，几乎看不到裂缝。

立面图 1

仪表类应隐藏起来以使房屋外观美观

立面图不仅是用于研究和确认房屋外形的图纸，还是绘制四面外墙面上各种元素的图纸。影响到建筑外观美观的露台扶手或雨水槽（房檐雨水槽及竖雨水槽）、信箱及门牌、室外机及仪表类等，都应仔细绘制安装位置和大小等。特别是引人注目的竖雨水槽通过的位置更需要仔细研究。要安装门铃或门牌、大门及信箱时，都应在立面图上标注清楚。但是，1:50 的图纸可能无法标注太小的尺寸，无法标注的在详图（1:20 比例尺）中另行详细描绘。[本间至]

山墙侧立面图[S=1:80]；**原图**[S=1:50]

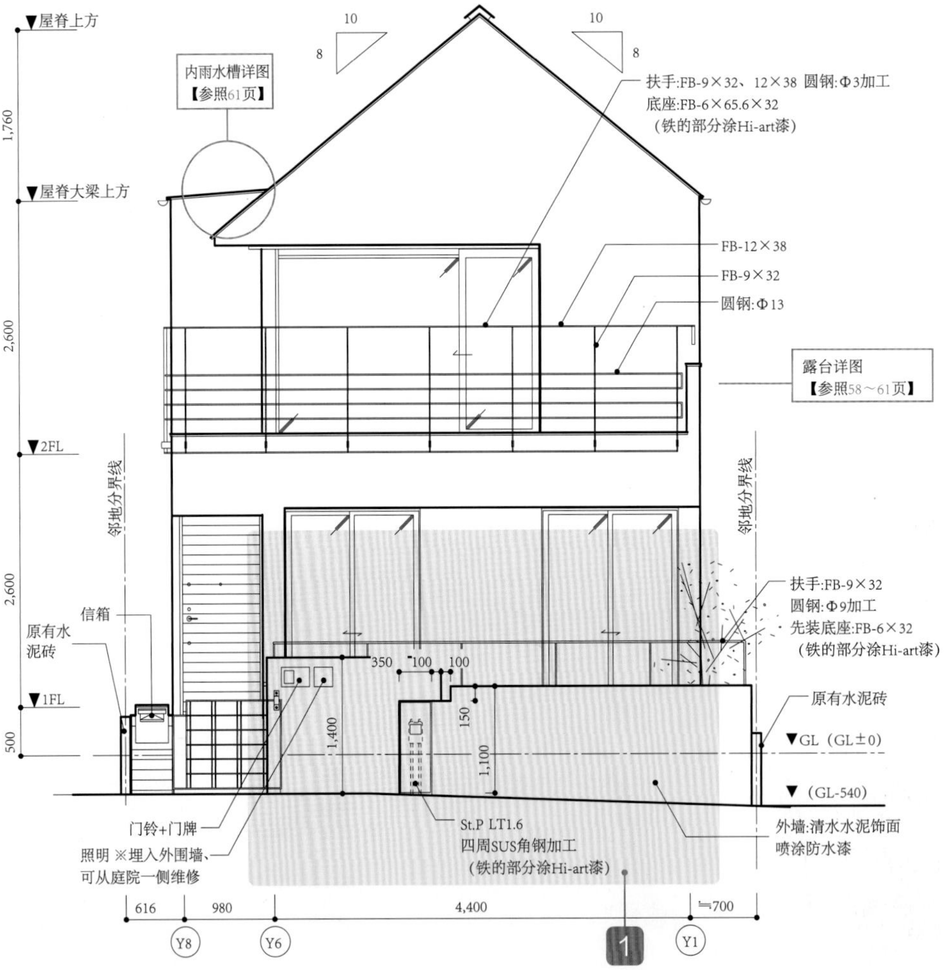

▼屋脊上方
▼屋脊大梁上方
▼2FL
▼1FL
1,760
2,600
2,600
500
10
8
10
8
内雨水槽详图【参照61页】
扶手:FB-9×32、12×38 圆钢:Φ3加工
底座:FB-6×65.6×32
（铁的部分涂Hi-art漆）
FB-12×38
FB-9×32
圆钢:Φ13
露台详图【参照58～61页】
邻地分界线
邻地分界线
信箱
原有水泥砖
扶手:FB-9×32
圆钢:Φ9加工
先装底座:FB-6×32
（铁的部分涂Hi-art漆）
原有水泥砖
▼GL（GL±0）
▼（GL-540）
350
100
100
150
1,400
1,100
门铃+门牌
照明 ※埋入外围墙、可从庭院一侧维修
St.P LT1.6
四周SUS角钢加工
（铁的部分涂Hi-art漆）
外墙:清水水泥饰面
喷涂防水漆
616
980
4,400
≒700
Y8
Y6
1
Y1

1 隐藏仪表类的同时将其集中在宅基地靠外侧的方法

研究立面图时，设备相关的仪表位置也是重要的研究元素。尽量把仪表类安装在宅基地靠外的位置，以避免查表人员走到太里面，这虽然很重要，但也要尽量避免仪表类的安装毫无规则，影响建筑外观。这栋房屋是将所有仪表都安装在了大门前方。电表用"埋线杆"安装、燃气表埋入部分围墙，用木板遮盖。停车场安装的水表都在浇筑水泥时埋入了地下。水表位置刚好在停车时被车挡住。立面图上看不到的元素（水表及宅基地内最终雨水井）标注在供排水卫生图中[参照110–111页]。

决定外墙及屋顶的外形

在立面图中要决定屋顶及外墙的规格。斜屋顶要标注坡度及房檐是否伸出，房檐伸出不足时，要指示修建雨水槽。外墙上需要描绘的是开口部及扶手、围墙等。这栋房屋中，水泥围墙的高度是重点。从道路密封条看过来时，外侧到内侧的视线不应被遮盖太多，而且不能让水泥围墙给人以压迫的感觉，实现这些的前提就是要合理设计植树向道路一侧伸出的高度以及大门的高度等。

* 埋线杆可以将电线统一放入，从地下伸入屋内布线。不必将电线从外墙引进来。这是松下环境公司的产品。

平侧立面图［S=1:80］(原图［S=1:50］)

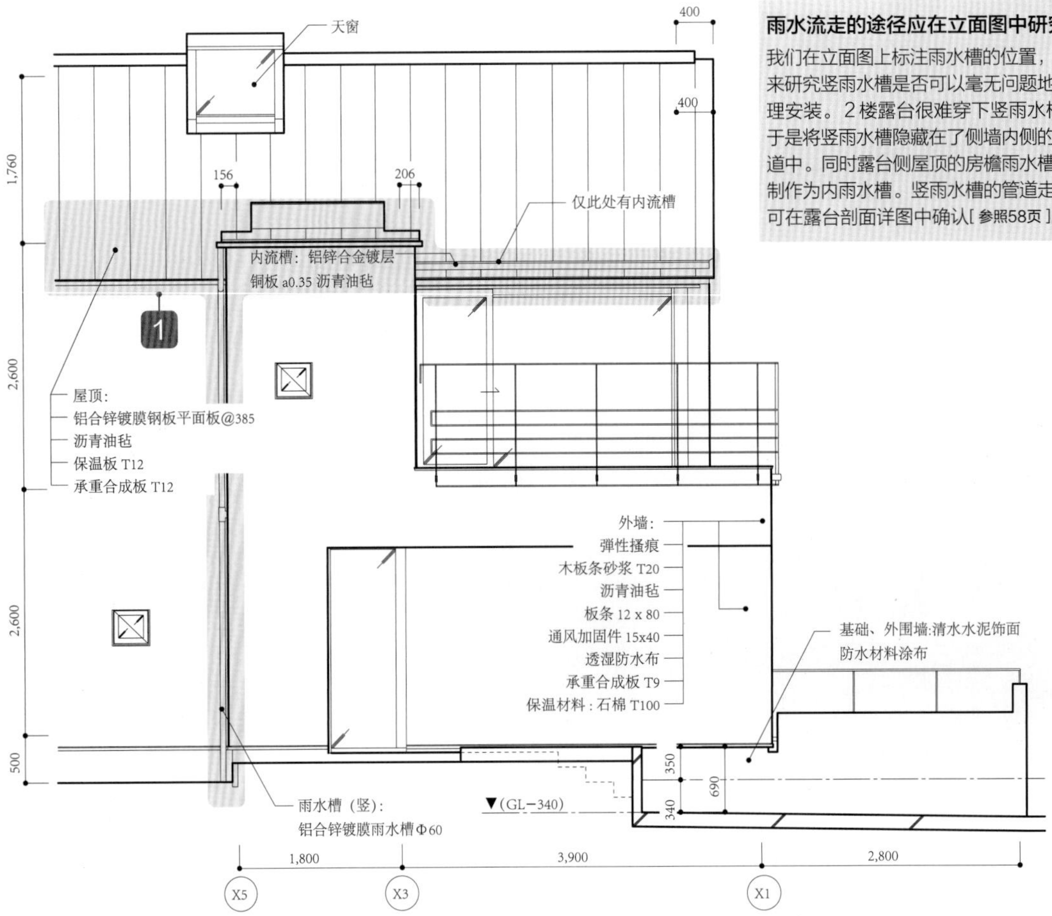

天窗
400
400
156
206
仅此处有内流槽
内流槽：铝锌合金镀层铜板 a0.35 沥青油毡
1,760
2,600
2,600
500
1
屋顶：
铝合锌镀膜钢板平面板@385
沥青油毡
保温板 T12
承重合成板 T12
外墙：
弹性搔痕
木板条砂浆 T20
沥青油毡
板条 12 x 80
通风加固件 15x40
透湿防水布
承重合成板 T9
保温材料：石棉 T100
基础、外围墙:清水水泥饰面
防水材料涂布
350
690
340
▼(GL−340)
雨水槽（竖）：
铝合锌镀膜雨水槽Φ60
1,800 3,900 2,800
X5 X3 X1

雨水流走的途径应在立面图中研究

我们在立面图上标注雨水槽的位置，用来研究竖雨水槽是否可以毫无问题地合理安装。2楼露台很难穿下竖雨水槽，于是将竖雨水槽隐藏在了侧墙内侧的管道中。同时露台侧屋顶的房檐雨水槽都制作为内雨水槽。竖雨水槽的管道走向可在露台剖面详图中确认［参照58页］。

1 为了不让雨水槽吸引目光而考虑的细节

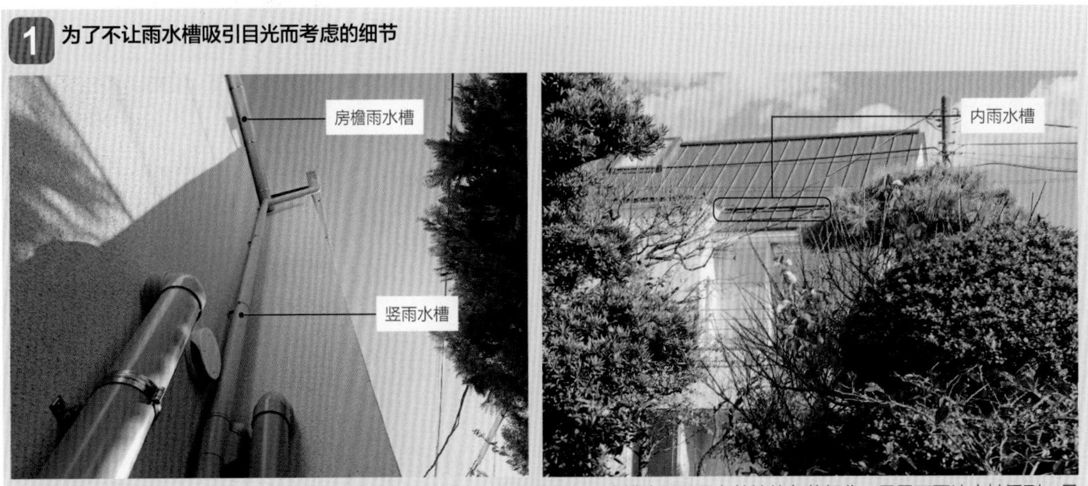

房屋里侧很难被看到，所以设置了房檐雨水槽和竖雨水槽。但即使这样竖雨水槽也要设置在外墙的角落部分，尽量不要让它被看到。另外，内雨水槽这次因为是坡度较大的倾斜屋顶，所以从远处还是能看到雨水槽的。这样，内雨水槽立起来的部分就能清楚地看到里面，将立起来的部分与屋顶采用了同样的饰面以统一整体效果［参照61页］。

立面图［S=1:40］(原图［S=1:20］)

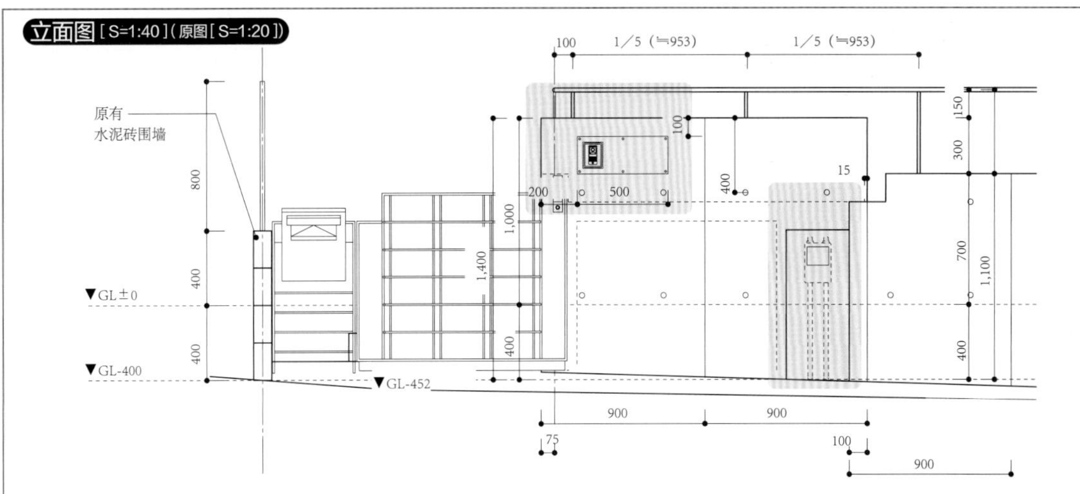

设备集中在一起时应另外绘制立面图

如本文所述，门铃、门牌、门灯这三个元素集中为一体时，要另外绘制1:20比例尺的立面图。这里门牌采用透光材料，可以起到照明的作用，为了不让灯具滴上水，内侧还要加一块透明的亚克力板作为盒盖。燃气表安装在浇灌水泥前留出的位置后，制作一块板盖住。

利用围墙的高低差合理安装燃气表

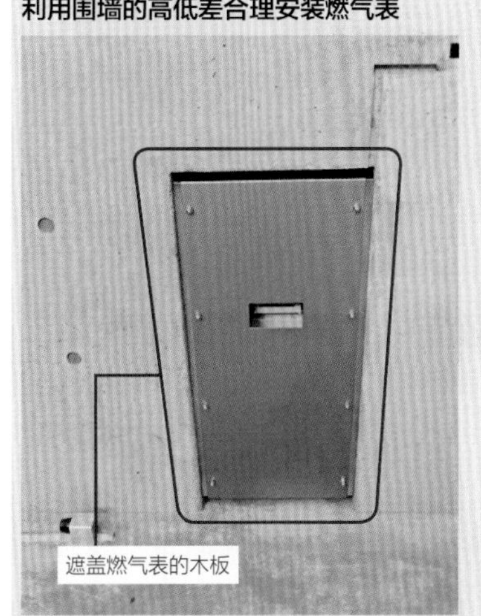

为了不让大门挡住门牌，门牌部分的围墙有一段增加了高度。为了减少对道路一侧的压迫感，围墙的设计要有高低差。利用这个高低差及并合理处理接缝，使燃气表板毫无违和感。用一根圆钢通过围墙上方，消除了不同高度造成的违和感。

门灯剖面详图［S=1:8］；原图［S=1:20］

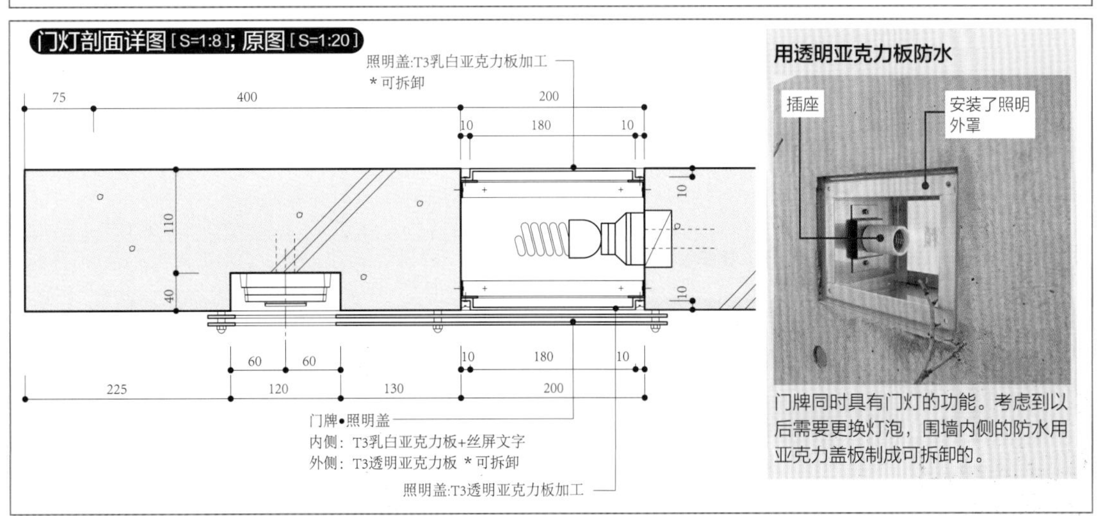

用透明亚克力板防水

门牌同时具有门灯的功能。考虑到以后需要更换灯泡，围墙内侧的防水用亚克力盖板制成可拆卸的。

立面图 2

饰面板与开口部及设备的接合应详细设计

立面图是表现设计外观和开口部布局等的图纸，不仅如此，其还是确认外观上看得到的设备机器的布局、各个饰面与各部分的接合及整合性的图纸。

如本案例中的外墙面采用板金饰面，准确标注板金的划分布置非常重要。但是，饰面板贴得是否美观也与板金加工者的手艺有关，通常施工时还是多少会有些误差，所以设计时要注意减小误差，让饰面能更加美观。这一节主要介绍绘制各设备机器的布局与板金横面板饰面时的注意事项。[关本龙太]

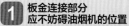

1 板金连接部分应不妨碍油烟机的位置

对于板金饰面，应调整油烟机的位置和板金连接部分互不干扰。这栋住宅采用的是墙上安装的换气管，排气管的位置（室内）绘制在展开图上，油烟机的位置（屋外）绘制在立面图上，要注意两者的统一性。

2 用信箱外框标注开口的位置

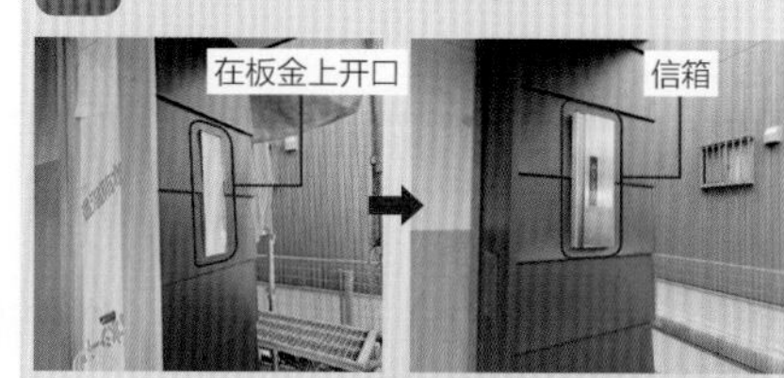

信箱是切开板金的一部分安装的。切割板金的位置要在立面图上准确标注。

西侧立面图 [S=1:100]（原图[S=1:50]）

外墙（板金）：
玻璃棉24KT100
承重合成板T9
透湿防水布
通风竖加固件T18x45@455
防水石膏板T12.5
铝合锌镀膜钢板T0.4横面板（加工宽度227）
※仅玄关两侧（W300）部分为平瓦

▼最高高度
▼最高房檐高度
▼2FL
▼2FL−L（跳层）
▼1FL
▼设计GL
▲BM

信箱
NPX-1／
田岛金属工作室
（可插入报纸的穿墙型）

张贴标准
排水VU管
连接盒

35　450　530　100　152　1,107　150　1,257　260　1,655　2,030　1,140　1,490　350　25

Y5　Y4　Y3　Y2　Y1

3 需要降低张贴板金的开始位置时，在基础竖向构件上增加加固件

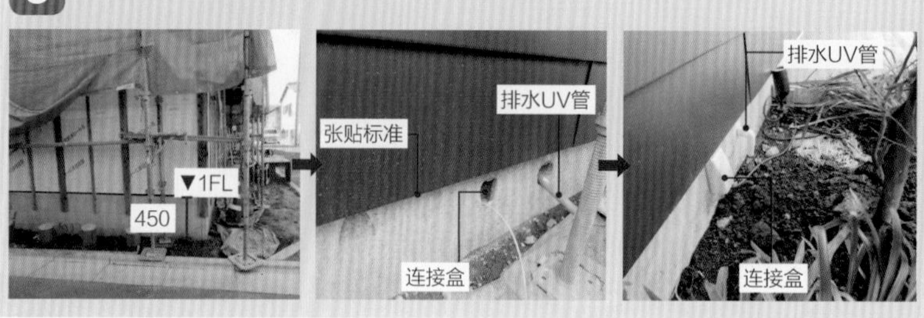

明确标注张贴板金的开始位置。如果不想看到太多基础竖向构件部分，可以将张贴板金的位置设置得较低。张贴开始位置比基础竖向构件要低，所以竖向加固件盖住了部分基础竖向构件（照片左）。但是，基础竖向构件部分还要安装室外照明用的连接盒及室外插销等时，要在立面图上标出这些构件的位置，并且不要妨碍到外墙下方。

竣工

从西侧看到的房屋外观。除设备机器的空间外，板金覆盖了基础竖向构件的大部分。

房屋北面。百叶门上方与板金的连接部齐平，使得水平方向的接缝看上去更整齐。

4 飘窗的板金饰面安装要在立面图上标注

飘窗周围用板金做饰面时，要在图纸上标注板金是纵向在前还是横向在前。板金使用的是斜角固定安装。飘窗的挑檐在立面图上无法表现出来，要在屋顶结构平面图上用明线绘制出形状[参照38-39页]。

5 通道扇要标注距中心线的距离

浴室的换气扇采用的是通道扇(需要在天花板内绕出通道)，所以在立面图上标注了距2楼地板水平的位置与距中心线(X3)的位置。施工现场多少会有误差，因此为了准确避开板金连接部分与油烟机之间的干扰，需要在现场进行微调。

北侧立面图[S=1:100](原图[S=1:50])

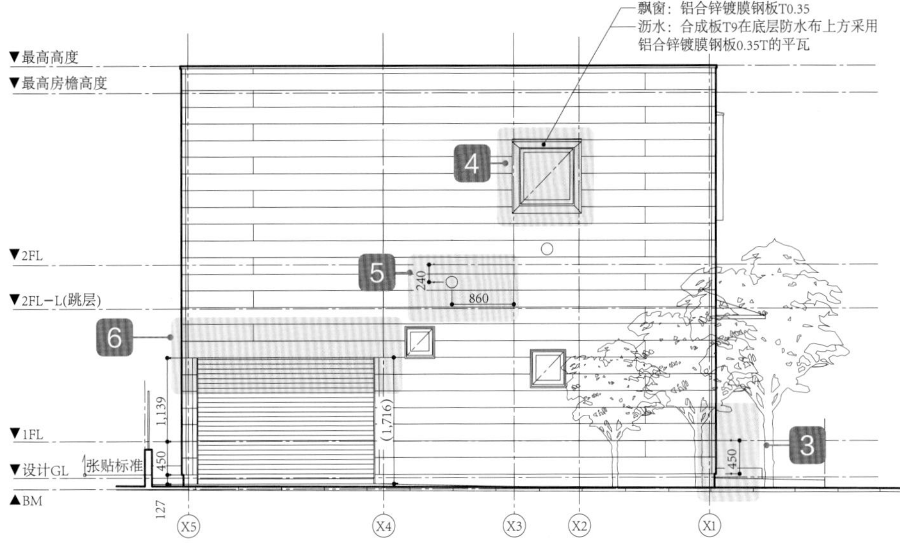

6 考虑板金施工误差范围，订购百叶门

即使板金的划分布置是准确的，实际施工中也会在板金的连接部分产生误差，如果重叠贴板，就不能形成图纸上的安装效果。为此，要在括号内标注是以什么为标准的数字，并注意填写的近似值是可以调整的。本次在施工现场为了将百叶门上方线与板金加工线对齐，我们与施工方商量后，采用了先进的板金的划分布置和安装后再订购百叶门的方法，最终，仅产生了几毫米的误差，没有影响到现场安装与图纸的统一性。

开口部详图[S=1:4](原图[S=1:2])

(竖向剖面)

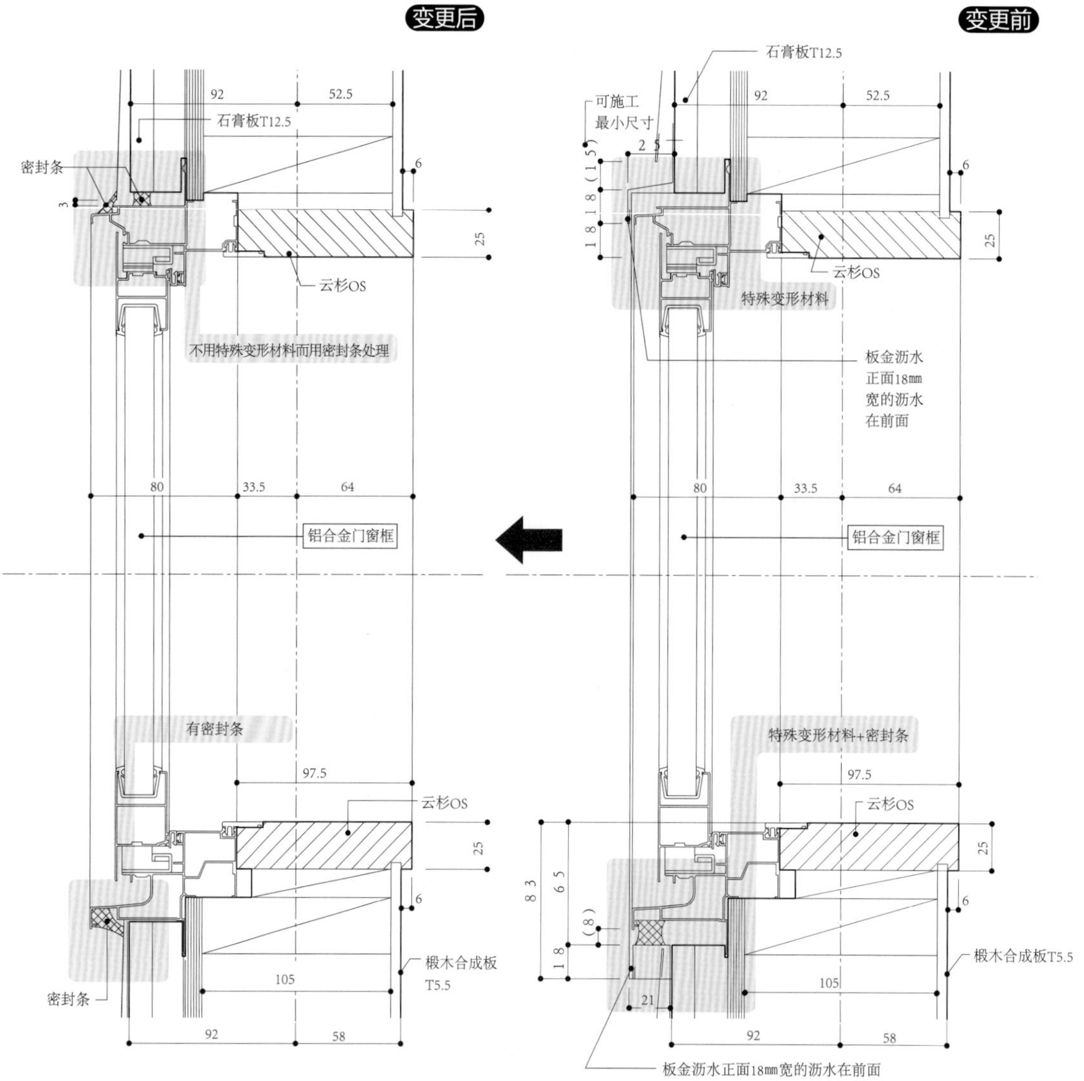

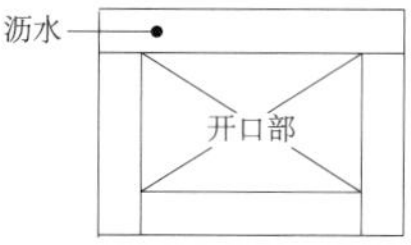

变更后

92 52.5
石膏板T12.5
密封条
3
6
25
云杉OS
不用特殊变形材料而用密封条处理
80 33.5 64
铝合金门窗框
有密封条
97.5
云杉OS
25
6
椴木合成板
T5.5
105
密封条
92 58

变更前

石膏板T12.5
可施工
最小尺寸
92 52.5
2 5
(15)
18
18
6
25
云杉OS
特殊变形材料
板金沥水
正面18㎜
宽的沥水
在前面
80 33.5 64
铝合金门窗框
特殊变形材料+密封条
97.5
云杉OS
83
65
(8)
18
25
6
椴木合成板T5.5
105
21
92 58
板金沥水正面18㎜宽的沥水在前面

板金上无法安装竖向构件时，可以用密封条塞住缝隙。

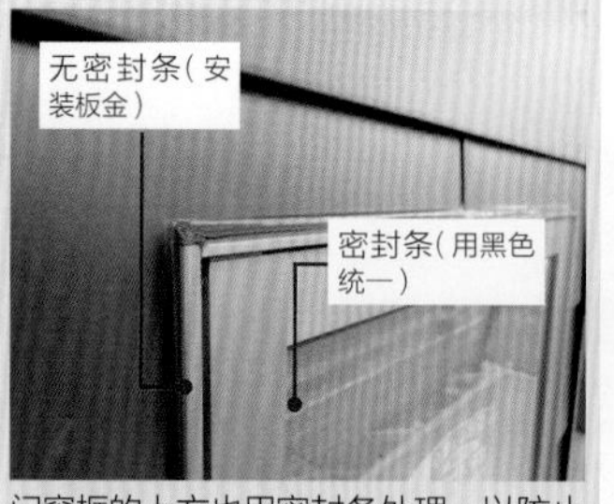

门窗框的上方也用密封条处理，以防止雨水渗入。门框左右则是安装板金与门窗框对接。

通过现场开碰头会将板金(横面板)和铝合金门窗框安装整齐

技术难度较大的板金与铝合金门窗框的接合，在立面图上无法绘制出来，需要另外准备框架详图进行详细标注。窗户的收头因为板金与门窗框间的缝隙有可能渗水，这部分的加工也因施工者的手艺不同而不同，所以不能仅靠建筑设计师判断决定，还需要具体加工的板金艺人与现场监督的理解和热情。本案例中，虽然一开始在图纸上设计的是窗户周围采用特殊变形材料+密封条，但为了安装后看上去更简洁，改为板金与门窗框对接的方式，通过折回使用尽量少的密封条(有的地方仅是门窗框上方采用了密封条)。

开口部详图[S=1:4](原图[S=1:2])（横剖面）

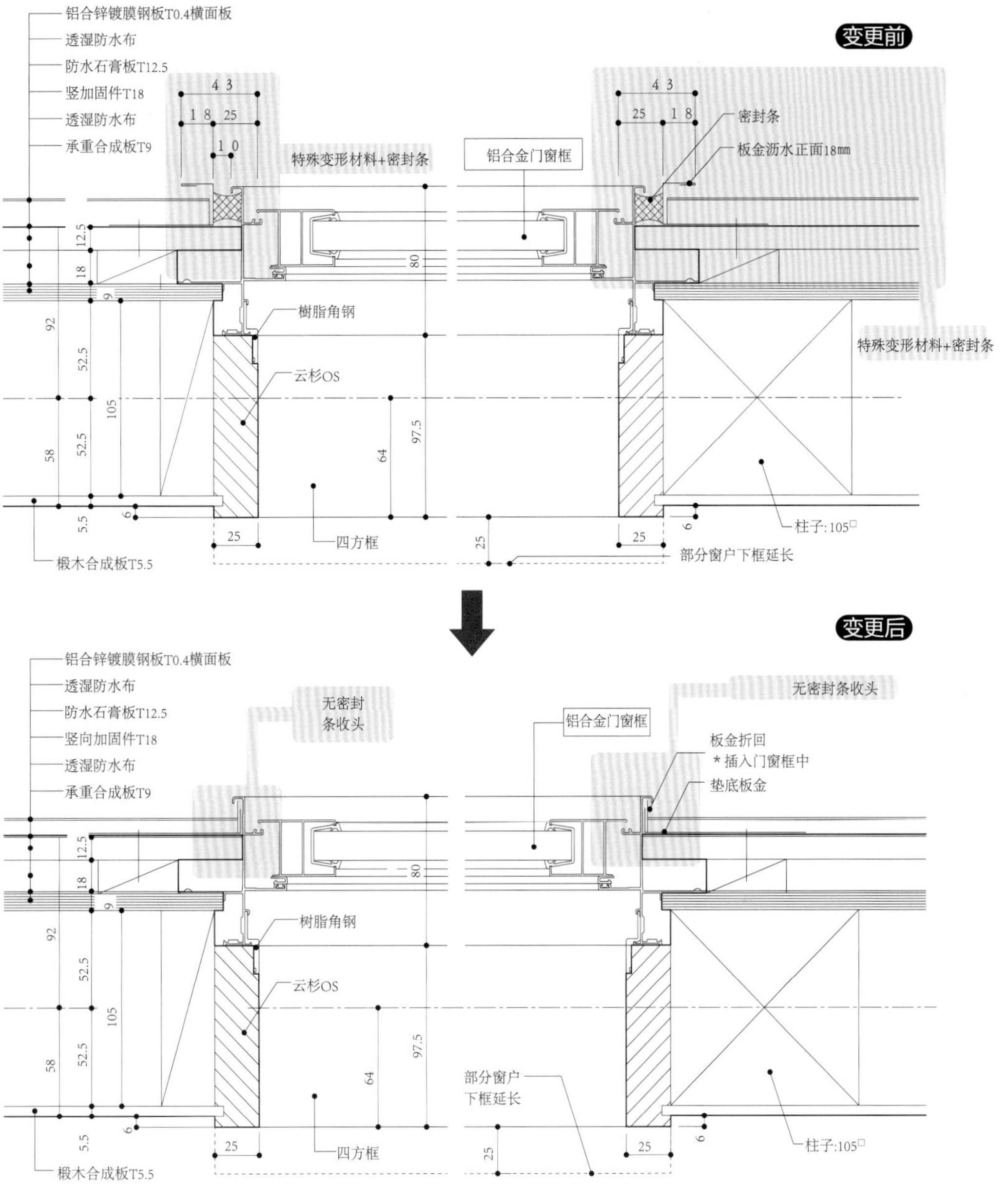

变更前

铝合锌镀膜钢板T0.4横面板
透湿防水布
防水石膏板T12.5
竖加固件T18
透湿防水布
承重合成板T9
43
18 25
10
特殊变形材料+密封条
铝合金门窗框
43
25 18
密封条
板金沥水正面18mm
12.5
18
9
92
52.5
105
52.5
58
5.5
6
80
树脂角钢
云杉OS
97.5
64
特殊变形材料+密封条
25
四方框
25
25
6
柱子:105□
部分窗户下框延长
椴木合成板T5.5

变更后

铝合锌镀膜钢板T0.4横面板
透湿防水布
防水石膏板T12.5
竖向加固件T18
透湿防水布
承重合成板T9
无密封条收头
铝合金门窗框
无密封条收头
板金折回
*插入门窗框中
垫底板金
12.5
18
9
92
52.5
105
52.5
58
5.5
6
80
树脂角钢
云杉OS
97.5
64
部分窗户下框延长
25
四方框
25
25
6
柱子:105□
椴木合成板T5.5

竣工

板金与铝合金门窗框直接对接，开口部周围看上去简洁整齐。

注意

本案例的合理安装是通过在施工现场进行缜密的碰头会实现的。这类安装仅靠施工者的手艺或是设置开口部的条件有很大风险。如果刚好需要采用这种安装，还需慎重研究。我们仅在1楼部分采用了密封条，以实现外观的整齐，由此将风险降到了最低。

展开图

绘制图纸时要考虑到与建筑骨架的接合

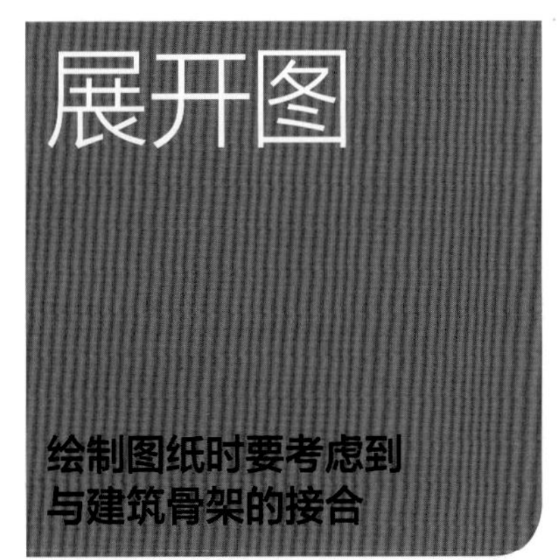

展开图标注各墙面的高度尺寸以及饰面种类，是决定空间使用便利的重要图纸。这是因为，房间中的门窗及打造的家具、开关及插销按照何种布局及高度安装，都要通过展开图确认。

绘制展开图时一定要绘制中心线，从中心线计算各处的尺寸。另外，对于倾斜的天花等难度较高的剖面形状房间，剖面图（外墙剖面详图）[参照 12-17 页] 还有辅助的作用，其重要性更高。若要想确认墙面所有高度的详细尺寸，展开图是最合适的。[彦根明]

楼梯室一楼展开图 [S=1:60]（原图[S=1:30]）

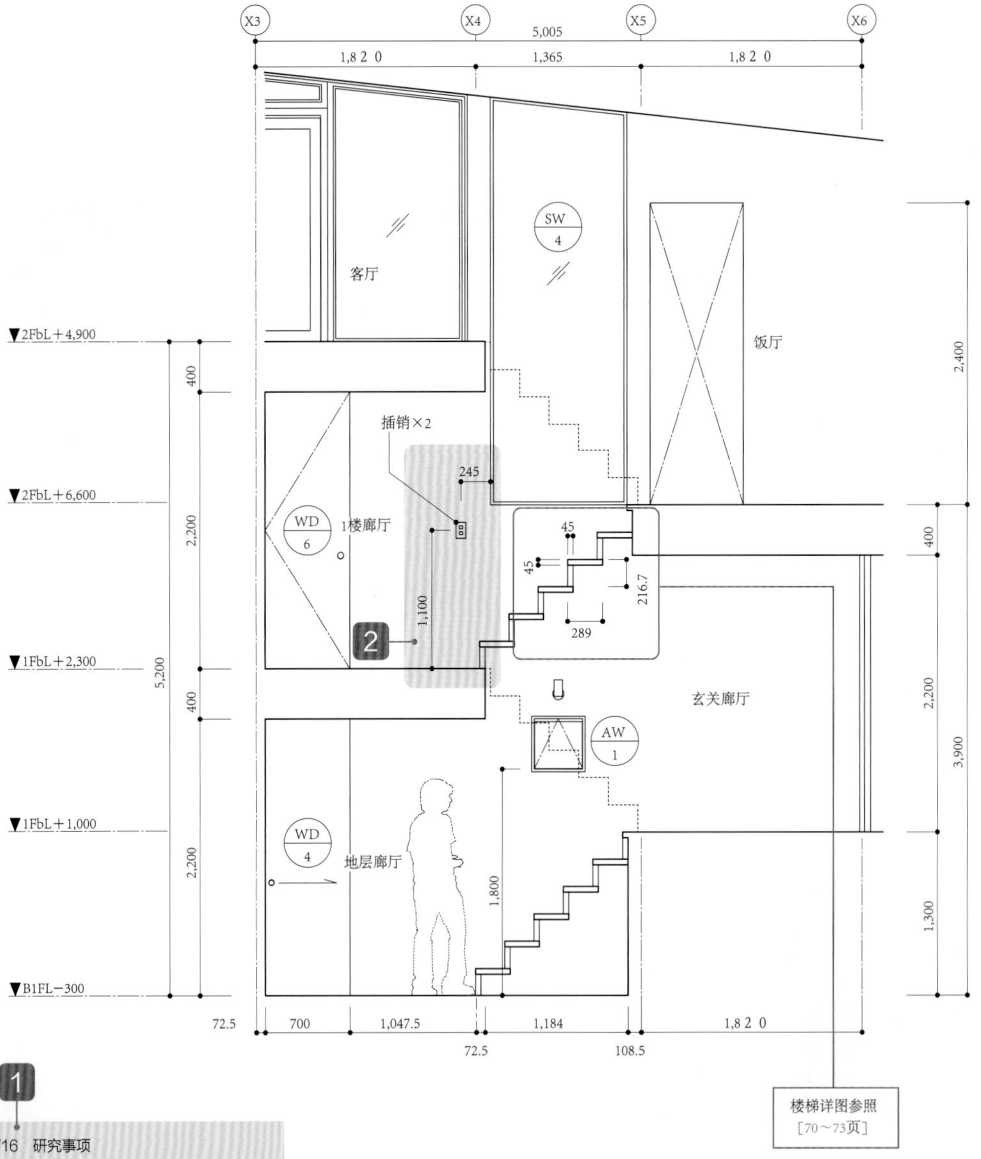

X3
X4
X5
X6
5,005
1,8 2 0
1,365
1,8 2 0
客厅
SW
4
饭厅
▼2FbL＋4,900
▼2FbL＋6,600
▼1FbL＋2,300
▼1FbL＋1,000
▼B1FL−300
400
2,200
400
2,200
5,200
插销×2
245
WD
6
1楼廊厅
45
45
216.7
289
1,100
2
玄关廊厅
AW
1
WD
4
地层廊厅
1,800
2,400
400
2,200
3,900
1,300
72.5
700
1,047.5
1,184
1,8 2 0
72.5
108.5
楼梯详图参照
[70～73页]

1

※ 5/16 研究事项

• 楼梯扶手、竖井扶手的形状正在研究

设计中有跳层时，需要绘制房屋整体展开图

原则上不同房间要分开绘制展开图，但如果遇到设计中有跳层，房间之间有一定的相关性时，绘制所有房间的整体展开图，可以让施工方更容易把握位置关系。这是因为设计中重要的灯具及开口部分的安装位置要考虑房间整体的高度后再做决定[＊]。

1 无法决定的事项要特别标注，并在施工现场与施工方商量

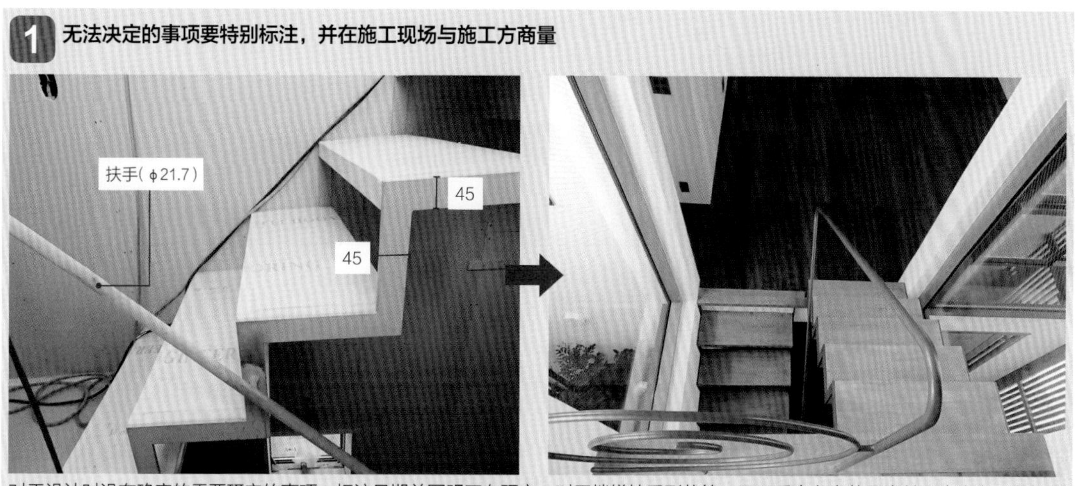

对于设计时没有确定的需要研究的事项，标注日期并写明正在研究。对于楼梯扶手形状等，开工后会在安装屋脊前开会决定。详细内容标注在楼梯详图中[参照70-73页]。

竣工

从饭厅眺望客厅。照片右侧是展开图所绘制的面。房间配件记号要确认其与房间配件表[参照40-41页]及与平面详图[参照8-9页]之间的统一性。

2 标注开关和插销的安装位置

最好避免在美观的墙面上安装开关插销等电气设备，不得不安装时，要在图纸上研究安装位置，尽量不对墙面外观造成影响。如图注明设计重点尺寸。开关距地面1,200mm左右，插销距地面200mm左右[参照112-115页]。

＊ 有竖井时，最好在展开图上也标柱贴墙纸的方法、端部施工、饰面施工的方法等信息(本案例标注了涂层)。

儿童房展开图［S=1:30］（原图［S=1:20］）

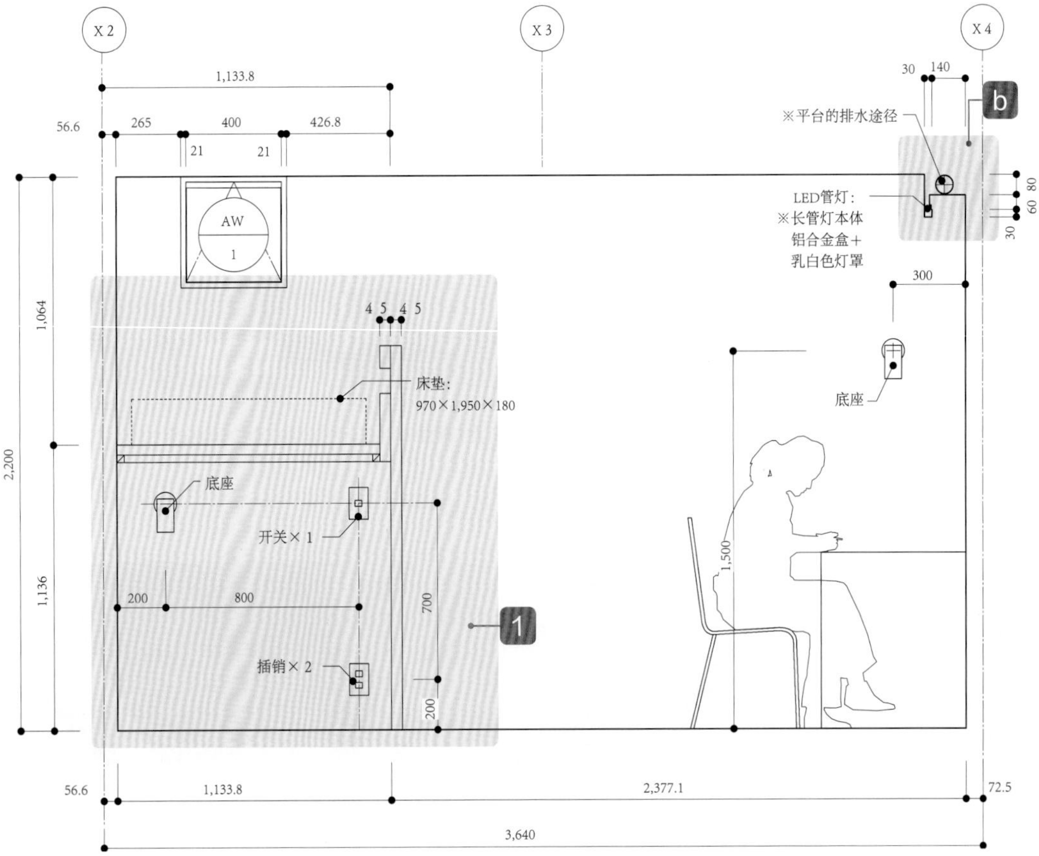

X 2
X 3
X 4
1,133.8
56.6
265
400
426.8
21
21
30
140
※平台的排水途径
b
LED管灯：
※长管灯本体
铝合金盒＋
乳白色灯罩
80
60
30
AW
1
300
1,064
2,200
1,136
4 5 4 5
床垫：
970×1,950×180
底座
开关×1
200
800
700
插销×2
200
1
1,500
56.6
1,133.8
2,377.1
72.5
3,640

儿童特制床平面图［S=1:40］

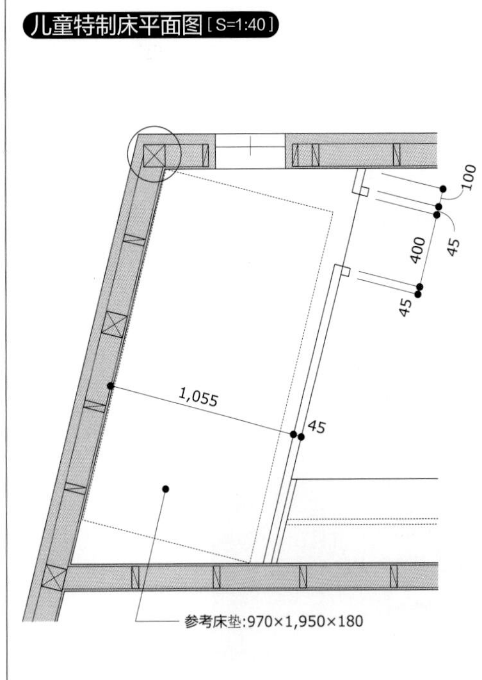

100
400
45
45
1,055
45
参考床垫:970×1,950×180

1 在阁楼放置床时的具体标注方法

1,064
1,136

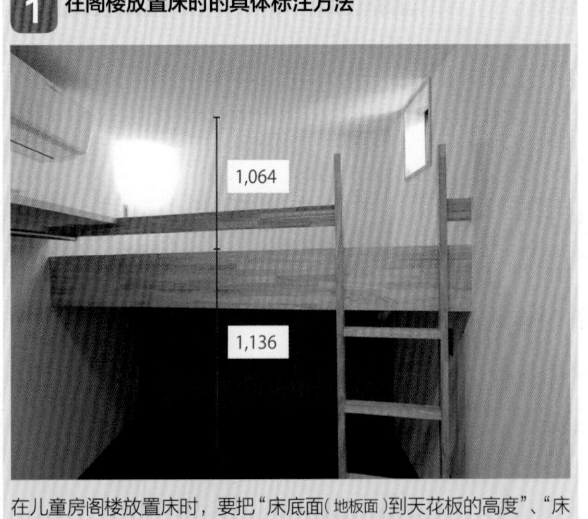

在儿童房阁楼放置床时，要把“床底面（地板面）到天花板的高度”、“床下高度”等这些房主希望的事项在展开图上准确标注出来。阁楼床的宽度主要由购买的床垫宽度而定，要考虑床垫的尺寸再决定宽度。本案例考虑要将单人床尺寸的床垫（W970㎜）沿着斜墙宽松放入，所以决定了阁楼床的宽度为1,100mm 。除要在展开图中标注外，也要在平面详图上标出这一意图，才能让施工方更容易理解。

儿童房展开图[S=1:40](原图[S=1:20])

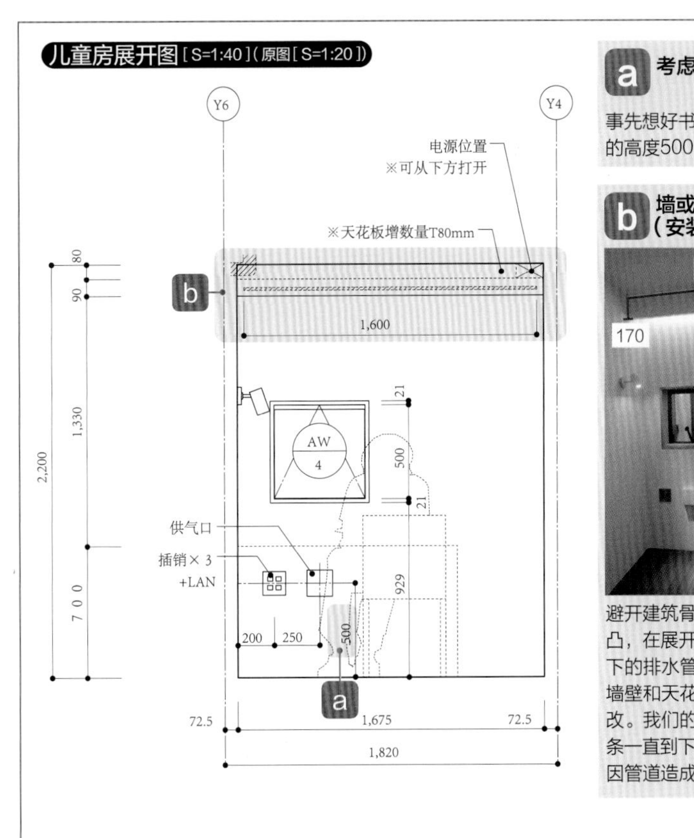

a 考虑好用途后决定尺寸

事先想好书桌上可能会放电脑等，在可以使用较短电脑接线的高度500mm处设计插销位置。

b 墙或天花板加厚时的应对（安装间接照明的空间）

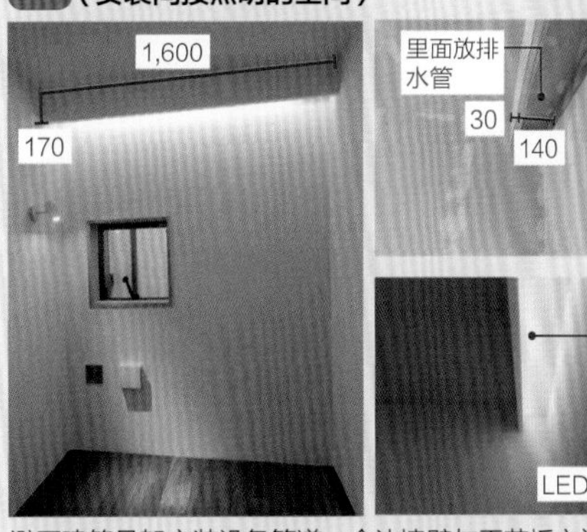

避开建筑骨架安装设备管道，会让墙壁与天花板之间产生凹凸，在展开图上要绘制出凹凸的形状。儿童房上面的露台垂下的排水管，设计为避开300mm梁的布局，因此儿童房的墙壁和天花板的一部分需要加T，原设计根据需要不得不修改。我们的做法是将排水管部分的天花板向下加T，从密封条一直到下垂板，并在这里安装间接照明(檐口照明)，遮盖了因管道造成的墙壁和天花板的凹凸。

骨架剖面图[S=1:60]

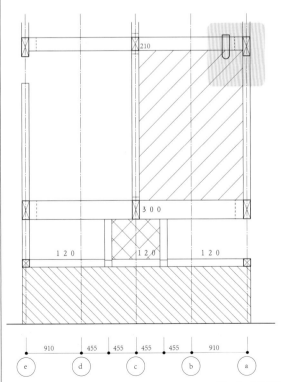

210
300
120　120　120
910　455　455　455　455　910
e　d　c　b　a

绘制展开图时要经常有意识地确认中心线（柱、梁的剖面尺寸）

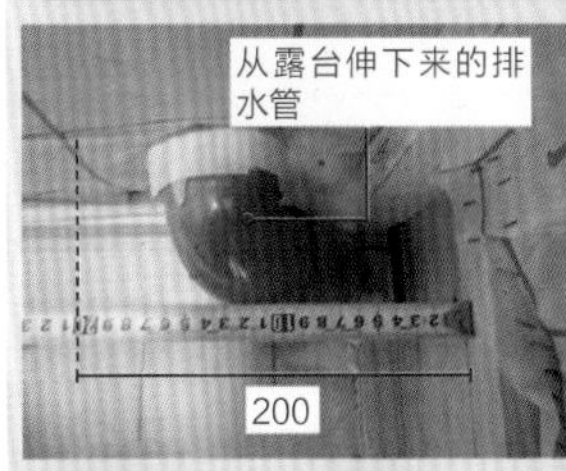

绘制展开图时，经常有意识地确认柱与梁的位置(中心线)是非常重要的。饰面施工前安装开关机插销等的位置，是以中心线为标准决定的。同时，如果有些避开柱与梁通过的设备管道，绘制展开图时也要考虑到这些管道的位置。

二楼客厅展开图a面[S=1:30]

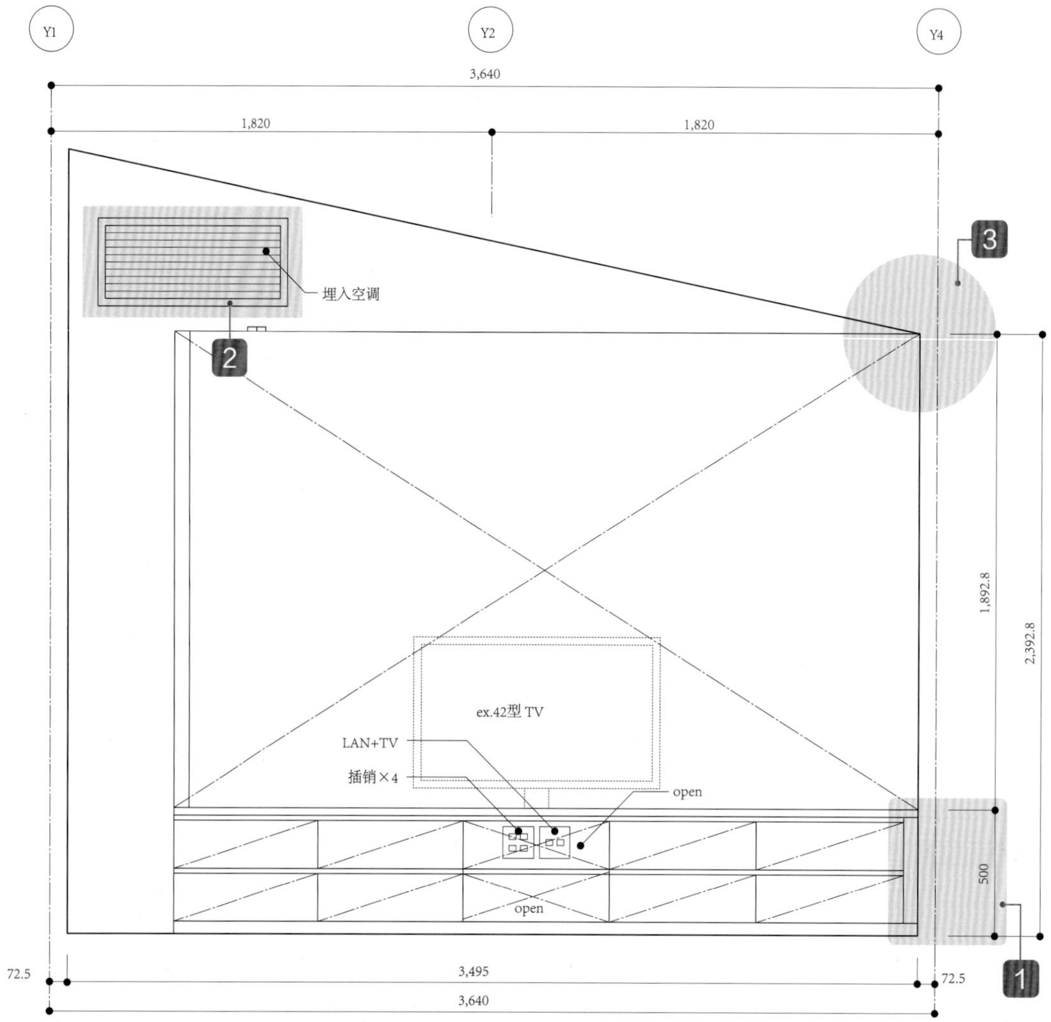

Y1
Y2
Y4
3,640
1,820
1,820
埋入空调
2
3
ex.42型 TV
LAN+TV
插销×4
open
open
1,892.8
2,392.8
500
1
72.5
3,495
72.5
3,640

1 接合应同时参照平面详图

500mm

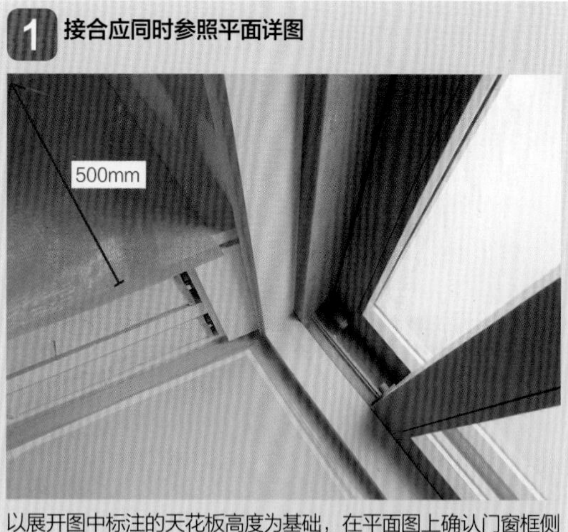

以展开图中标注的天花板高度为基础，在平面图上确认门窗框侧的袖墙突出幅度(500㎜)，并在现场调整石膏板的尺寸。

2 准确标注空调的安装位置

PS
空调的电气管道(CD管)
埋入墙内的空调
用底层

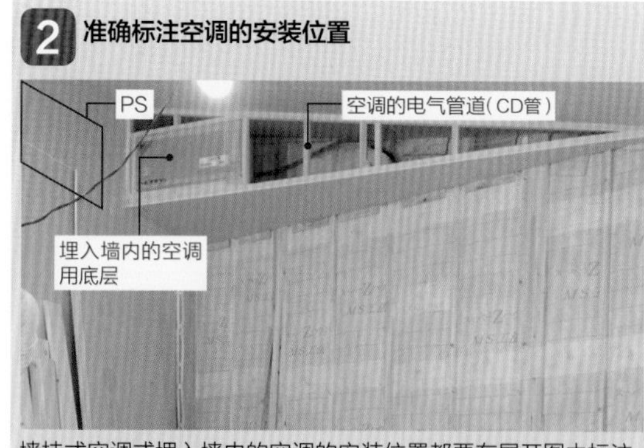

墙挂式空调或埋入墙内的空调的安装位置都要在展开图中标注。这张展开图中没有显示正确的尺寸，是因为本案例的天花板坡度较为复杂，天花板的形状是在现场开始施工时才决定下来的[参照32-35页]。其后，在现场指示安装位置(调整为与烤箱上下空间尺寸的尺寸)。埋入墙内的空调安装尺寸是(W785×H351×D200㎜)，管道隐藏在下垂的天花板内侧。

二楼平面图［S=1:60］(原图［S=:50］)

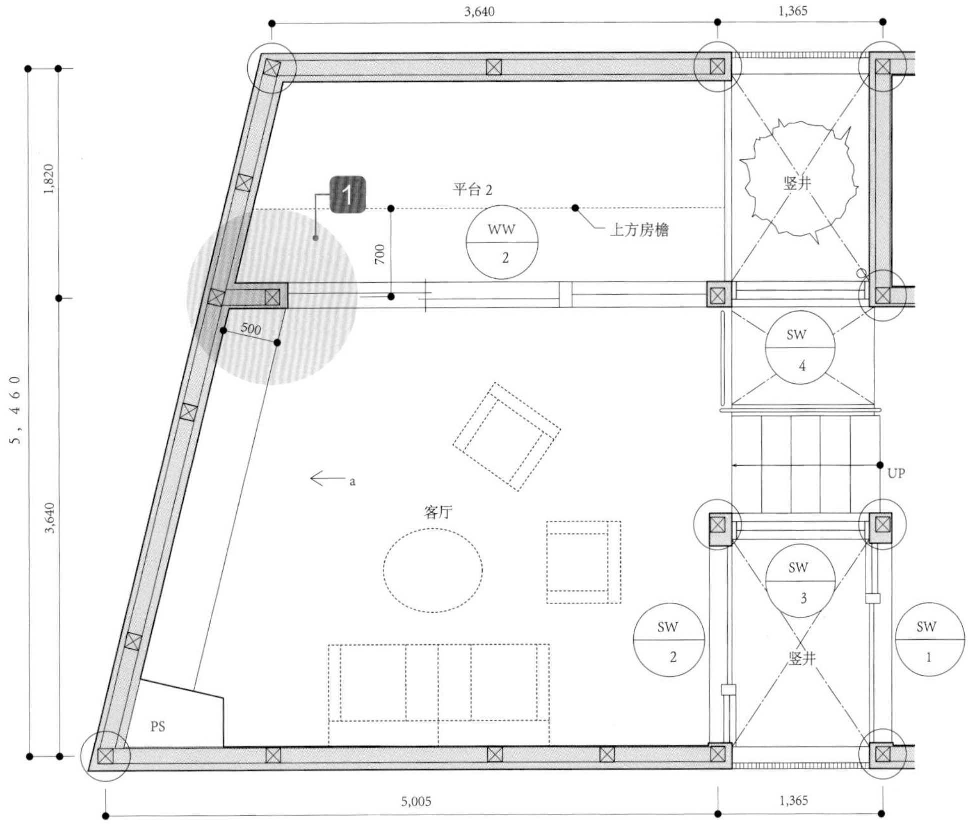

竣工

客厅展开图a面侧。平行四边形墙的一侧加工为直角，以便打开电视柜的抽屉。

用跳层连接到饭厅楼梯侧的墙面。正对开口部上方没有垂墙，视线可以放得更远。

3 天花板与墙较为复杂时应在现场确认石膏板是否合理安装

展开图是绘制墙面的图纸。如本案例中坡度天花板与下垂天花板相连，并且与底层的石膏板有着复杂的连接关系时，石膏板在前还是在后要另行标注。❶坡度天花板、❷下垂天花板、❸埋入空调的垂墙、❹斜墙a、❺斜墙b都汇集在一个点的地方，要以安装门窗框的墙面(石膏板)为标准，决定好各自的合理安装方式，最终形成美观整齐的饰面。

天花板结构平面图是明确标注天花板的饰面方法、天花板上安装的（埋入的）照明或是天花板中埋入的空调、浴室换气扇等设备安装位置的图纸。以墙饰面作为标准，另外要注意天花板的形状过于复杂时的情况。如果是简单的斜天花板，与施工现场沟通很容易，但如果坡度复杂或是圆形天花板，就要在天花板结构平面图或是骨架立面图中，把重点部分的高度标注出来。

如果是茶室那种天花板本身的设计非常重要的房间，天花板结构平面图也是确认饰面整体的平衡感的重要图纸。［彦根明］

一楼天花板结构平面图［S=1:50］（原图［S=1:70］）

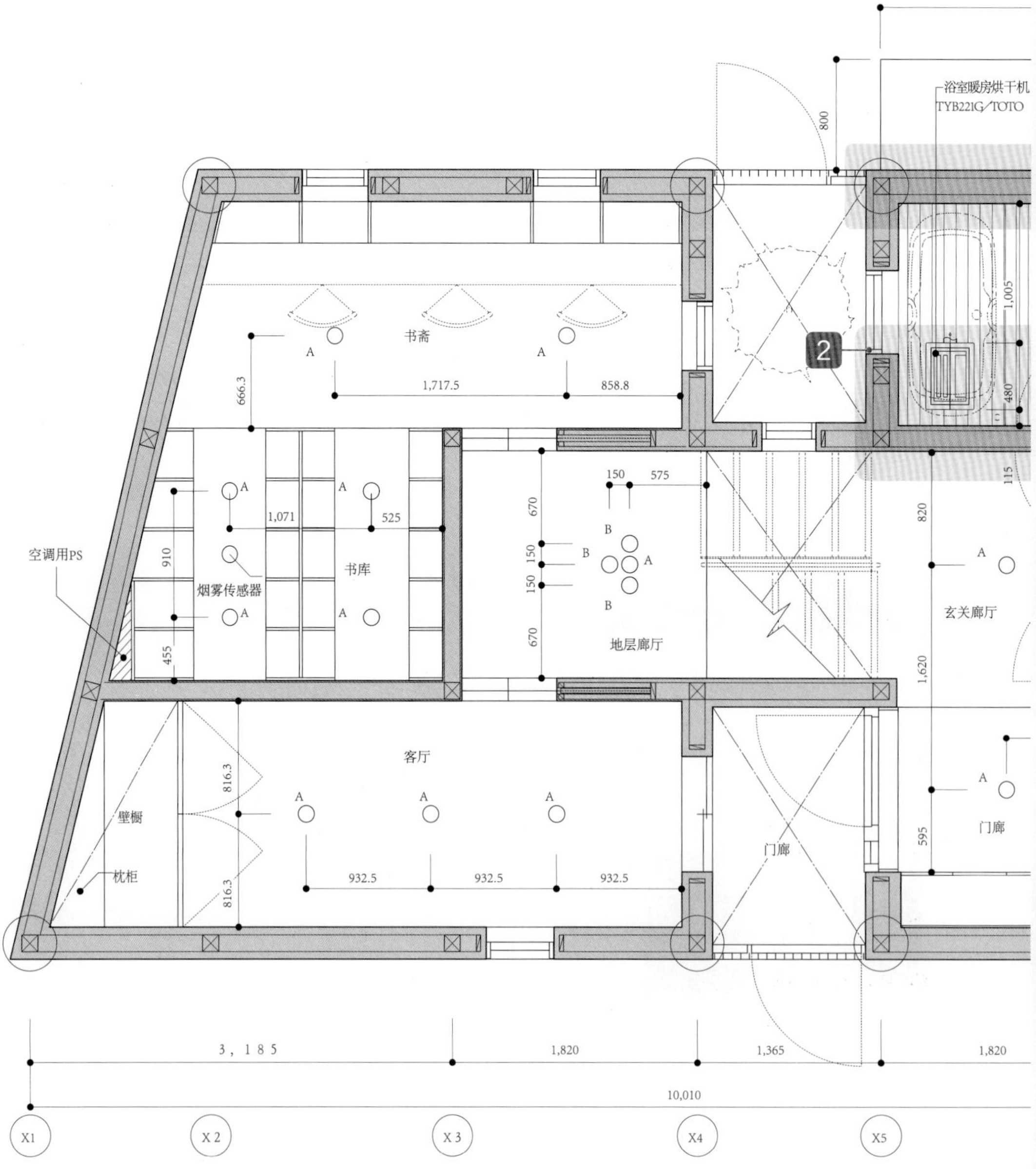

书斋　书库　烟雾传感器　空调用PS　地层廊厅　玄关廊厅　客厅　壁橱　枕柜　门廊　浴室暖房烘干机 TYB221G/TOTO

1 天花板饰面的更换应明确

天花板饰面需要切换时，各类天花板板材的饰面范围都要标注出来。需要贴衬板时，要标出贴衬板的方向。贴板方法(贴板方法(两半错位法或长度非固定法等)标注在饰面表中[参照43页]。这里的贴板方法采用的是长度非固定法。

2 浴室烘干机的位置也应从墙饰面计算

浴室烘干机的安装位置也要在天花板结构平面图中标出(有时会标在平面详图中[参照8-9页])。浴室门为推门时(向内开)，要绘制出门的旋转部分，注意不要影响到浴室烘干机。特别要标上订购的烘干机品牌(生产厂家)名称，以防施工方订错货。

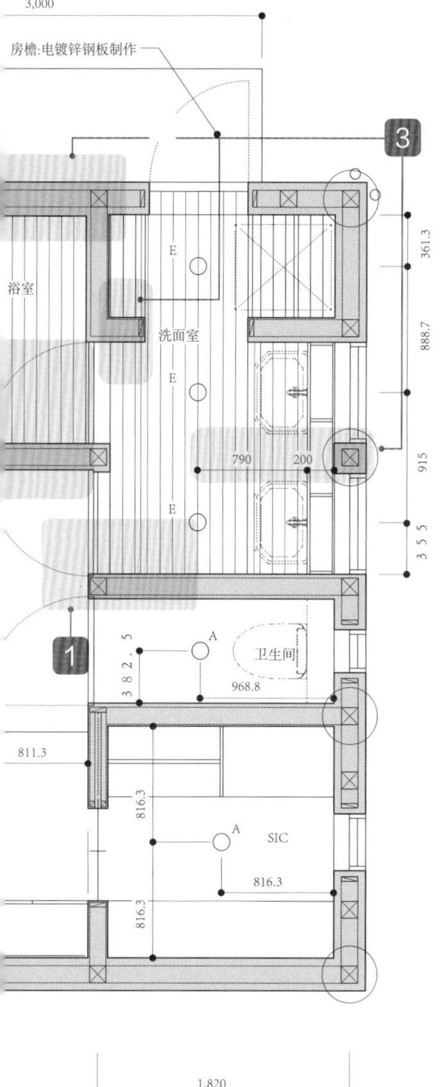

3 决定照明的安装位置时以墙饰面线为标准[*]

天花板面安装的筒灯及吸顶灯等照明的位置要在天花板结构平面图上标注。重点是❶不是以中心线为基准而是以墙饰面为基准计算尺寸；❷按照施工方向记入数字。❶的原因在于是，墙及天花板上要铺设石膏板后才安装灯具。要在墙面铺好石膏板以后才决定天花板的开口位置，所以标注的数字都是从墙饰面计算的数字。墙面上安装的底座及间接照明(角落照明)不要在天花板结构平面图中绘制，要在展开图中绘制[参照116-119页]。

* 不同设计事务所有不同的尺寸计算方式。有的以中心线为基准计算尺寸，有的只标注一个方向的尺寸。

二楼天花板结构平面图 [S=1:80]（原图[S=1:70]）

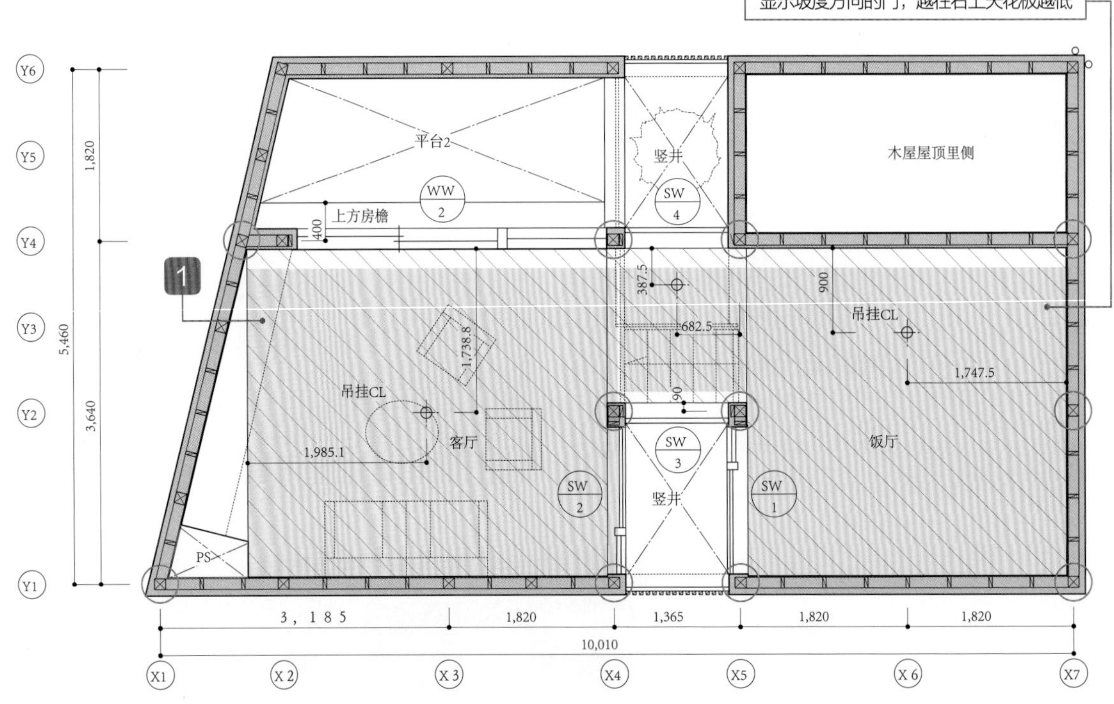

Y4轴骨架立面图 [S=1:80]（原图[S=1:100]）

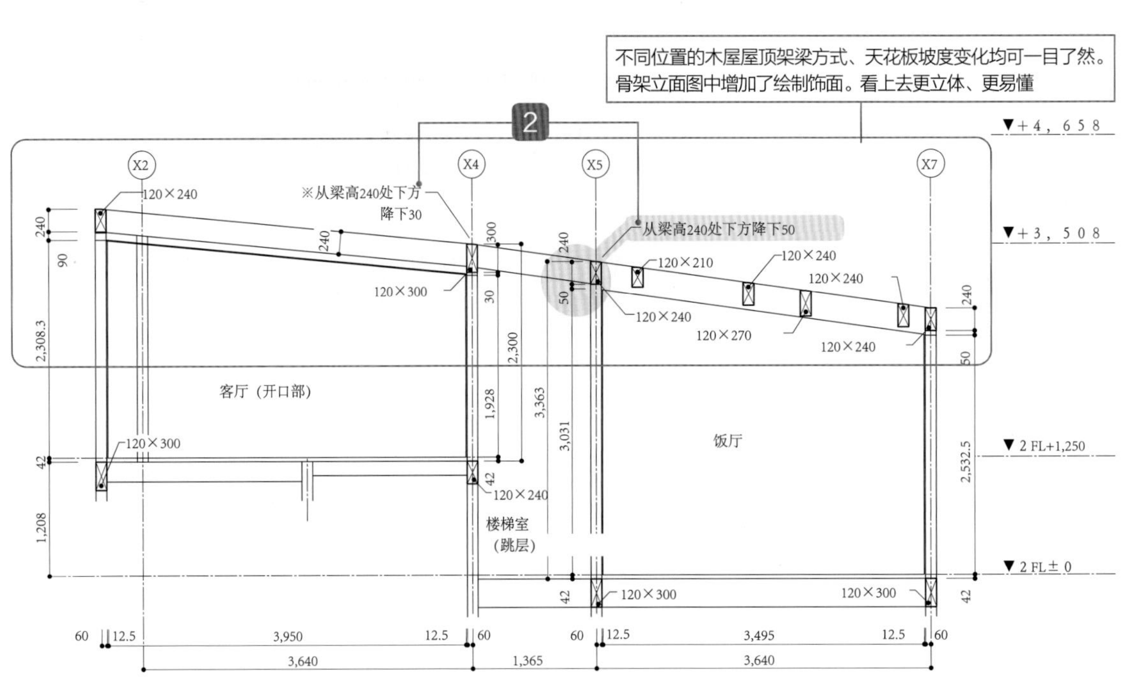

1 天花板结构平面图＋骨架立面图决定天花板饰面

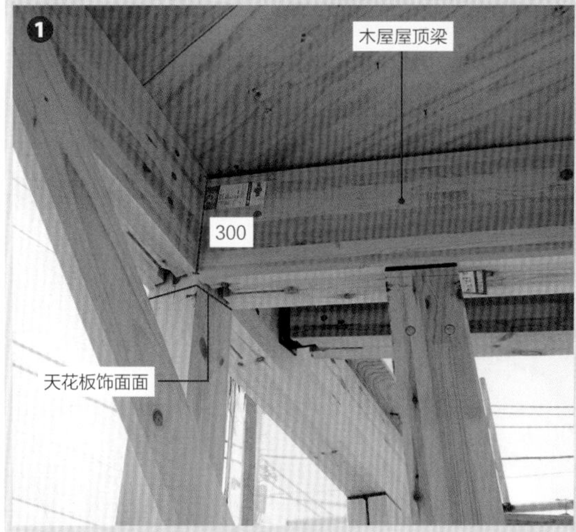

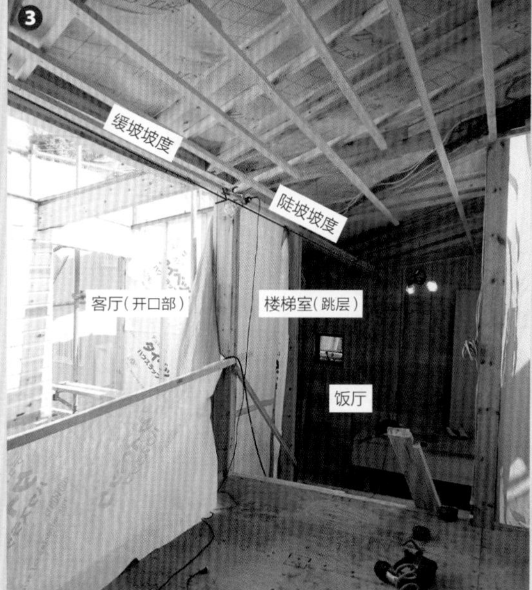

本案例中的天花板，由于受北侧斜线等的影响，X轴与Y轴两个方向都具有坡度，属于较为复杂的天花板。以X1,Y1为定点，向X7,Y6方向倾斜。墙与天花板都倾斜到○处时所有的高度都不同，在图纸中可以标注的信息量有限。我们在施工现场除看天花板结构平面图，还要同时对照为施工制作的骨架立面图，用激光水准器决定组合后的天花板形状。为了提高施工精确度，在绘制骨架立面图时，梁间方向、梁座方向尽量多绘制中心线。

❶距梁下方端30mm（50㎜）的位置是天花板饰面，在柱子的内墙面绘制墨线。

❷以墨线位置为标准绘制水平细线，作为天花板底层和饰面施工的参照线。

❸吊顶木筋（30×40㎜）以303mm的间距铺设，使其与木屋屋顶梁垂直。

❹贴9.5mmT石膏板，腻子过滤后作为涂层饰面。

2 天花板坡度的不同不会显得太突出

骨架立面图中特别标注的“从梁高300的下方降下30”“从梁高240的下方降下50”分别表示了天花板的饰面尺寸。这是为了使客厅及饭厅的坡度不同造成的天花板面的变化尽量看上去是缓和的。当然，除楼梯上方天花板饰面尺寸外，客厅及饭厅各自的天花板饰面尺寸也要标注，2楼天花板整体的饰面位置关系要能看清楚。

屋顶结构平面图

不同类型的屋顶绘制方法不同

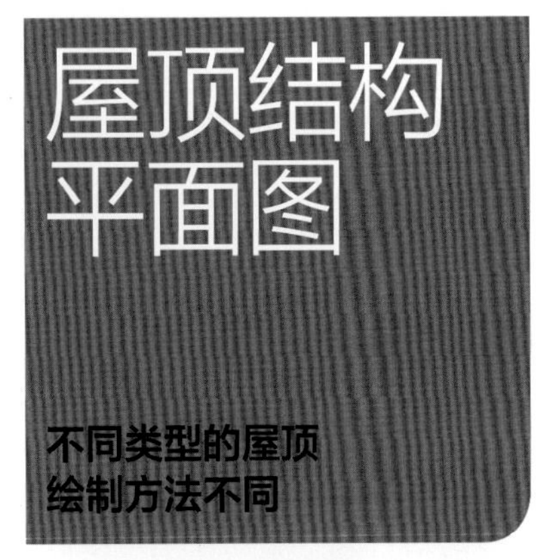

屋顶结构平面图是在平面上表现屋顶材料及面板规格的图纸。需要明确标注饰面施工方法及饰面范围（尺寸），作为精准计算，出示报价的重要信息源，是不可或缺的图纸。

下面分别介绍坡度屋顶与平屋顶这两种不同屋顶形状的图纸绘制。坡度屋顶的重点在于，除屋顶的坡度，房檐伸出程度、有无雨水槽及其安装位置、饰面板材的划分布置等都要详细绘制。对于平屋顶，防水施工方法及排水沟中引导水流坡度的计算方法，以及胸墙高度、压顶木饰面方法等的标注则更加重要。

屋顶结构平面图①［S=1:150］（原图［S=1:50］）坡屋顶的绘制（濑野和广）

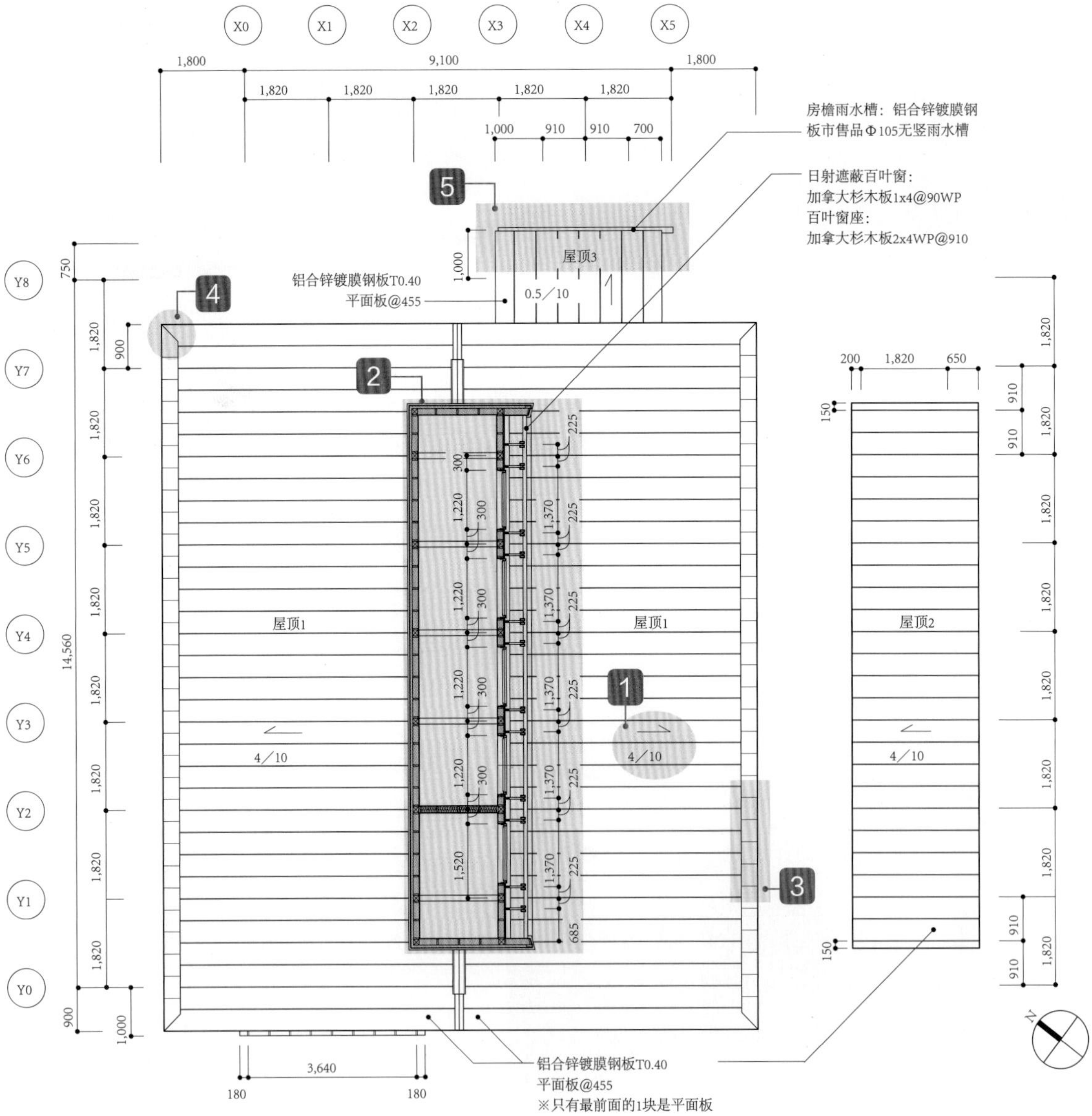

X0
X1
X2
X3
X4
X5
Y8
Y7
Y6
Y5
Y4
Y3
Y2
Y1
Y0
1,800
9,100
1,800
1,820
1,000
910
910
700
14,560
房檐雨水槽：铝合锌镀膜钢板市售品Φ105无竖雨水槽
日射遮蔽百叶窗：
加拿大杉木板1x4@90WP
百叶窗座：
加拿大杉木板2x4WP@910
铝合锌镀膜钢板T0.40
平面板@455
屋顶3
0.5／10
屋顶1
屋顶1
屋顶2
4／10
1,220
1,520
1,370
300
225
685
200
650
150
3,640
180
铝合锌镀膜钢板T0.40
平面板@455
※只有最前面的1块是平面板
1
2
3
4
5

1 准确标注屋顶坡度

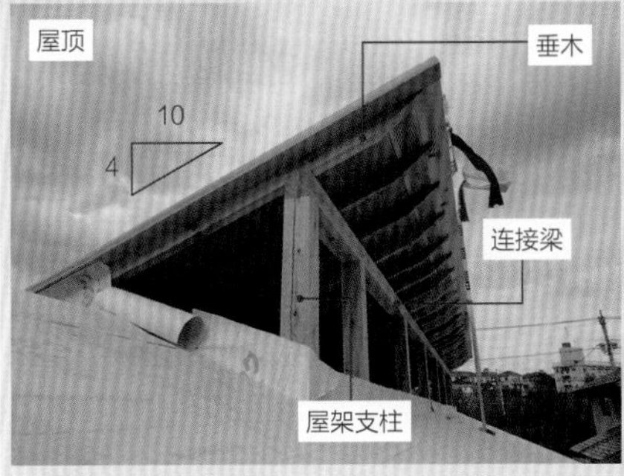

屋顶有坡度时，要在屋顶结构平面图中标注坡度。这里决定采用4寸坡度（4/10）的屋顶，坡度的陡斜程度与方向都标注在图纸上。

2 越屋顶部分在剖面中表现

本案例中因为越屋顶的部分无论在设计上还是设备功能上都承担着重要的作用，所以在屋顶结构平面图中绘制了这一部分的剖面。除标注与开口部的位置关系以及尺寸等基本数字外，也标注了室外安装的百叶窗的材料和间距。之后介绍的越屋顶剖面详图[参照132页]的标准图起到了重要的作用。越屋顶的饰面范围在其他位置上标注。

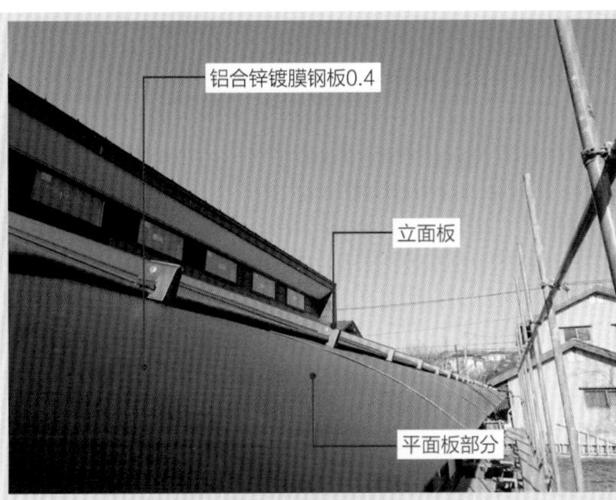

3 绘制的图纸应令人看后就对饰面有印象

本案例是平面板，为了让屋顶看上去更轻巧，檐头与平面板金形成垂直角度。这一点标注在屋顶结构平面图中，详细的安装标注在檐头详图中[参照133页]。

4 标注板金之间的连接关系

平侧的平面板板金与山墙侧的平面板板金成直角的房檐角，也应以便于理解如何施工的方式在图纸上绘制出来。二者接合的房檐伸出部分的一角，被平面板板金斜向盖住。

5 标注雨水槽的安装位置

坡度屋顶中，标注房檐雨水槽及竖雨水槽的安装方式是很重要的。对于人字形屋顶及单坡屋顶，在平侧安装房檐雨水槽及竖雨水槽。此图中的房屋，房檐伸出部分（1,800㎜）足够，所以没有在屋顶平侧安装房檐雨水槽，但玄关部分伸出的房檐（750㎜）不足，所以安装了房檐雨水槽（铝合锌镀膜钢板制）。

注意山墙面板方向的划分布置

房檐伸出的部分，特别是山墙面板方向的板金划分布置的尺寸，数值要均匀（优先决定板金的划分布置尺寸，可以让房檐伸出的部分安装更合理美观）。而且注意不要让最后的立面板的位置对蔓叶纹样造成压迫感（立面板与蔓叶纹样的位置，根据板金宽度相距455㎜左右）。

屋顶结构平面图② [S=1:80](原图 S=1:50) 〈平屋顶的绘制（关本龙太）〉

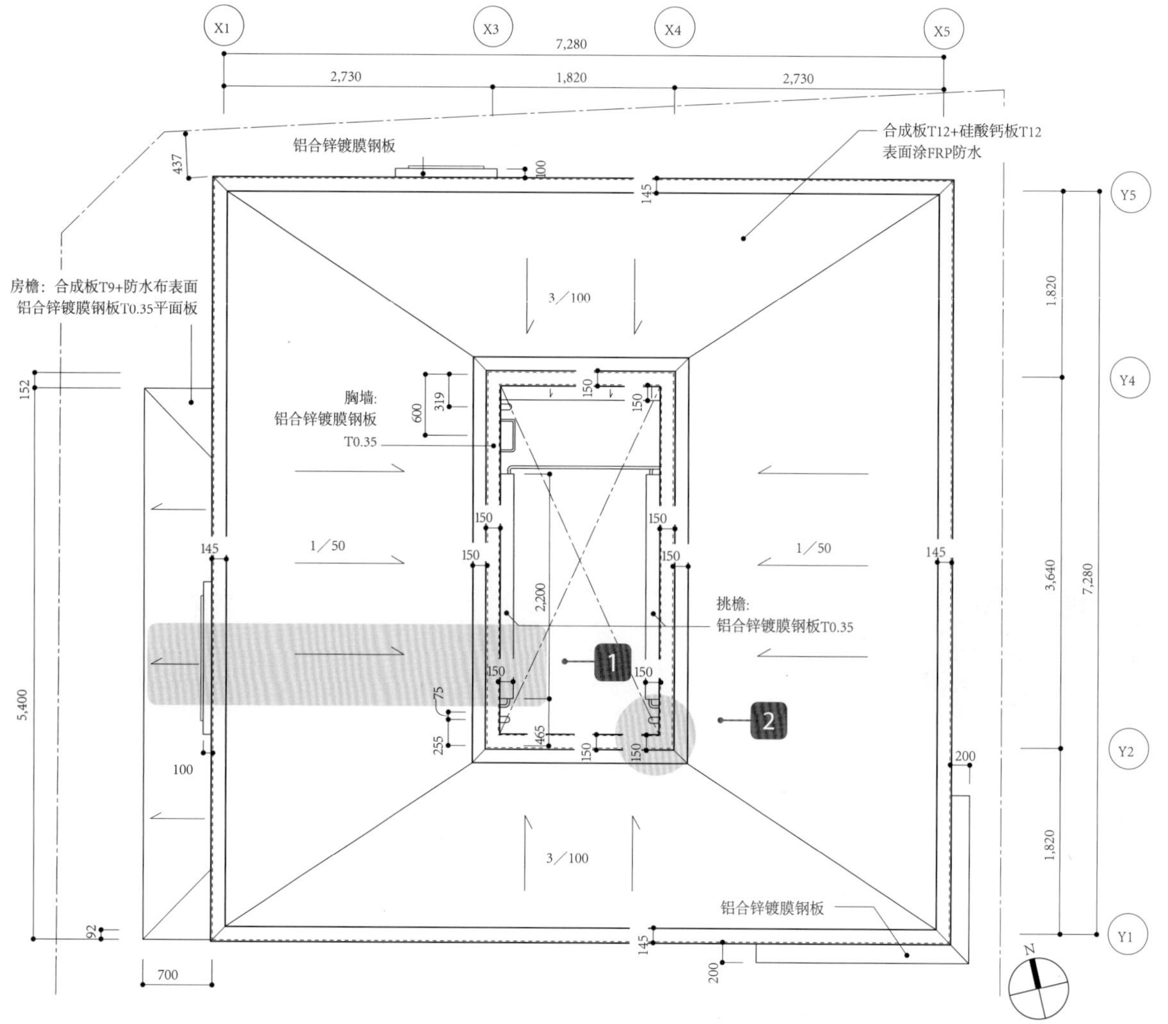

X1
X3
X4
X5
7,280
2,730
1,820
2,730
铝合锌镀膜钢板
合成板T12+硅酸钙板T12
表面涂FRP防水
437
100
145
Y5
Y4
Y2
Y1
房檐：合成板T9+防水布表面
铝合锌镀膜钢板T0.35平面板
3／100
1／50
1／50
3／100
胸墙:
铝合锌镀膜钢板
T0.35
600
319
150
150
150
150
150
2,200
挑檐:
铝合锌镀膜钢板T0.35
1
2
75
255
465
150
150
150
150
152
5,400
145
145
100
200
1,820
3,640
7,280
1,820
92
700
145
200
铝合锌镀膜钢板
N

1 保证胸墙足够低的“3 项确认”

中庭
胸墙(83mm)
胸墙(214mm)

压顶木底层
地板
龙骨
83mm
通风道
FRP防水(2楼)

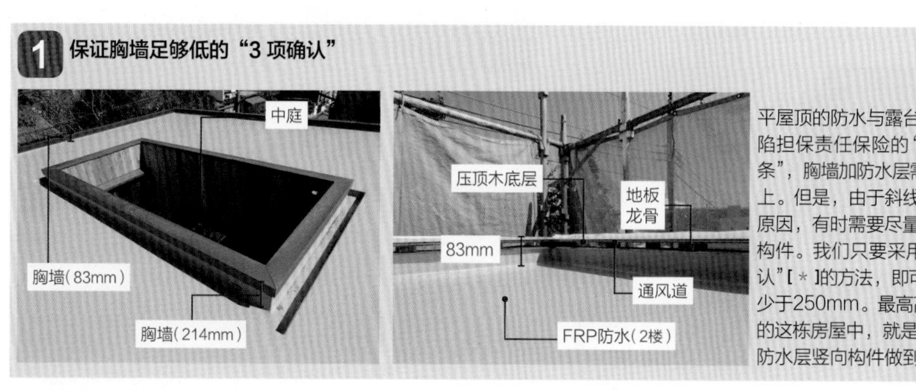

平屋顶的防水与露台一样，根据住宅缺陷担保责任保险的“设计施工标准第8条”，胸墙加防水层需要达到250mm以上。但是，由于斜线限制以及设计上的原因，有时需要尽量做薄防水层的竖向构件。我们只要采用通常称为“3 项确认”[＊]的方法，即可让防水层竖向构件少于250mm。最高高度要为5.6m以内的这栋房屋中，就是使用“3 项确认”将防水层竖向构件做到了83mm。

＊ 即使设计的规格不符合设计施工标准，只要保险申请人向保险公司提交剖面详图、与性能相关的实验数据及设计施工手册等，保险公司认可此做法与标准规定的规格具有同等的性能，即可申请采用设计的规格，也就是一种性能规定。在标有RO的方案中，对于中庭只有4根竖雨水槽的这栋房屋，通过厂家与施工方之间的协商，选择了采用FRP防水。施工方负责申请“3 项确认”并得到批准。施工方有防水厂家的10年防水保证，因此也没有承担事故赔偿金的风险。

2 接到排水沟竖向雨水槽的通道

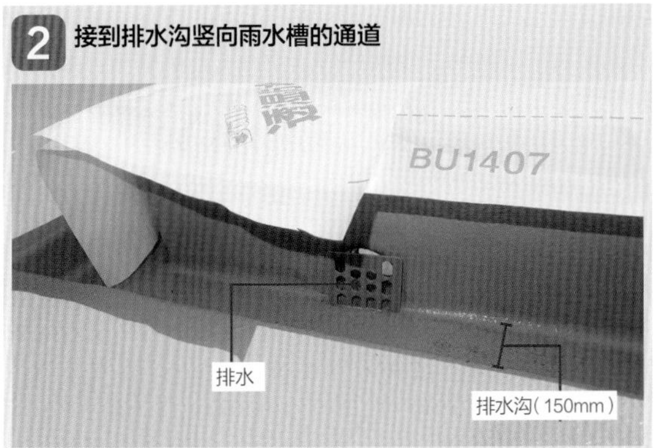

连接中庭的竖雨水槽时，平屋顶向中庭方向的坡度(这里是1/50,3/100)的标注、确保排水沟的标注都很重要。

a 不要忘记确保通风层

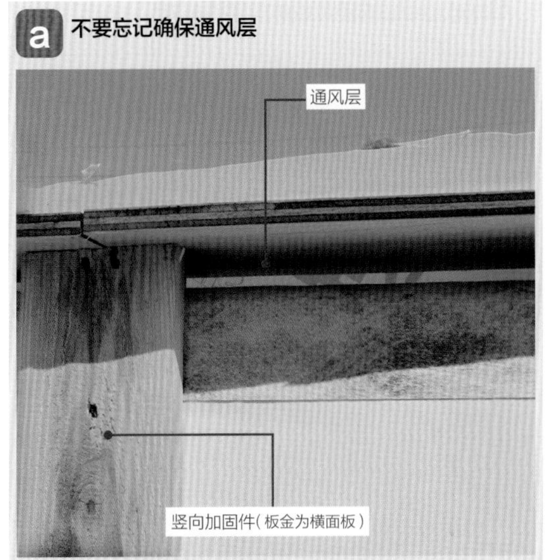

对于平屋顶，要确保通过外墙到胸墙的压顶木部分连接到平屋顶面的通风途径。外墙面的通风加固件(这里是为横面板的板金饰面增加的竖向加固件[参照32页])要有足够的高度，然后安装底层，才能确保通风途径。剖面详图上要标注这一内容。

确认外露部分的饰面方法

飘窗及房檐等外露的部分要确认饰面方法。本案例中，飘窗和房檐正是外露的部分。与胸墙的压顶木相同，飘窗和房檐也是用板金做饰面。若房檐的下折部分设置连接，看上去不够美观。我们与板金工匠商量后，只做了一块板的下折。

剖面详图[S=1:25]

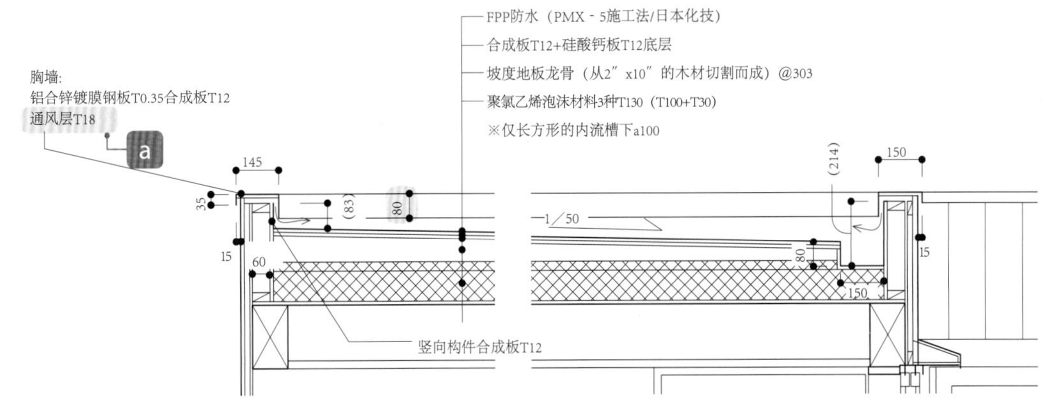

房屋配件表

不要忘记标注浇筑房屋配件及防火设备

房屋配件表是将房屋配件的形状及规格等形成的表格。使用外形图和表格标注面材及门窗框材、金属构件，使施工方能够更加准确地报价。需要注意的是，有浇筑的房屋配件或者组装的房屋配件及防火设备时的情况。

对于前者，除需要指定框材等材料外，由于组装也比较复杂，还需将绘制的框架详图（内观图及剖面图）中记载的信息也放入房屋配件表。

对于后者，因为受使用材料或可能采用的市售品的制约，一定要将相关信息明确标注在房屋配件表中。[彦根明]

SW1内观图[＊][S=1:60](原图[S=1:15])

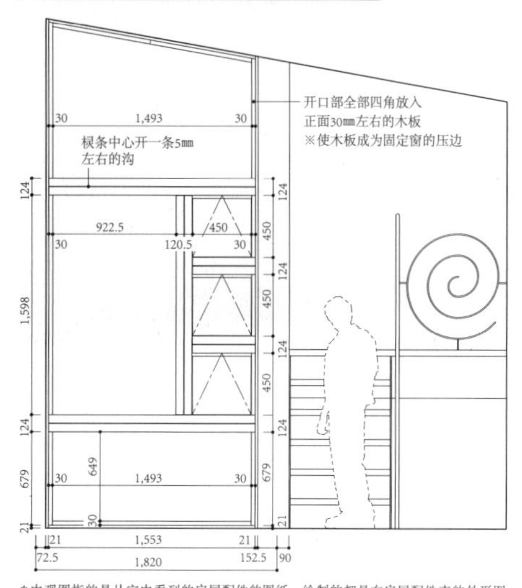

＊内观图指的是从室内看到的房屋配件的图纸。绘制的都是在房屋配件表的外形图中无法表现的门窗框的详细尺寸。要与展开图保持统一。外观图指的是从室外看到的房屋配件的图纸，要与立面图统一。

框架的详细尺寸记入图中（内观图）

不采用市售的房屋配件，而采用制作的房屋配件时，要绘制1:5左右的框架详图。本案例中，我们是开始施工后绘制框架详图。内观图中，除门窗框的正面尺寸外，下左图因设计上的原因，需要在椽条中心开一条沟，下右图固定窗的固定方法都是需要特别标注的事项。

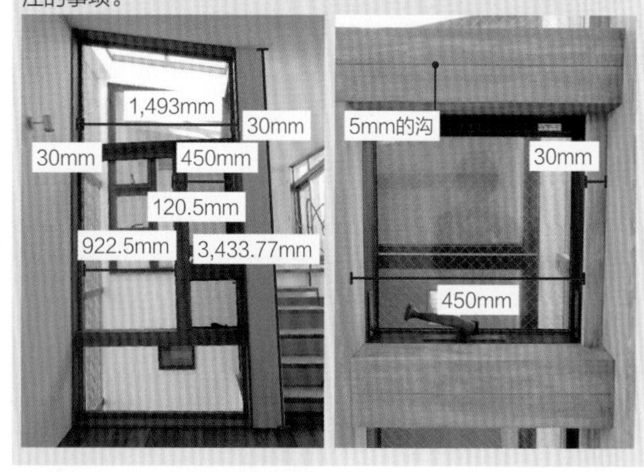

SW1建具表[S＝1:100](原图[S＝1:50])

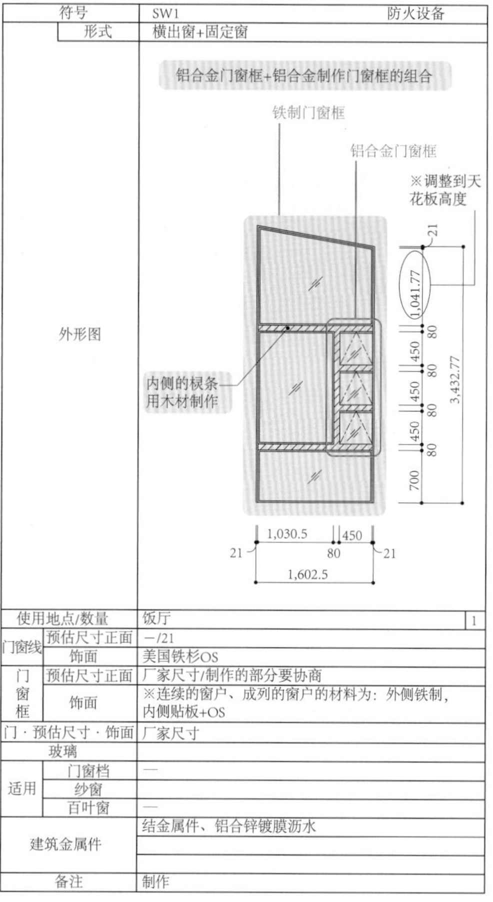

符号		SW1	防火设备
	形式	横出窗+固定窗	
外形图			
使用地点/数量		饭厅	1
门窗线	预估尺寸正面	—/21	
	饰面	美国铁杉OS	
门窗框	预估尺寸正面	厂家尺寸/制作的部分要协商	
	饰面	※连续的窗户、成列的窗户的材料为：外侧铁制，内侧贴板+OS	
门·预估尺寸·饰面		厂家尺寸	
玻璃			
适用	门窗档	—	
	纱窗		
	百叶窗	—	
建筑金属件		结金属件、铝合锌镀膜沥水	
备注		制作	

房屋配件表中应标注的内容

外形图中要标注房屋配件本体高度及门窗框的尺寸。设计中重要的事项要特别标注。本图中的“内侧椽条用木材制作”就属于特殊标注的部分。

SW1剖面图［S=1:30］（原图［S=1:15］）

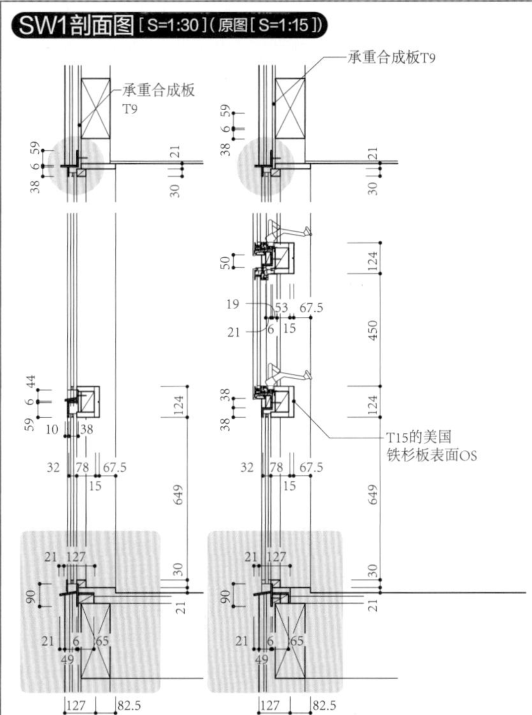

剖面图中，门窗框与建筑骨架（外墙）之间的接合以及门窗框的预估尺寸等要标注出来。特别是铝合金门窗框的内侧到木框等都需要隐藏时，如何安装木框也应标注。本案例中，采用的是门窗框的凸边部分安装底层木材，然后从三方用木框围住的安装方法。

在框架详图中标注与建筑骨架的接合（剖面图）

❶ 铁框在内装底层施工时安装❷上框用螺丝固定在外墙的承重墙上（9mmT的承重合成板）。安上凸边使其成为固定窗玻璃的压边❸下框用螺丝固定在外墙的承重墙上❹插入市售铝合金门窗框（横出窗）的部分，按照规格尺寸制作铁门窗框❺安装铁门窗框后，再安装固定窗及横出窗。

WD1房屋配件表［S=1:30］（原图［S=1:50］）

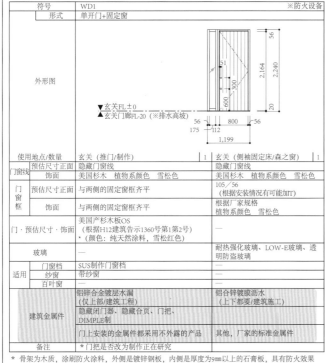

符号		WD1	※防火设备
	形式	单开门+固定窗	
外形图		▼玄关FL±0 ▲玄关门廊FL-20（※排水高坡） 56 2,164 2,240 20 51 300 600 56 800 56 175 112 1,199	
使用地点/数量		玄关（推门/制作）　1	玄关（侧袖固定床/森之窗）　1
门窗线	预估尺寸正面	隐藏门窗线	隐藏门窗线
	饰面	美国杉木　植物系颜色　雪松色	美国杉木　植物系颜色　雪松色
门窗框	预估尺寸正面	与两侧的固定窗框齐平	105／56（根据安装情况有可能加T）
	饰面	与两侧的固定窗框齐平	根据厂家规格 植物系颜色　雪松色
门·预估尺寸·饰面		美国产杉木板OS（根据H12建筑告示1360号第1第2号）*（颜色：纯天然涂料，雪松红色）	—
玻璃		—	耐热强化玻璃、LOW-E玻璃、透明防盗玻璃
适用	门窗档	SUS制作门窗档	—
	纱窗	带纱窗	—
	百叶窗	—	—
建筑金属件		铝锌合金镀层水漏（仅上部/建筑工程）	铝合锌镀膜沥水（上下都要/建筑施工）
		隐藏闭门器、隐藏合页、门把、DIMPLE制	
		门上安装的金属件都采用不外露的产品	其他，厂家的标准金属件
备注		*门把是否改为制作正在研究	

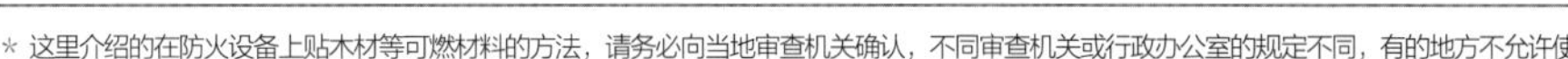
* 骨架为木质，涂刷防火涂料，外侧是镀锌钢板，内侧是厚度为9mm以上的石膏板，具有防火效果

制作防火设备时应要特别标注规格

制作防火设备时，按照平12（2000年建告1360号中规定的结构方法来确认规格。而且要将规格标注在房屋配件表中。这里是采用了平12（2000年）建告1360号 第1第2号的规格。而且里外都贴了衬板（美国杉木板）［*］

* 这里介绍的在防火设备上贴木材等可燃材料的方法，请务必向当地审查机关确认，不同审查机关或行政办公室的规定不同，有的地方不允许使用。

外饰面表

明确标注详细内容以防报价产生误差

外饰面表分为屋顶及外墙等的室外外饰面表（右）与房间的地板、墙壁、天花板的内部外饰面表（左）。要点是指定底层及外饰面的种类、厂家名称、产品型号及颜色。外饰面表除可以防止设计师的估算报价与施工方的正式报价之间产生误差，也决定了竣工后的外观，所以一定要详细填写。若希望施工方同时看图纸与表，要标上图纸名称。

特别是同一个房间里的地板、天花板、墙壁存在 2 种及以上外饰面时，要在平面详图［参照 4-11 页］、天花板结构平面图［参照 32-35 页］、展开图［参照 26-31 页］中将饰面的施工范围清晰易懂地进行标注。

［彦根明］

室外饰面表

1 油烟机及雨水槽颜色也应指定

外墙方面要明确标注饰面材料、油烟机及雨水槽（房檐雨水槽和竖雨水槽）的厂家名称、产品型号。外墙与设备等的颜色需要统一时，要在“产品型号”一栏注明，以防订货出错。本案例中，油烟机是采用烘干涂料（工厂喷涂［参照120-121页］）使颜色达成统一。

2 金属屋顶的装屋面板的方法也应指定

金属屋顶（铝合锌镀膜钢板竖向咬合面板）

除屋顶材料的厂家名称、产品型号外，防水施工方法（本案例是沥青油毡）及装屋面板的方法（这里是平屋面板）也应标注。

	位置		饰面	厂家	产品型号
1	外墙	外墙	T20砂浆表面，用PAREX　DRP作为最终涂层	I.P.P公司	Marble White／Swirl Fine
		油烟机	带沥水的薄型帽　玻璃（Φ150以上时，带防火器）	西邦工业	SEIHO SXUD100M（ϕ100） SEIHO SXUD150M（ϕ150・带FD） 烘干涂料（与外墙颜色统一）
2	屋顶	坡度屋顶	沥青油毡表面，彩色铝合锌镀膜钢板平面板安装	日铁住金钢板	No.570 耐磨熏银
	雨水槽	竖雨水槽	HACO／H6号 ϕ75	TANITA房屋装饰	色：烟枪色
		房檐雨水槽	HACO／H6号 ϕ75	TANITA房屋装饰	色：烟枪色
3	室外房屋配件	一般部位	铝合金门窗框　（※1防火设备）	LIXIL／TOSTEM（防火门FG-S）色：黑色	参照房屋配件表
		饭厅及客厅（4处）	铁门窗框+铝合金门窗框（※1防火设备）	制作/森之窗	参照房屋配件表
		主卧室及客厅（2处）	木制门窗框OS（※1防火设备）	制作/森之窗	参照房屋配件表
		玄关门	木制门+固定窗玻璃（※1防火设备）	制作/森之窗	参照房屋配件表
4	2F平台	地板	FRP防水表面贴沙巴木板OS贴木甲板	东京工业	30×90×2,000
	房屋外周部分	引道	素土地面水泥表面贴石砖（200×200×12）	名古屋马赛克工业	玄昌石200mm见方原石面N-200
		门廊	素土地面水泥表面贴石砖（200×200×12）	名古屋马赛克工业	玄昌石200mm见方原石面N-200
		中庭	素土地面水泥表面贴石砖（200×200×12）	名古屋马赛克工业	玄昌石200mm见方原石面N-200
		存车处	素土地面水泥钢皮抹子涂抹（带钢丝网纹）		
		狗狗玩耍处	防草布上面铺石子		
	其他［*1］	门铃	参照电气设备表		参照详图
		信箱	参照电气设备表		参照详图
		门牌（门铃盖）	拉丝不锈钢		参照详图

4 木甲板应指示防水和涂层的种类

露台设计为防水规格时，除要写上防水施工方法以外（本案例采用的是2楼FPR防水）、还要指定饰面材料。如果订购的是无涂层的木材饰面，还要指示涂层方法。

3 应慎重判断是否为防火设备

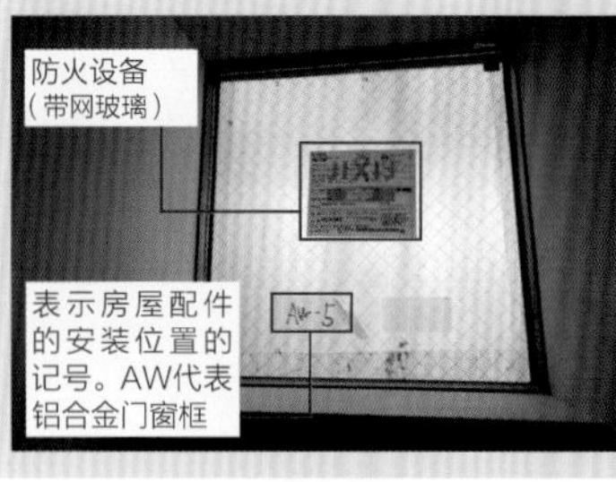

房屋配件要明确标注❶门窗框的种类（铝合金树脂复合门窗框、铝合金门窗框、树脂门窗框、铁门窗框、木门窗框），❷门窗框的安装地点，❸门窗框的购买厂家（市售品或制作）。如果房屋位于准防火地区，并且是木屋，需要在“可能延烧的部分”设置开口时，写上订购防火设备。是不是防火设备对施工费用的影响很大，要参照布局图等确认好。装配要在房屋配件表及开口部详图中指示［＊2］。

＊1 门铃及信箱等设备类要写上“参照电气设备表”。饰面材料的盒盖类要标注饰面方法。

＊2 采用单独认证的防火设备。比2013年底以前通用的认证品，价格要高1.5～1.6倍左右。

内部饰面表

5 有两种以上饰面时应明确标注各饰面的范围和方向

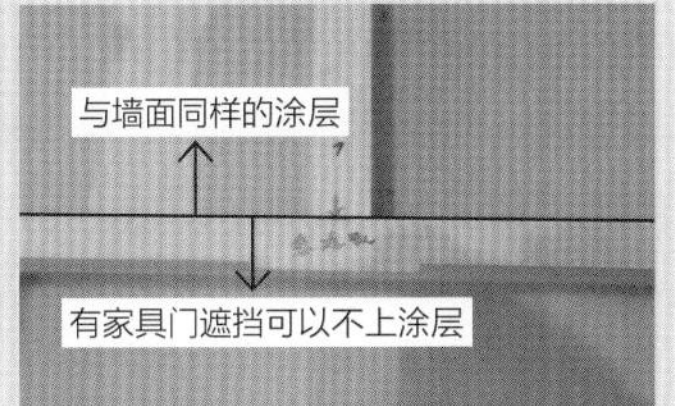

铺榻榻米的房间中，有榻榻米与榻榻压边板这两种不同的饰面，所以要在平面详图上绘制各自的范围和方向。本案例中，墙壁与家具有连成一体的部分，为了不让施工方弄错饰面方法，使用家具详图等，在现场指示了饰面范围。

6 天花板要贴衬板时也应反映在天花板结构平面图中

天花板大都是壁纸或涂层做饰面，但也有部分需要贴衬板。对需要贴衬板的地方（客厅），在饰面表中标注相应规格，并在天花板结构平面图上标注饰面范围及贴衬板的方向等［参照32-33页］。

		地板			踢脚线			墙壁				天花板					
层	房间名	饰面	厂家	产品型号	饰面	高度	色	饰面	厂家	产品型号	色	饰面	厂家	产品型号	色	天花板高度	
B1	地下层廊厅	柚木复合木无脱色14×150×1,800加工/打蜜蜡	WOODHEART有限会社小川耕太郎∞百合子社	FK1815/无涂层/C型	缩进踢脚线底层用合成板T12.5	140	与墙饰面统一	T12.5石膏板表面用腻子处理天然贝壳涂层	日本天然贝壳涂料公司		白	T9.5石膏板表面用腻子处理天然贝壳涂层	日本天然贝壳涂料公司		白	2,200	5
	客厅	铺榻榻米健康君/轻薄型/表面杀菌处理	大建工业	清流灰樱色/无边/T15	缩进踢脚线底层用合成板T12.5	140	与墙饰面统一	T12.5石膏板表面用腻子处理天然贝壳涂层	日本天然贝壳涂料公司		白	T9.5石膏板表面用腻子处理天然贝壳涂层	日本天然贝壳涂料公司		白	2,200	
	书斋	柚木复合木地板/无脱色加工/打蜜蜡	WOODHEART有限会社小川耕太郎∞百合子社	FK1815/无涂层/C型	缩进踢脚线底层用合成板T12.5	140	与墙饰面统一	T12.5石膏板表面用腻子处理天然贝壳涂层	日本天然贝壳涂料公司		白	T9.5石膏板表面用腻子处理天然贝壳涂层	日本天然贝壳涂料公司		白	2,200	
1	玄关	贴石砖200×200×12	名古屋马赛克工业	玄昌石/N-200	缩进踢脚线底层用合成板T12.5	140	与墙饰面统一	T12.5石膏板表面用腻子处理天然贝壳涂层	日本天然贝壳涂料公司		白	T9.5石膏板表面用腻子处理天然贝壳涂层	日本天然贝壳涂料公司		白	2,220	
	SIC	贴石砖200×200×12	名古屋马赛克工业	玄昌石/N-200	缩进踢脚线底层用合成板T12.5	140	与墙饰面统一	T12.5石膏板表面用腻子处理天然贝壳涂层	日本天然贝壳涂料公司		白	T9.5石膏板表面用腻子处理天然贝壳涂层	日本天然贝壳涂料公司		白	2,220	
	玄关廊厅	柚木复合木地板/无脱色14×150×1,800加工/打蜜蜡	WOODHEART有限会社小川耕太郎∞百合子社	FK1815/无涂层/C型	缩进踢脚线底层用合成板T12.5	140	与墙饰面统一	T12.5石膏板表面用腻子处理天然贝壳涂层	日本天然贝壳涂料公司		白	T9.5石膏板表面用腻子处理天然贝壳涂层	日本天然贝壳涂料公司		白	2,200	
	卫生间	柚木复合木地板/无脱色14×150×1,800加工/打蜜蜡	WOODHEART有限会社小川耕太郎∞百合子社	FK1815/无涂层/C型	缩进踢脚线底层用合成板T12.5	140	与墙饰面统一	T12.5石膏板表面用腻子处理天然贝壳涂层			白	T9.5石膏板表面用腻子处理天然贝壳涂层	日本天然贝壳涂料公司		白	2,200	
	洗面室	贴瓷砖200×200×9	LIXIL（INAX）萨摩瓷砖公司	IFT-200／QZ-31	缩进踢脚线底层用合成板T12.5	140	与墙饰面统一	T12.5石膏板表面用腻子处理天然贝壳涂层			白	贴沙巴木板/无脱色20×90×2,000加工/打蜜蜡	东京工业有限会社小川耕太郎∞百合子社	C型		2,200	6
	浴室	FRP防水贴瓷砖200×200×9	LIXIL（INAX）萨摩瓷砖公司	IFT-200／QZ-31	—	—	—	FRP防水表面贴瓷砖，75x150x8.5	瓷砖园	SUW-150	白	贴沙巴木板/无脱色20×90×2,000加工/打蜜蜡	东京工业有限会社小川耕太郎∞百合子社	C型		2,250	7
	1楼廊厅	柚木复合木地板/无脱色14×150×1,800加工/打蜜蜡	WOODHEART有限会社小川耕太郎∞百合子社	FK1815/无涂层/C型	缩进踢脚线底层用合成板T12.5	140	与墙饰面统一	T12.5石膏板表面用腻子处理天然贝壳涂层	日本天然贝壳涂料公司		白	T9.5石膏板表面用腻子处理天然贝壳涂层	日本天然贝壳涂料公司		白	2,200	
	主卧室	柚木复合木地板/无脱色14×150×1,800加工/打蜜蜡	WOODHEART有限会社小川耕太郎∞百合子社	FK1815/无涂层/C型	缩进踢脚线底层用合成板T12.5	140	与墙饰面统一	T12.5石膏板表面用腻子处理天然贝壳涂层	日本天然贝壳涂料公司		白	T9.5石膏板表面用腻子处理天然贝壳涂层	日本天然贝壳涂料公司		白	2,200	8
	WIC	泡桐木地板1,820×150×15槽舌接合	田代产业	—	—	—		泡桐板/错缝接/无涂层1,820×910×9	田代产业			泡桐板/错缝接/无涂层1,820×910×9	田代产业			2,200	
	儿童房	柚木复合木地板/无脱色14×150×1,800加工/打蜜蜡	WOODHEART有限会社小川耕太郎∞百合子社	FK1815/无涂层/C型	缩进踢脚线底层用合成板T12.5	140	与墙饰面统一	T12.5石膏板表面用腻子处理天然贝壳涂层	日本天然贝壳涂料公司		白	T9.5石膏板表面用腻子处理天然贝壳涂层	日本天然贝壳涂料公司		白	2,200	

7 不要忘记指明浴室饰面的防水方式

地板与墙壁应标注防水施工方法，然后指明饰面材料。本案例中采用的是FRP防水（1楼）后贴瓷砖的做法。窗框颜色应与瓷砖颜色统一，浴槽围裙部分也应贴瓷砖。瓷砖的划分布置在浴室详图等上标注［参照78-79页］。

8 指明地板与墙壁角落的加工

指明踢脚线的安装方式、高度、颜色等（与墙壁或地板的其中一个统一）。本案例中，采用缩进踢脚线（从地面到高120㎜的位置），用与石膏板同样厚度的壁纸底层用合成板（下贴地球树M壁纸/伊藤忠建材［＊3］）做踢脚线，与墙壁同一颜色，与地板（复合木地板）垂直安装。

＊3 这是用北海道产的萨哈林冷杉为原料的针叶树合成板制成的底层用合成板。木材应力比柳安木合成板（358N）或石膏板（64N）要强（400N）。适合用于需要保持应力的地方，对于增加隐藏踢脚线的强度非常合适。

特殊
规格书
要传达图纸上无法表达的注意事项

图纸中无法表达的事项或施工上的注意点，要作为特别事项标注。每个工序都制作检查表（房屋配件施工时，包括防火门、铝合金房屋配件、钢房屋配件等），将每项施工采用的规格、施工方法等事项汇总到以勾选方式检查的“特殊规格书”。

通过这一方法可以控制施工费用（明确设计变更手续）以及防止施工方在施工或订货时发错订单[(1)]。

另外，关于特别标注事项的例举方法（内容）或汇总方法，不同设计事务所有不同的做法[(2)(3)(4)]。这里介绍参与本特集编写的事务所对特别标注事项的标注方法。[编辑部]

①濑野和广＋设计工作室的做法

特殊规格要同时写入设计规格和概要书中。特别标注事项写在建筑施工标准规格书的第1章一般共通事项的最后

笔者的设计规格与概要书，除宅基地概要及房屋概要等一般事项以外，还将结构、设备、另行施工、室外规格形成明确文字，都汇总在室外饰面表一张图纸上。另外准备内部饰面表，并以附录的形式附上制作建筑施工标准规格书的第1章：一般共通事项（国土交通省大臣官房官厅营缮部监修版）。设计规格与概要书中的要点有以下两点。①饰面表中加上一栏特别标注事项，在其中填写施工方法及厂家的联络地址。②建筑施工标准规格书的第1章：一般共通事项中，在空白部分同时制作我们事务所要求的特别标注事项表。主要目的是向施工方传达设计师的监理态度。[濑野和广]

设计规格与概要书

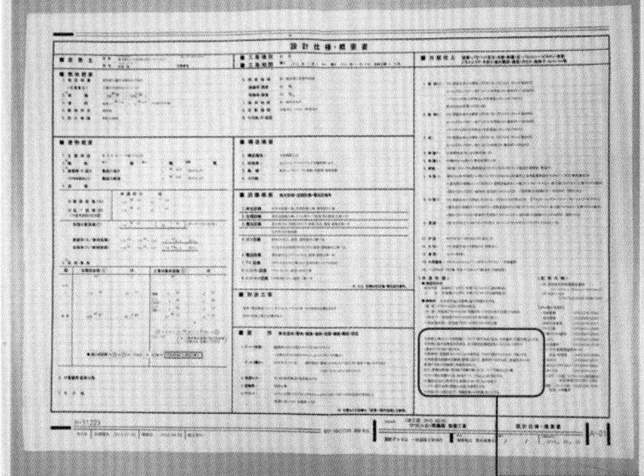

承担作为所有设计资料目录的作用。笔者所在的设计事务所还会制作室外饰面表。之后是内部饰面表、建筑施工标准规格书/一般共通事项。

※ 保温施工由△△○○株式会社负责施工
※ 面向外侧的墙壁及天花板，都贴高性能调湿密封布（Intello/ProClima）（重叠部分100㎜）
※ 保温材料与透湿防水布的连接部分，按照ProClima公司的规定贴TESCON胶带
※ 外墙通风加固件内的接线与管道，拉入房屋内，穿过透湿防水布的部分要保证密封性。另外，不要勉强接线以导致扭曲打折，不要用胶带固定
※ 门窗框开口部分周围，要贴防水胶条（丁基合成橡胶类）
※ 用在结构材料上的金属件（螺栓钉子等）都要采用ZMark认证的金属件（镀锌产品）
※ 室外铁产品部分都以“溶融镀锌处理”为饰面

室外饰面表中在共通规格（对多张图纸指定结构材料和保温材料）后填写结构材料、保温材料在施工时的注意事项。其他与技术有关的特别标注事项，填写在相关图纸中[参照62-63页]。

建筑施工标准规格书/一般共通事项

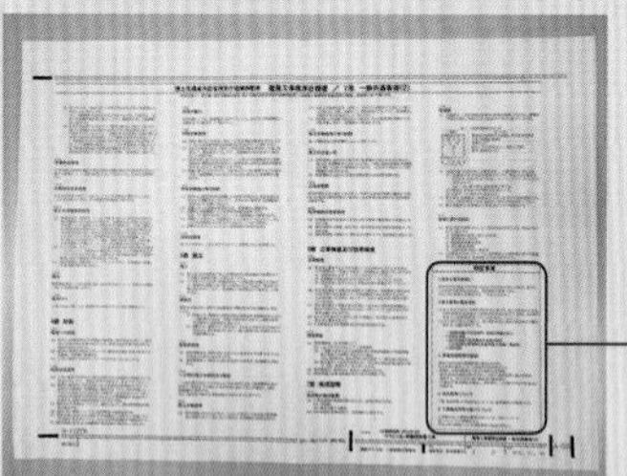

与施工全体及合同相关的、统一的解释及约束条件汇总在一起就是建筑施工标准规格书第1章的一般事项。大都采用国土交通省大臣官房官厅营缮部监修版为基本格式，可以从国交省网站上下载。笔者使用了两张第1章一般共通事项的格式。第2张最后（上面的照片）的位置，增加了本事务所规定的特别标注事项一栏，让施工方对“如何应对后加的施工”及“施工标准与优先顺序”等引起注意。对于木制住宅这种规模的建筑，通常可以看施工方的情况，不一定必须交付施工图，也不一定必须特别标注注意事项。

特殊事项

1.追加工程的方法
由于计划变更等各种事宜需要实施追加工程时，迅速的制作明细表（包括预算表），并与监督员进行协商。
除此之外的追加工程费用一概不予认可。

2.施工基础及优先事宜
(a) 本工程根据如下承包契约条款进行施工。非官方联合协定工程承包契约条款（也可指定政府机构，团体，公司等特定的工程承包契约协议书或者条约）。
(b) 本工程根据如下内容进行施工，如双方发生不符内容时，应根据如下记载顺序执行。
1.现场说明书（会议纪要等，包括疑惑解答书）
2.特殊规格明细书
3.国土交通局大臣官房厅营缮部监督“公共建筑工程标准规格明细书（建筑工程篇）”最新版
4.设计图

3.彻底实施现场清理
彻底清扫施工现场工作间保持清洁
作为安全管理的基本，工程监督管理的重要事项如下。
· 务必在指定的吸烟场所吸烟
· 禁止在指定场所以外的地区饮食。设置垃圾箱彻底执行垃圾分类保持卫生（禁止乱扔空瓶空罐）
· 每天完工后彻底清理现场，对物资进行保养，收拾使用的工具

4.关于完工图
关于“7节 完工图等”的制作内容，需要与监督员进行协商

5.关于工业制品的使用方法
使用工业建筑材料时，须严格按照厂家的操作规范进行使用。其他规格的建筑材料需要得到监督员的认可

②彦根建筑设计事务所的做法

厂家清单・提交施工图的义务・注意增加的施工

不同工种制作不同检查表的特殊规格书。因为是勾选形式，对于“哪些是适用事项、哪些不是适用事项“可以一目了然。特征是制作了厂家清单。［彦根明］

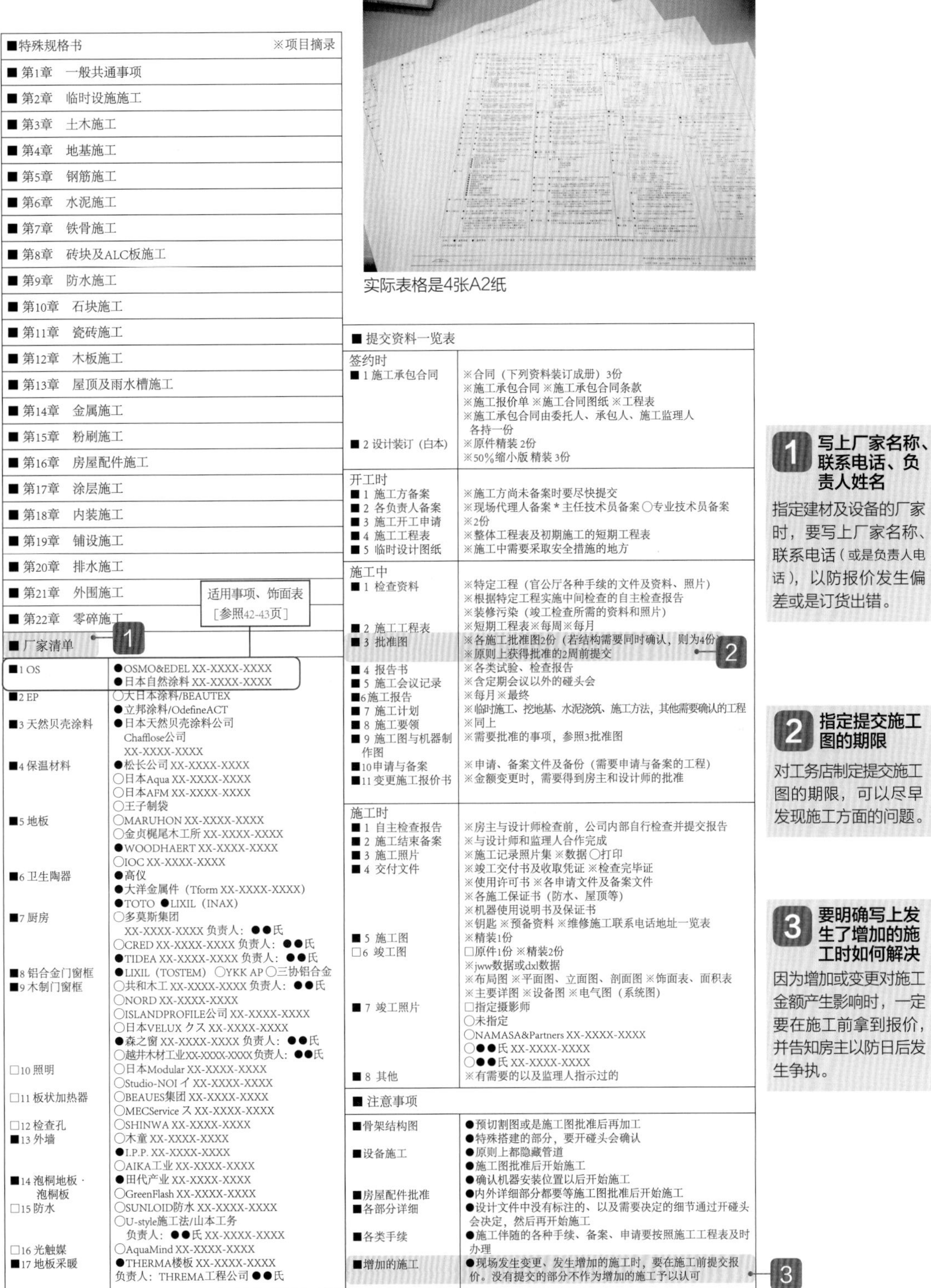

实际表格是4张A2纸

■特殊规格书	※项目摘录
■ 第1章　一般共通事项	
■ 第2章　临时设施施工	
■ 第3章　土木施工	
■ 第4章　地基施工	
■ 第5章　钢筋施工	
■ 第6章　水泥施工	
■ 第7章　铁骨施工	
■ 第8章　砖块及ALC板施工	
■ 第9章　防水施工	
■ 第10章　石块施工	
■ 第11章　瓷砖施工	
■ 第12章　木板施工	
■ 第13章　屋顶及雨水槽施工	
■ 第14章　金属施工	
■ 第15章　粉刷施工	
■ 第16章　房屋配件施工	
■ 第17章　涂层施工	
■ 第18章　内装施工	
■ 第19章　铺设施工	
■ 第20章　排水施工	
■ 第21章　外围施工	适用事项、饰面表［参照42-43页］
■ 第22章　零碎施工	

■厂家清单 [1]	
■1 OS	●OSMO&EDEL XX-XXXX-XXXX ●日本自然涂料 XX-XXXX-XXXX
■2 EP	○大日本涂料/BEAUTEX ●立邦涂料/OdefineACT
■3 天然贝壳涂料	●日本天然贝壳涂料公司 Chafflose公司 XX-XXXX-XXXX
■4 保温材料	●松长公司 XX-XXXX-XXXX ○日本Aqua XX-XXXX-XXXX ○日本AFM XX-XXXX-XXXX ○王子制袋
■5 地板	○MARUHON XX-XXXX-XXXX ○金贞梶尾木工所 XX-XXXX-XXXX ●WOODHAERT XX-XXXX-XXXX ○IOC XX-XXXX-XXXX
■6 卫生陶器	●高仪 ●大洋金属件（Tform XX-XXXX-XXXX） ●TOTO ●LIXIL（INAX）
■7 厨房	○多莫斯集团 XX-XXXX-XXXX 负责人：●●氏 ○CRED XX-XXXX-XXXX 负责人：●●氏 ●TIDEA XX-XXXX-XXXX 负责人：●●氏
■8 铝合金门窗框 ■9 木制门窗框	●LIXIL（TOSTEM）○YKK AP ○三协铝合金 ○共和木工 XX-XXXX-XXXX 负责人：●●氏 ○NORD XX-XXXX-XXXX ○ISLANDPROFILE公司 XX-XXXX-XXXX ○日本VELUX クス XX-XXXX-XXXX ●森之窗 XX-XXXX-XXXX 负责人：●●氏 ○越井木材工业XX-XXXX-XXXX负责人：●●氏
□10 照明	○日本Modular XX-XXXX-XXXX ○Studio-NOI イ XX-XXXX-XXXX
□11 板状加热器	○BEAUES集团 XX-XXXX-XXXX ○MECService ス XX-XXXX-XXXX
□12 检查孔	○SHINWA XX-XXXX-XXXX
■13 外墙	○木童 XX-XXXX-XXXX ●I.P.P. XX-XXXX-XXXX ○AIKA工业 XX-XXXX-XXXX
■14 泡桐地板・泡桐板	●田代产业 XX-XXXX-XXXX ○GreenFlash XX-XXXX-XXXX
□15 防水	○SUNLOID防水 XX-XXXX-XXXX ○U-style施工法/山本工务 负责人：●●氏 XX-XXXX-XXXX
□16 光触媒	○AquaMind XX-XXXX-XXXX
■17 地板采暖	●THERMA楼板 XX-XXXX-XXXX 负责人：THREMA工程公司 ●●氏

■ 提交资料一览表	
签约时	
■ 1 施工承包合同	※合同（下列资料装订成册）3份 ※施工承包合同 ※施工承包合同条款 ※施工报价单 ※施工合同图纸 ※工程表 ※施工承包合同由委托人、承包人、施工监理人各持一份
■ 2 设计装订（白本）	※原件精装 2份 ※50%缩小版 精装 3份
开工时	
■ 1 施工方备案	※施工方尚未备案时要尽快提交
■ 2 各负责人备案	※现场代理人备案＊主任技术员备案○专业技术员备案
■ 3 施工开工申请	※2份
■ 4 施工工程表	※整体工程表及初期施工的短期工程表
■ 5 临时设计图纸	※施工中需要采取安全措施的地方
施工中	
■ 1 检查资料	※特定工程（官公厅各种手续的文件及资料、照片） ※根据特定工程实施中间检查的自主检查报告 ※装修污染（竣工检查所需的资料和照片）
■ 2 施工工程表	※短期工程表※每周※每月
■ 3 批准图	※各施工批准图2份（若结构需要同时确认，则为4份） ※原则上获得批准的2周前提交 [2]
■ 4 报告书	※各类试验、检查报告
■ 5 施工会议记录	※含定期会议以外的碰头会
■6施工报告	※每月※最终
■ 7 施工计划	※临时施工、挖地基、水泥浇筑、施工方法，其他需要确认的工程
■ 8 施工要领	※同上
■ 9 施工图与机器制作图	※需要批准的事项，参照3批准图
■10申请与备案	※申请、备案文件及备份（需要申请与备案的工程）
■11 变更施工报价书	※金额变更时，需要得到房主和设计师的批准
施工时	
■ 1 自主检查报告	※房主与设计师检查前，公司内部自行检查并提交报告
■ 2 施工结束备案	※与设计师和监理人合作完成
■ 3 施工照片	※施工记录照片集 ※数据 ○打印
■ 4 交付文件	※竣工交付书及收取凭证 ※检查完毕证 ※使用许可书 ※各申请文件及备案文件 ※各施工保证书（防水、屋顶等） ※机器使用说明书及保证书 ※钥匙 ※预备资料 ※维修施工联系电话地址一览表
■ 5 施工图	※精装1份
□6 竣工图	□原件1份 ※精装2份 ※jww数据或dxl数据 ※布局图 ※平面图、立面图、剖面图 ※饰面表、面积表 ※主要详图 ※设备图 ※电气图（系统图）
■ 7 竣工照片	□指定摄影师 ○未指定 ○NAMASA&Partners XX-XXXX-XXXX ○●●氏 XX-XXXX-XXXX ○●●氏 XX-XXXX-XXXX
■ 8 其他	※有需要的以及监理人指示过的

■ 注意事项	
■骨架结构图	●预切割图或是施工图批准后再加工 ●特殊搭建的部分，要开碰头会确认
■设备施工	●原则上都隐藏管道 ●施工图批准后开始施工 ●确认机器安装位置以后开始施工
■房屋配件批准	●内外详细部分都要等施工图批准后开始施工
■各部分详细	●设计文件中没有标注的、以及需要决定的细节通过开碰头会决定，然后再开始施工
■各类手续	●施工伴随的各种手续、备案、申请要按照施工工程表及时办理
■增加的施工	●现场发生变更、发生增加的施工时，要在施工前提交报价。没有提交的部分不作为增加的施工予以认可 [3]

凡例　■：适用事项　●：适用项目　※：无特殊情况时适用

1 写上厂家名称、联系电话、负责人姓名

指定建材及设备的厂家时，要写上厂家名称、联系电话（或是负责人电话），以防报价发生偏差或是订货出错。

2 指定提交施工图的期限

对工务店制定提交施工图的期限，可以尽早发现施工方面的问题。

3 要明确写上发生了增加的施工时如何解决

因为增加或变更对施工金额产生影响时，一定要在施工前拿到报价，并告知房主以防日后发生争执。

③ BLEISTIFT 的做法

在饰面表及房屋配件表中都标注特殊规格

笔者所在设计事务所中，对于木制房屋，没有制作汇总特别标注事项的规格书，而是分别在室外、内部饰面表以及细木工家具及家具表、结构材料规格书中各自标上特别标注事项。有关技术的内容如果另外汇总到规格书上，施工方难以理解这些内容与其他图纸之间的关系，所以我们都标在图纸中。施工监理或施工计划相关的事项作为“一般事项”与饰面表等一起制作。这里例举的细木工家具及家具表的特别标注事项如下所记。［本间至］

施工概要 / 室外饰面表 / 一般事项

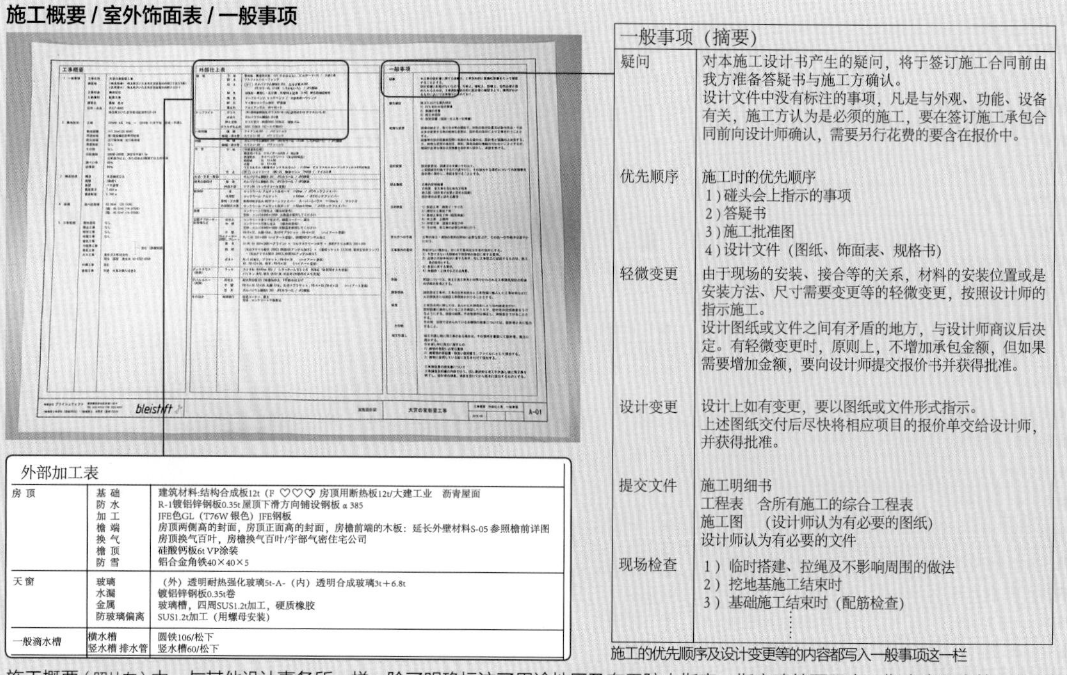

一般事项（摘要）

疑问	对本施工设计书产生的疑问，将于签订施工合同前由我方准备答疑书与施工方确认。 设计文件中没有标注的事项，凡是与外观、功能、设备有关，施工方认为是必须的施工，要在签订施工承包合同前向设计师确认，需要另行花费的要含在报价中。
优先顺序	施工时的优先顺序 1）碰头会上指示的事项 2）答疑书 3）施工批准图 4）设计文件（图纸、饰面表、规格书）
轻微变更	由于现场的安装、接合等的关系，材料的安装位置或是安装方法、尺寸需要变更等的轻微变更，按照设计师的指示施工。 设计图纸或文件之间有矛盾的地方，与设计师商议后决定。有轻微变更时，原则上，不增加承包金额，但如果需要增加金额，要向设计师提交报价书并获得批准。
设计变更	设计上如有变更，要以图纸或文件形式指示。 上述图纸交付后尽快将相应项目的报价单交给设计师，并获得批准。
提交文件	施工明细书 工程表　含所有施工的综合工程表 施工图　（设计师认为有必要的图纸） 设计师认为有必要的文件
现场检查	1）临时搭建、拉绳及不影响周围的做法 2）挖地基施工结束时 3）基础施工结束时（配筋检查） ⋮

施工的优先顺序及设计变更等的内容都写入一般事项这一栏

外部加工表

房 顶	基 础 防 水 加 工 檐 端 换 气 檐 顶 防 雪	建筑材料:结构合成板12t（F ♡♡♡ 房顶用断热板12t/大建工业　沥青屋面 R-1镀铝锌钢板0.35t 屋顶下滑方向铺设钢板 α 385 JFE色GL（T76W 银色）JFE钢板 房顶两侧高的封面，房顶正面高的封面，房檐前端的木板：延长外壁材料S-05 参照檐前详图 房顶换气百叶，房檐换气百叶/宇部气密住宅公司 硅酸钙板6t VP涂装 铝合金角铁40×40×5
天 窗	玻璃 水漏 金属 防玻璃偏离	（外）透明耐热强化玻璃5t-A-（内）透明合成玻璃3t＋6.8t 镀铝锌钢板0.35t卷 玻璃槽，四周SUS1.2t加工，硬质橡胶 SUS1.2t加工（用螺母安装）
一般滴水槽	横水槽 竖水槽 排水管	圆铁106/松下 竖水槽60/松下

施工概要（照片左）中，与其他设计事务所一样，除了明确标注了用途地区及有无防火指定、指定建筑面积率、指定容积率等，以及与建筑标准法相关的规定，还标注了房屋结构、规模、最高高度、最高房檐高度、建筑面积、施工范围等。室外饰面表（照片中）中，每个部分都写上了底层、饰面的构成部件及应参照的图纸号码。

细木工家具及房屋配件表

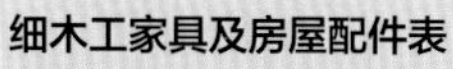

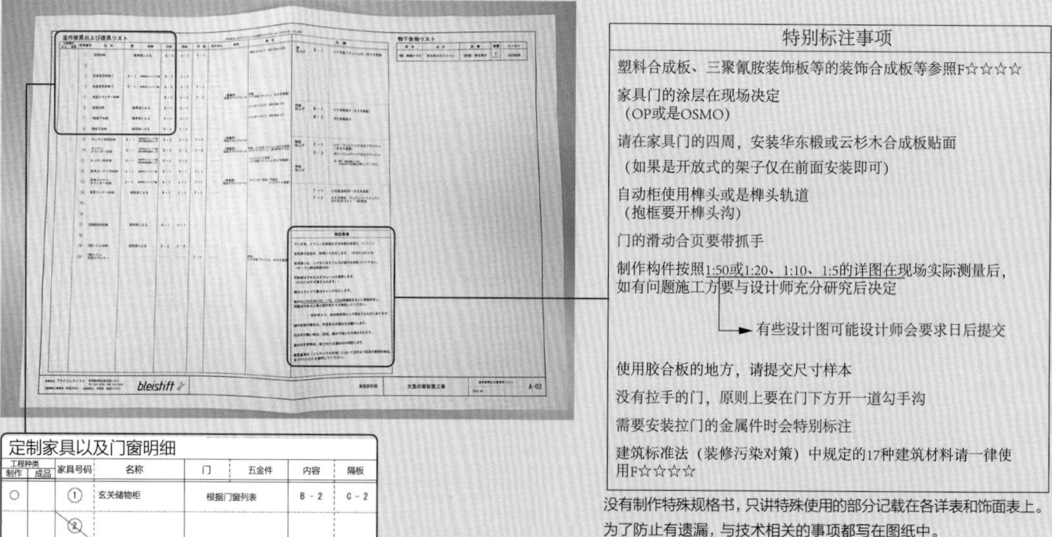

特别标注事项

塑料合成板、三聚氰胺装饰板等的装饰合成板等参照F☆☆☆☆

家具门的涂层在现场决定
（OP或是OSMO）

请在家具门的四周，安装华东椴或云杉木合成板贴面
（如果是开放式的架子仅在前面安装即可）

自动柜使用榫头或是榫头轨道
（抱框要开榫头沟）

门的滑动合页要带抓手

制作构件按照1:50或1:20、1:10、1:5的详图在现场实际测量后，如有问题施工方要与设计师充分研究后决定

→ 有些设计图可能设计师会要求日后提交

使用胶合板的地方，请提交尺寸样本

没有拉手的门，原则上要在门下方开一道勾手沟

需要安装拉门的金属件时会特别标注

建筑标准法（装修污染对策）中规定的17种建筑材料请一律使用F☆☆☆☆

没有制作特殊规格书，只讲特殊使用的部分记载在各详表和饰面表上。为了防止有遗漏，与技术相关的事项都写在图纸中。

定制家具以及门窗明细

工程种类 制作	工程种类 成品	家具号码	名称	门	五金件	内容	隔板
○		①	玄关储物柜	根据门窗列表		B－2	C－2
		②					
	○	③	盥洗室吊柜-1	D－1	家庭用滑动合页	B－2	C－2
	○	④	盥洗室吊柜-2	D－1	家庭用滑动合页	B－2	C－2
	○	⑤	洗面台储物柜	——	——	B－2	C－2
○		⑥	卧室储物柜	根据门窗列表		B－1	C－1
○		⑦	一层走廊储物柜	根据门窗列表		B－1	C－1
○		⑧	楼梯下储物柜	根据门窗列表		B－1	C－1

开头都设置了施工类别一栏，可以一眼看出是木工施工还是家具施工。接下来家具号码、家具名称、抽屉及金属件等的规格都制作了表格。最后列出特别标注事项，如右表所示做出指示。

④ RIOTA DESIGN 的做法

所有特别标注事项都写在各图纸中

与施工监理及施工计划相关的事项都汇总成共通规格书。特别标注事项及技术事项基本都汇集在了相关图纸中，只需看图纸，施工的各分工人员都可以看到所需的信息，并没有遗漏。因为所需信息都尽量集中在了1张图纸上，还能防止忘记传达或传达错误。这里以供排水卫生图为例进行解说。［关本龙太］

规格书

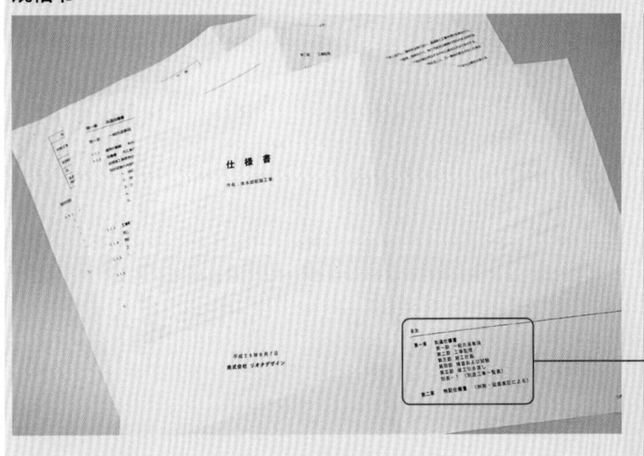

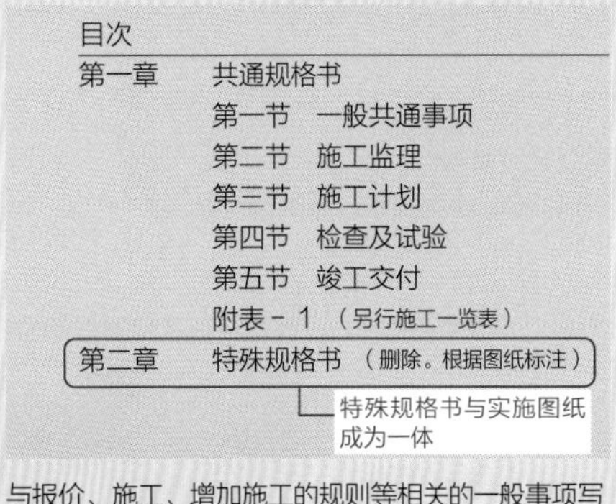

与报价、施工、增加施工的规则等相关的一般事项写在共通规格书中

供排水卫生图

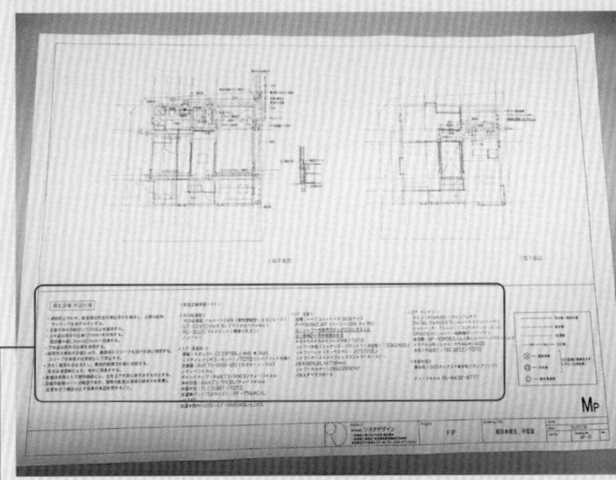

供排水卫生图［参照110-111页］的例子。图纸下方写上了特别标注事项。排水坡度及量水器的口径等保证供排水途径的相关重要事项都汇总成表，并且采用的所有卫生设备机器上都标注了型号及公司名称。

卫生设备 特殊规格

- 为防止冻结，管道类要保证埋入深度，并采取必要的保温措施
- 主管的排水坡度要保证超过1/100
- 上水道利用原有的引管（20㎜）。原有量水器13㎜更换为20㎜
- 下水道使用原有引管
- 供排水要根据事先的计划，在基础梁上安装套管接到室外。套管原则上不允许事后拆卸［1］
- 污水、排水要合流，接到宅基地内新建污水管中。雨水要通过雨水井渗入地下［2］
- 管道原则上隐藏在墙内，从龙骨上方穿到室外［3］
- 图纸的管道走向参照略图，实际管道如考虑现场安装需要变更，一定要获得管理人员的批准

贯穿基础竖向构件的排水管。基础配筋时开口。

从中庭过来的竖雨水槽的排水通过楼板上方，流到雨水井［参照92-93页］。

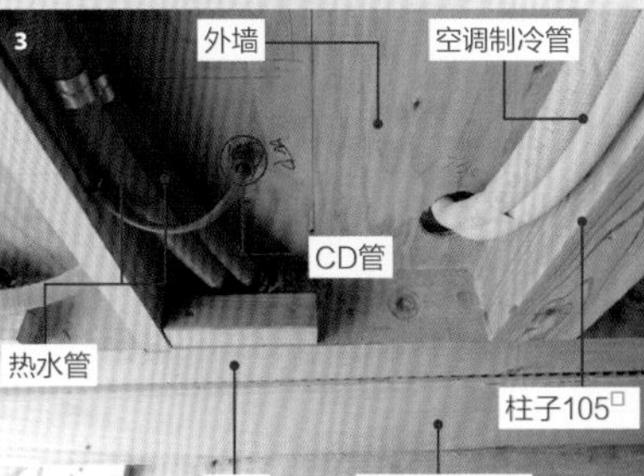

墙内隐藏的管道（热水管与空调制冷管、CD管）。从龙骨上面走到外面。

测量图与求积图

不能完全相信测量图中的信息

求积图是明确宅基地界限（道路界限）、准确把握宅基地面积和情况的图纸。作为画图基础的通常是房主提供的（有时是房地产公司提供的）测量图，要确认测量图是有资质的人（土地房屋调查员）承认的图纸。万一是不可靠的图纸，数字有误差，会影响房屋的整个布局计划。

测量图如果不是特别准确，要在取得房主的许可后委托测量事务所，重新制作包括近邻状态在内的测量图。为了防止未来可能与近邻发生纷争，最好不要仅仅依靠图纸，我们比较鼓励设计师也直接跟随测量。［濑野和广］

分割应以建筑面积比及容积率为基础

本案例的宅基地需要一边分割宅基地一边作业，我们从分割宅基地开始参与了工作。分割后的宅基地面积变小，建筑面积比和容积率变大，要考虑按照建筑标准法计算后指定的数字是否超标（为不对原有房屋的建筑面积比和容积率产生影响）、高度及采光方面是否符合其他法规等，仔细确定宅基地分界线。

确认打桩及砖围墙的位置

不仅要确认界限桩的位置，也要目测砖围墙等的分界线上的位置关系。

测量图［S=1:500］（原图［S=1:200］）　日本1坪=3.3057平方米

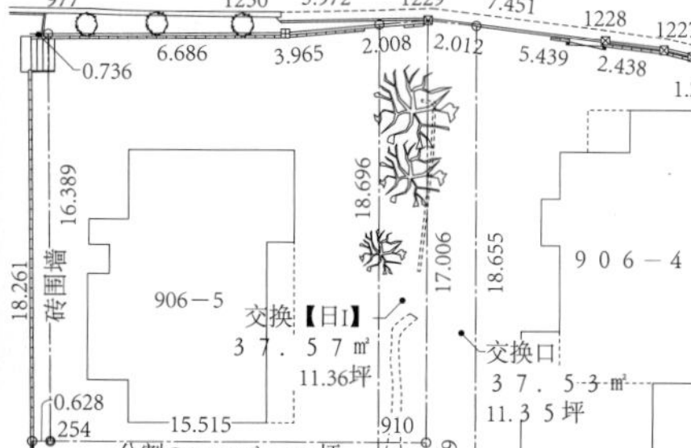

宅基地求积图［S=1:500］（原图［S=1:200］）

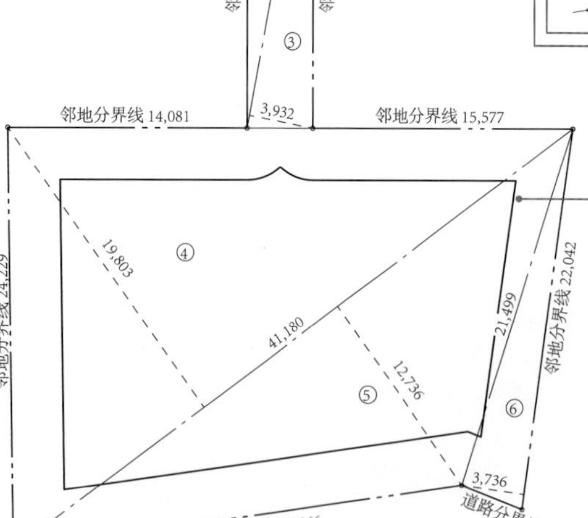

可能延烧的部分也是重要的确认事项

准防火地区建造木制住宅时要对"可能延烧的部分"的范围多加注意。通过划分宅基地分界线，房屋的开口部、外墙在延烧线内（1楼离邻地分界线3m以内、2楼离邻地分界线5m以内）时，开口部要装防火设备、外墙要建防火结构，都会增加施工费用，所以必须仔细确认。本案例中的计划，它考虑了避开延烧线。

三斜求积表［*］	地区号码	东京都△△△△△××-×地内（地名地址）		
	NO.	底边	高度	倍面积
［计划地］	①	4.102	0.200	0.8204
	②	21.675	3.939	85.3776
	③	21.675	3.932	82,2261
	④	41.180	19.803	815.4875
	⑤	41.180	12.736	524.4684
	⑥	22.042	3.736	82.3489
			共计	1590.7289
	宅基地面积=1590.7289×1／2＝795.3644			∴795.36㎡

＊ 宅基地如果是方形的，则宅基地面积的计算会比较简单，但实际的宅基地大都是不规则形的。为此，需要使用三斜求积表准确求得宅基地面积。求积图就是将宅基地的形状分解成多个三角形，计算每个三角形的面积，然后加在一起，最终成为宅基地面积。

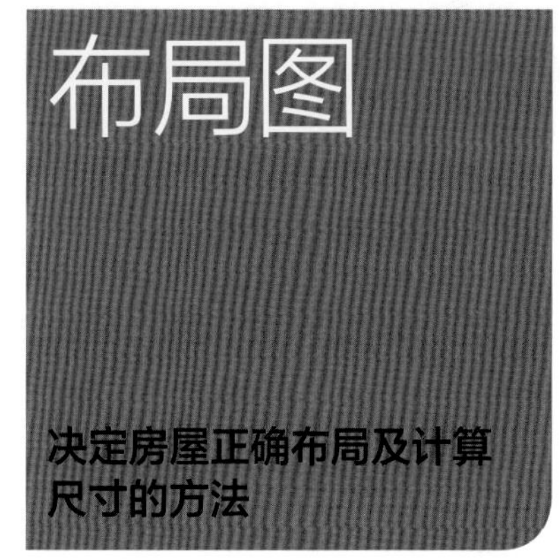

布局图

决定房屋正确布局及计算尺寸的方法

布局图是正确表现房屋布局的图纸。要以求积图为基础，准确指明房屋的布局及距宅基地分界线（道路分界线）的距离。如果是窄小宅基地的布局计划，可以用平面详图兼做布局图。特别是准防火地区建造木制住宅时，一定要把可能延烧部分的范围标注在布局图上，这一点非常重要。

外墙、房檐里侧是否要制成防火结构、玄关及开口部是否需要防火设备，都对能否减少成本有极大影响，所以在决定范围时要一边查看布局图，一边慎重做出决定。[濑野和广]

木制房屋配件
木制房屋配件
外墙、房檐里侧为防火结构

檐口花板为外露木材
铝合金门窗框为非防火

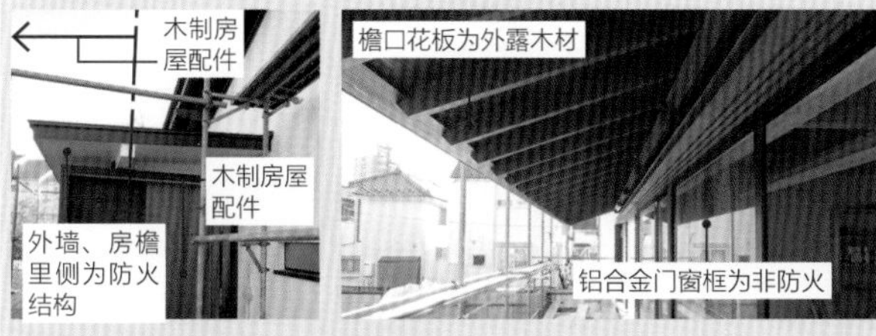

1 不会发生可能延烧的部分

本案例中，利用了要盖平屋的宅基地有不少富裕面积的优势，虽然位于准防火地区，却在延烧线以外的地方进行了布局计划。结果，比玄关多伸出来部分的一小部分属于可能延烧部分，开口部没有任何影响，所以木制房屋配件及非防火门窗框都可使用。

布局图［S=1:400］（原图［S=1:200］）

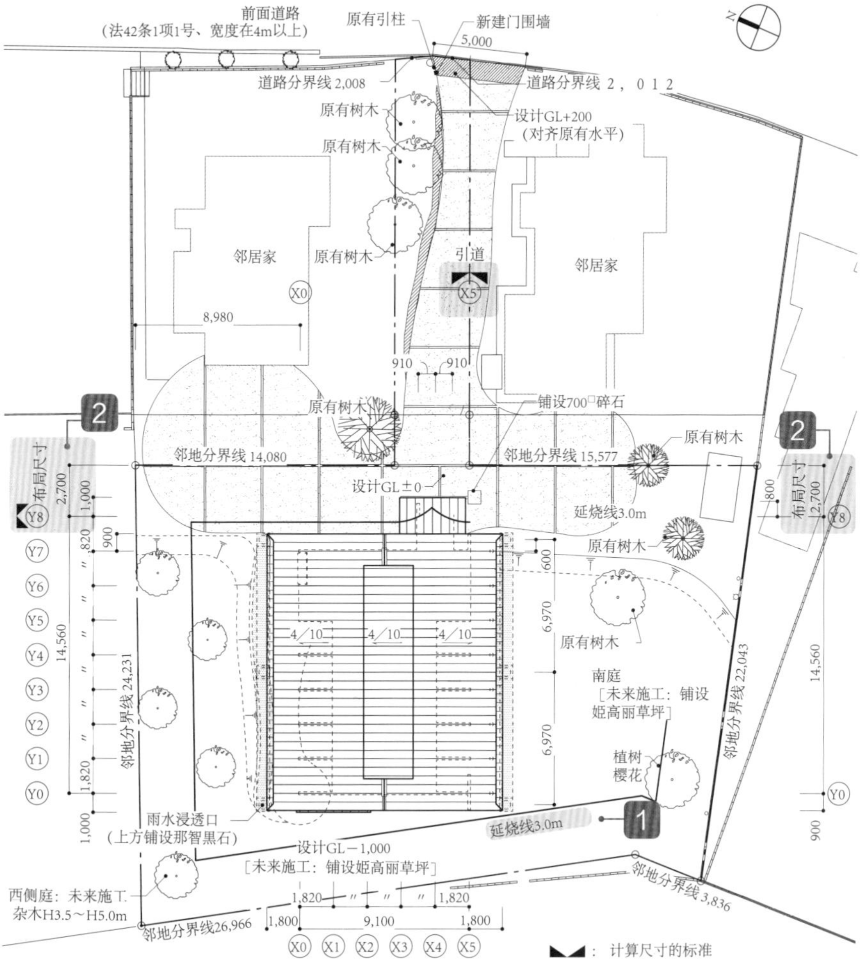

前面道路
（法42条1项1号、宽度在4m以上）
原有引柱
新建门围墙
5,000
道路分界线 2,008
道路分界线 2，012
原有树木
设计GL+200
（对齐原有水平）
邻居家
引道
邻居家
8,980
910
910
铺设700□碎石
原有树木
邻地分界线 14,080
邻地分界线 15,577
设计GL±0
延烧线3.0m
原有树木
布局尺寸 2,700
4/10
4/10
4/10
6,970
6,970
原有树木
南庭
［未来施工：铺设姬高丽草坪］
植树 樱花
邻地分界线 24,231
邻地分界线 22,043
14,560
14,560
雨水浸透口
（上方铺设那智黑石）
延烧线3.0m
设计GL－1,000
［未来施工：铺设姬高丽草坪］
西侧庭：未来施工.
杂木H3.5～H5.0m
邻地分界线 3,836
邻地分界线26,966
1,820
1,820
1,800
9,100
1,800
X0 X1 X2 X3 X4 X5
Y0 Y1 Y2 Y3 Y4 Y5 Y6 Y7 Y8
：计算尺寸的标准

2 最先决定作为标准的2条中心线

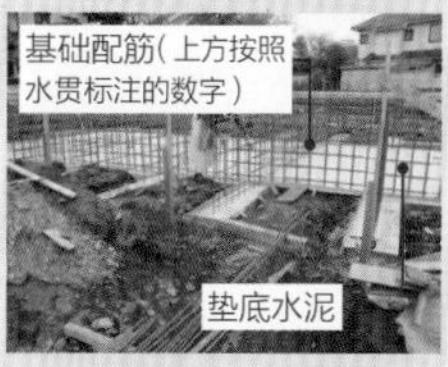

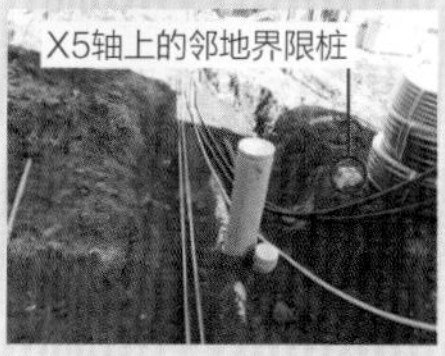

基础配筋（上方按照水贯标注的数字）
垫底水泥

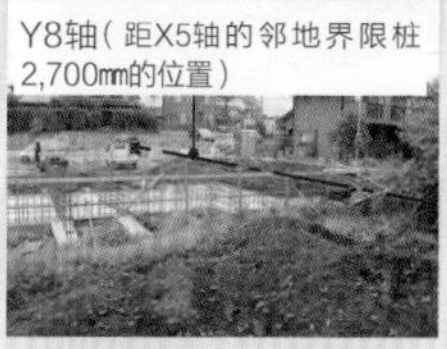

Y8轴（距X5轴的邻地界限桩2,700㎜的位置）

X5轴上的邻地界限桩

制定布局计划时，以邻地分界线（道路分界线）作为标准，决定X轴与Y轴的中心线。X轴的中心线在有邻地分界线（桩）的X5轴上，距此分界线（桩）2,700㎜的位置作为Y轴的中心线（Y8轴）。对于高度，先决定参照物（BM），这里是Y5轴的宅基地界限石上方，将设计GL定为BM－150，之后，再决定地基上面的部分。

开口部详图 1

市售铝合金门窗框的无框安装

铝合金门窗框开口部四周安装方法非常重要，因为其对房间的氛围有着很大的影响。基本的安装方式是可用木框围住四周的四方框，但如果四方框能去掉一边或几边，可大大改善开口部给人的印象。不过，如果要将纱窗安装在室内，要考虑留出安装纱窗的部分，如果需要安装百叶窗帘，还要考虑打钉子的材料和规格等，所以安装门窗框时需要考虑的因素还是很多的。

在订购铝合金门窗框前，必须先绘制框架的详图，在设计上调整好铝合金门窗框与木框之间的安装关系。墙（框）接合的饰面方法要仔细标注。［本间至］

开口部平面详图［S=1:15］（原图［S=1:5］）

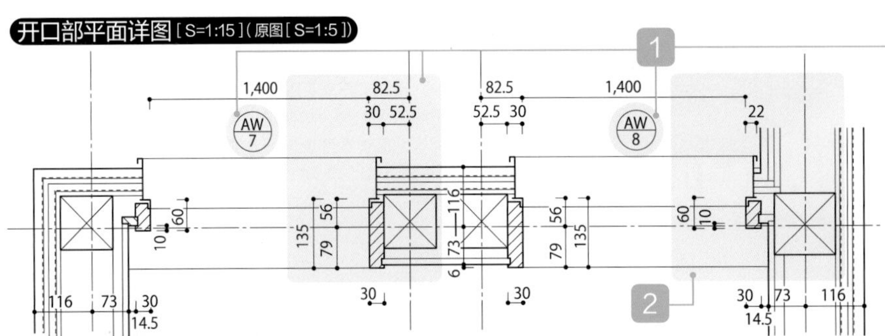

要考虑房屋配件记号。平面详图［参照8-9页］及房屋配件表［参照40-41页］之间的整合性

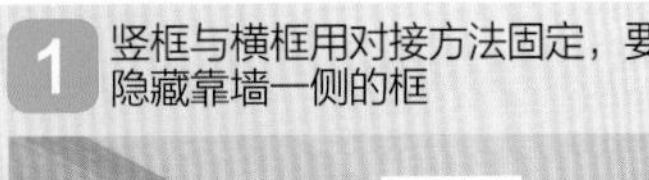

1 竖框与横框用对接方法固定，要隐藏靠墙一侧的框

1根竖框与门窗上档形成L形，为此，竖框与门窗上档接合的角落用的是对接方式（无论哪个边框在前，都不能形成平整的L形）。

2 不装装饰框时装小框

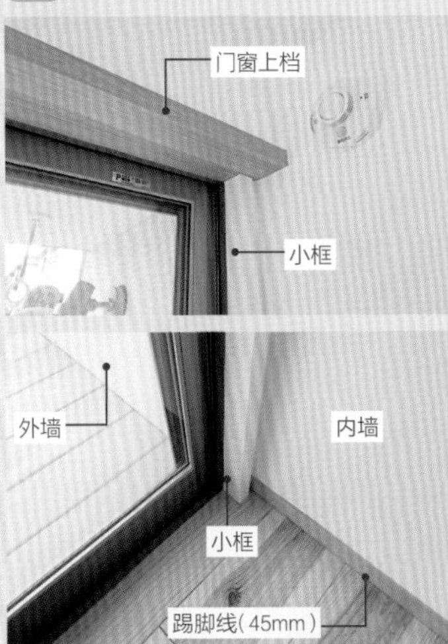

外墙与内墙的饰面尺寸不同，是为了吸收室内小框的安装收头。这时，框与内墙的石膏板留出接缝作为端部比较好。安装小框的目的是作为门窗框的凸边与墙（石膏板）之间的接合部分，也是一种防止施工误差及长期使用发生变化的处理方式。

铝合金门窗框的安装方法另行指示

剖面详图［S=1:4］（原图［S=1:1］）

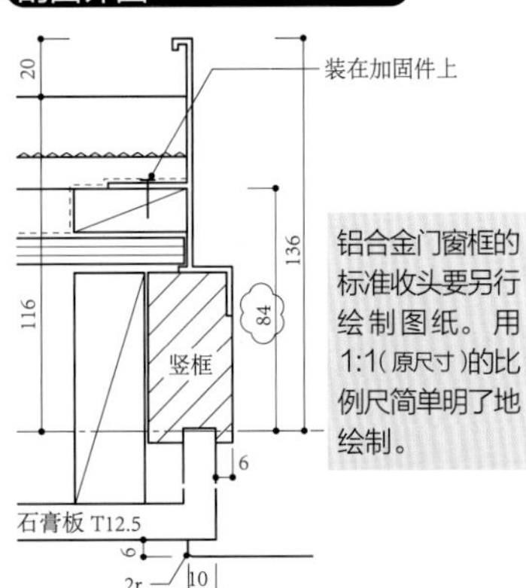

铝合金门窗框的标准收头要另行绘制图纸。用1:1（原尺寸）的比例尺简单明了地绘制。

框的接合方式可用插图传达

关于L形收头的饰面可以使用插图供施工方参考。重要部分的对接加工使用插图告知现场施工人员。墙侧的框的收边尺寸非常小。通过这种方式，百叶窗帘关闭后，两侧墙框都消失了。

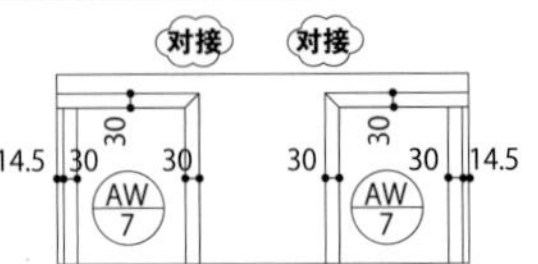

只要理解了框与墙、涂层的施工顺序，就可以在绘制详图时一气呵成

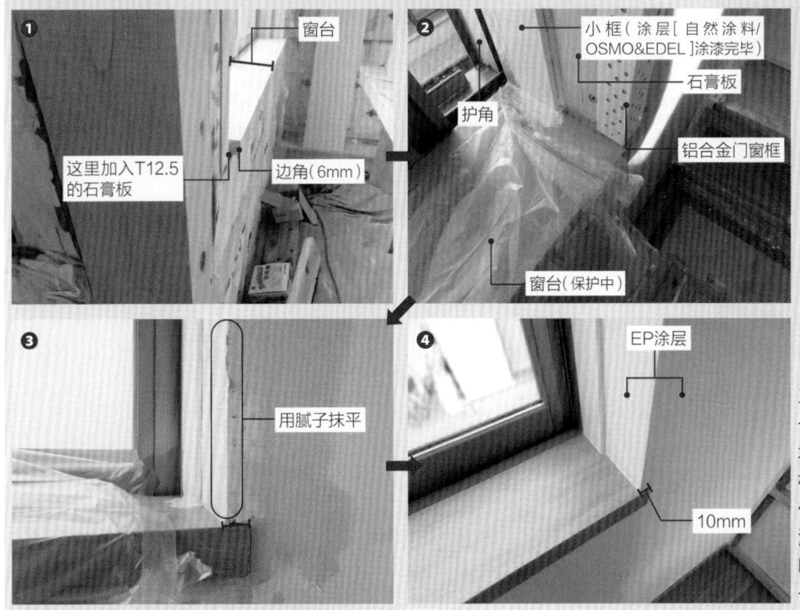

三方无框安装时的施工顺序如下。❶一般从外侧安装的铝合金门窗框在外墙安装完成后，安装窗台，贴石膏板。❷留边部分(两侧)安装小框，在保护木材饰面的同时，先涂刷小框的清漆。❸墙角落部分抹腻子。❹墙面喷涂EP。绘制详图时，要想像着这一连串的作业流程绘制。

开口部平面详图[S=1:15](原图[S=1:5])　百叶窗帘盒的剖面详图[S=1:15](原图[S=1:5])

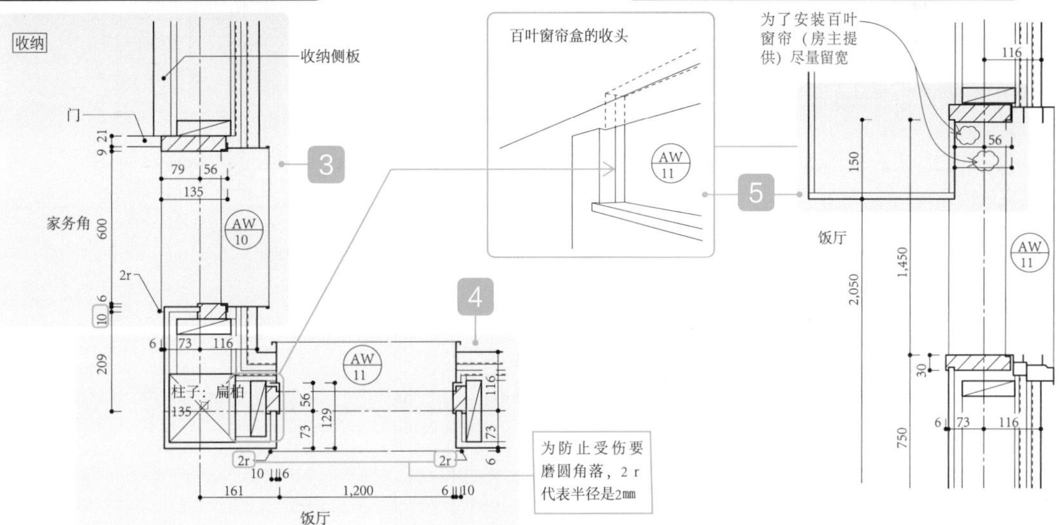

3 要不要框主要看其与周围收头的关系决定

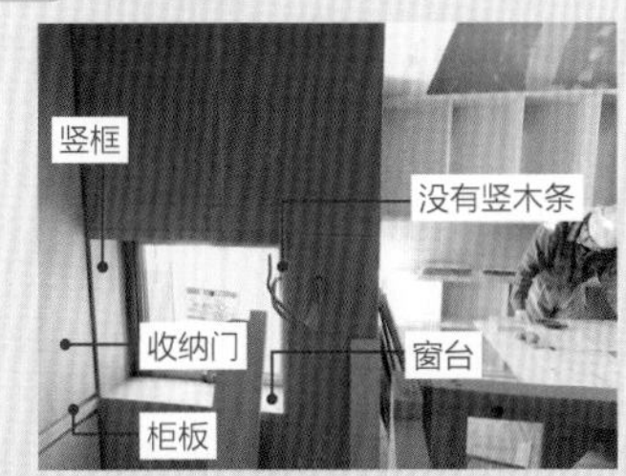

家务角一侧的开口制作了收纳门侧的竖框，另一侧的竖框卷入墙内。由于制作了收纳门一侧的竖框，该框成为安装家务角收纳箱的量尺。从密封条看过去时，竖框与对收纳门的缝隙是9mm。

4 窗台边也应通过详图传达

窗台以外的三方都卷入墙内，与门窗框的接合安装了小框。墙角部的门槛，从墙面向前伸出6mm，向旁边伸出10mm。通过这一设计，视线被引导，感觉门槛是向水平方向延伸的。

5 百叶窗帘盒的多个收头通过插图传达

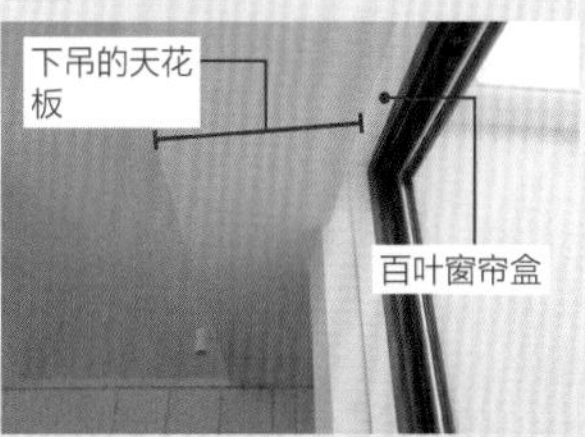

对于三方无框的安装，尽量减少开口周围的要素，打开窗帘时不想看到百叶窗帘。这里的解决办法是制作了百叶窗帘盒。内部是涂层饰面。因为形状较为复杂，饰面通过插图指示。

开口部详图 2

扫除窗采用木制房屋配件

这是铝合金门窗框表现不出来的木制房屋配件。需要选择是使用"框与房屋配件一体化的市售品"，还是"木工制作框，另外制作房屋配件"。考虑到性价比，大多都会选择后者。那么自己制作的时候就要在图纸中详细标注。

面向防水露台的扫除窗详图中，关于性能的指示非常重要。是否用檐口花板保证了通风途径，跨室内外的部分是否保证了防水性和密封性，都要在图纸中研究和确认。

从外观设计的角度上看，隐藏框等的框架尺寸及饰面方法（材料）的指示也很重要。[本间至]

剖面详图[S=1:6]（原图[S=1:5]）

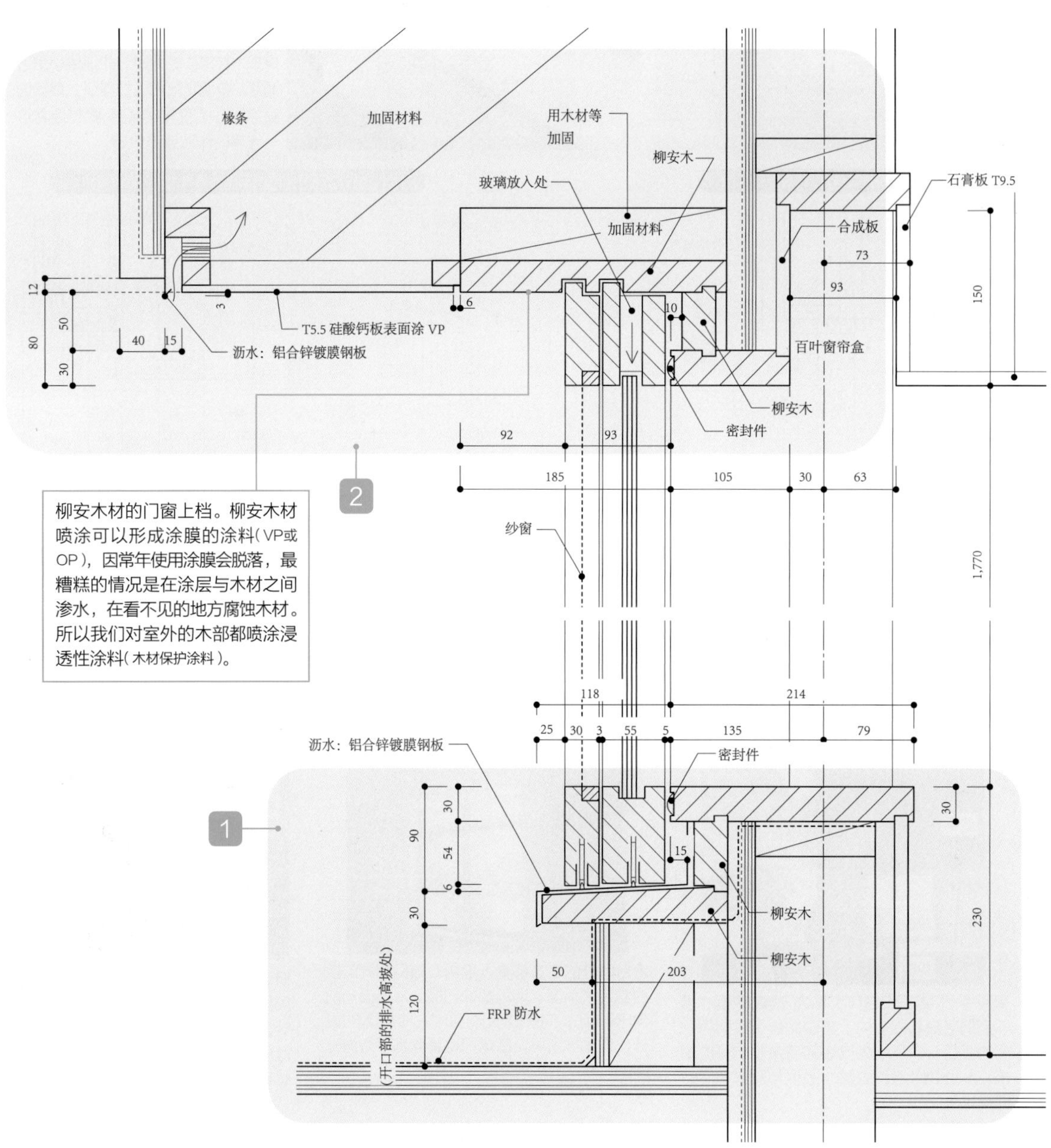

1 防水层最少应在120㎜以上

开口部面向防水露台时，防水层的竖向构件范围要加大，即使门槛周围浸水，也不能让水进入室内一侧。本案例中，按照《瑕疵担保责任保险的设计与施工标准》的规定，保证竖向构件足够120㎜，并让防水层进入到门槛（室内侧）里侧。

防水层与隐藏框设计跨板

通往露台的开口部是否在扫除窗上安装竖向构件，主要由设计师决定。笔者个人，对于木制住宅，一般设置200mm左右的跨板。无论是对制成露台的梁收头[※]，还是对防水层的竖向构件的处理等，在技术方面都可以减少施工方的负担。同时该小腰墙还可以让空间显得沉稳。

2 檐口天花板应保证有通风口

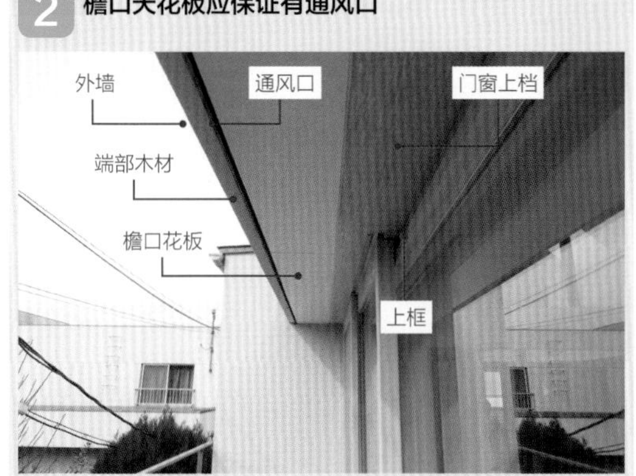

如果开口部较大，从下方到外墙的通风层被隔断时，开口部外侧的门窗上档前端部分要重新设计通风口，接到屋顶的通风层。本案例中，从先前卷入一小部分白色外墙，用银色的沥水板金包住端部。板金里侧设计了通风口。

2 妨碍内雨水槽的椽条必须加固

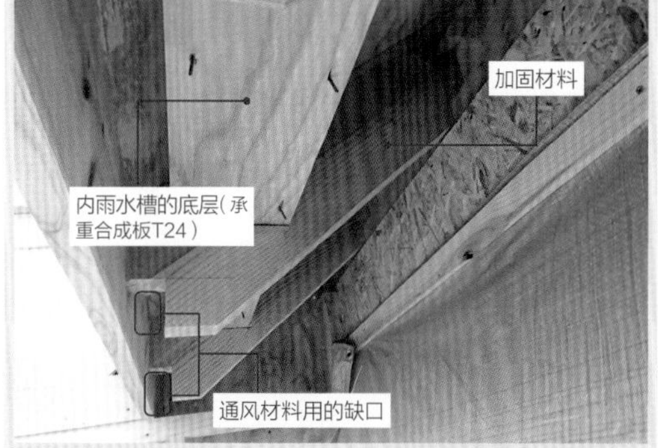

从通风口进入这个房檐里侧的空气，穿过梁与椽条之间通向屋脊到大气中[参照60–61页]。如照片所示，屋顶的房檐里侧内部，内雨水槽切断了屋顶椽条，椽条下端要增加加固材料。另外，为了在通风口安装通风材料，与幕板之间的缺口要事先做好。

剖面详图[S=1:5]

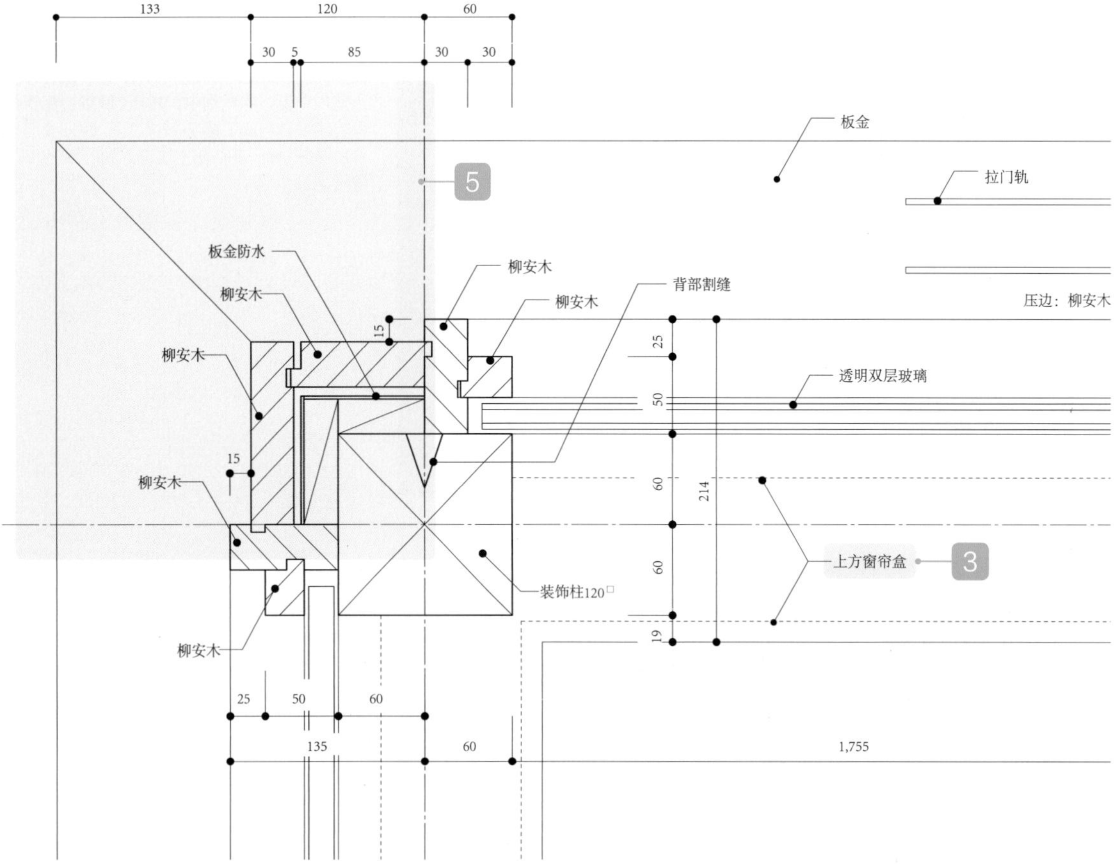

133
120
60
30
5
85
30
30
板金
拉门轨
5
板金防水
柳安木
柳安木
背部割缝
柳安木
柳安木
压边：柳安木
15
25
透明双层玻璃
50
柳安木
15
60
214
柳安木
上方窗帘盒
3
60
装饰柱120□
柳安木
19
25
50
60
135
60
1,755

3 角窗的百叶窗帘盒与柱子的位置对齐

百叶窗帘盒内侧要抹腻子
120mm
装饰柱应保养
百叶窗帘盒
120mm
120mm

本案例中的收头

柱子
百叶窗帘
图a
柱子
图b
柱子

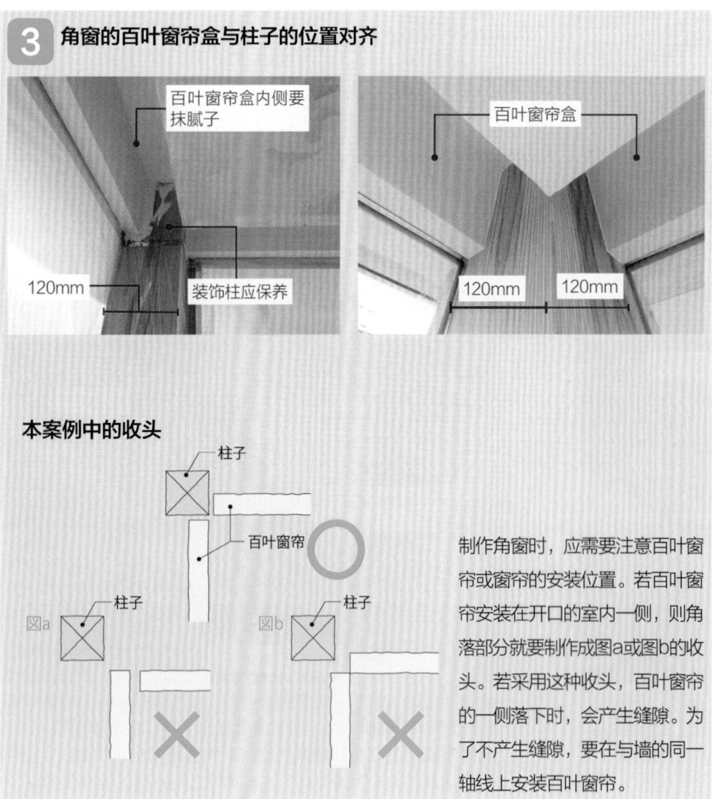

制作角窗时，应需要注意百叶窗帘或窗帘的安装位置。若百叶窗帘安装在开口的室内一侧，则角落部分就要制作成图a或图b的收头。若采用这种收头，百叶窗帘的一侧落下时，会产生缝隙。为了不产生缝隙，要在与墙的同一轴线上安装百叶窗帘。

4 决定拼框的顺序

105mm
框(70)
5mm的接缝
主要材料(30)

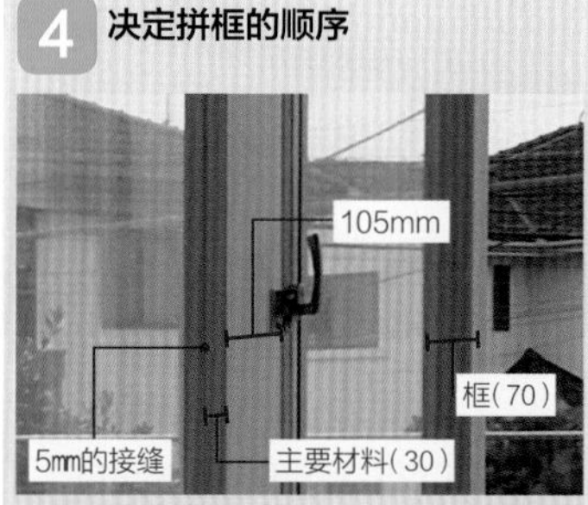

抱框的正面尺寸与房屋配件的竖框正面尺寸一致。框的尺寸要根据开口部的大小决定，本案例中的大小(W750×H1,770mm)以正面尺寸70mm作为标准(留边尺寸根据玻璃厚度计算为55mm)，抱框的正面尺寸也是70mm。抱框以3种材料构成。受力的主要材料、主要材料外侧安装玻璃用的压边、主要材料内侧安装的副材料(切成5mm宽的接缝)，是为了遮盖玻璃边“黑色部分”。

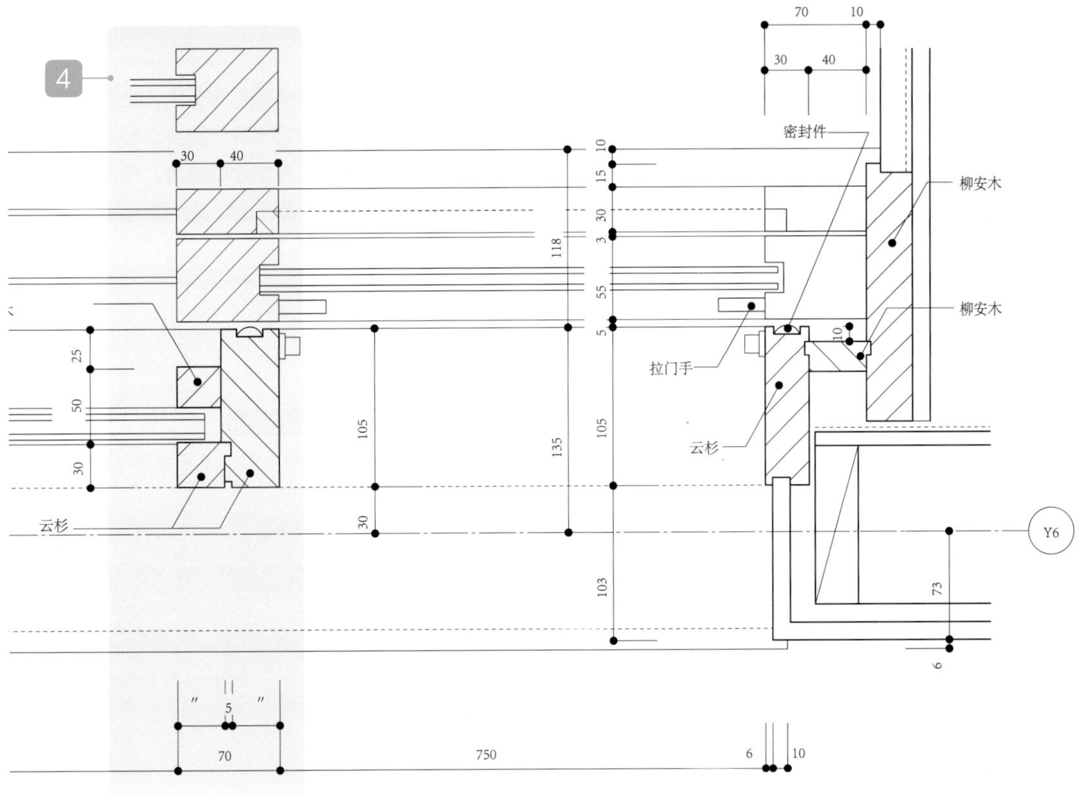

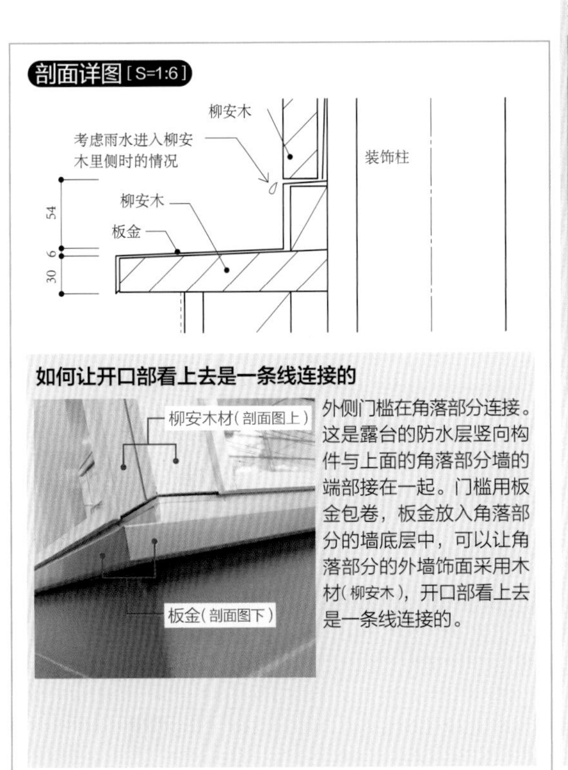

如何让开口部看上去是一条线连接的

外侧门槛在角落部分连接。这是露台的防水层竖向构件与上面的角落部分墙的端部接在一起。门槛用板金包卷，板金放入角落部分的墙底层中，可以让角落部分的外墙饰面采用木材(柳安木)，开口部看上去是一条线连接的。

复杂的收头用立体外形图指示

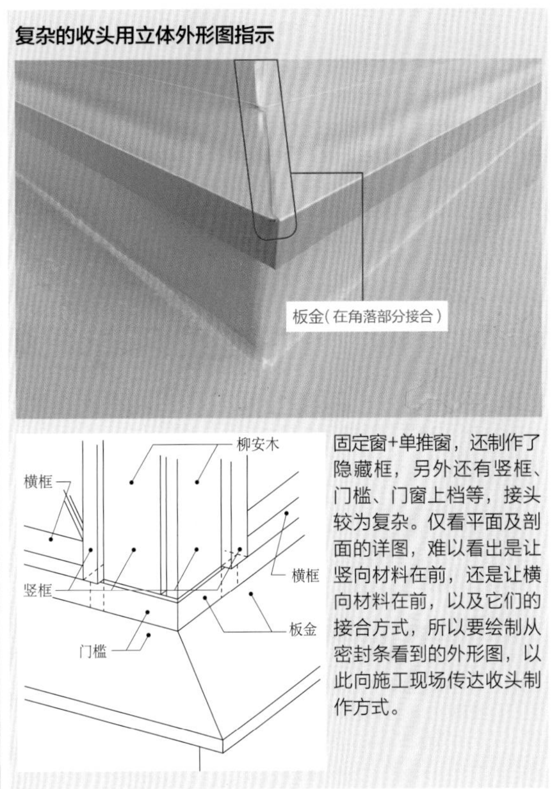

固定窗+单推窗，还制作了隐藏框，另外还有竖框、门槛、门窗上档等，接头较为复杂。仅看平面及剖面的详图，难以看出是让竖向材料在前，还是让横向材料在前，以及它们的接合方式，所以要绘制从密封条看到的外形图，以此向施工现场传达收头制作方式。

＊ 不制作跨板，让露台与客厅成为平面时，必须将支撑露台的梁的位置从二楼地板梁下降到防水层竖向构件的厚度。

玄关详图

高度与进深的调整可决定外观是否美观

玄关详图中第一个要点就是对“高度”的指示。存在素土地面或式台、门框等多个地面水平时，要以引道（门廊）及基础竖向构件、龙骨、1FL 为标准明确标注各处高度。

此时需要注意的是玄关素土地面的保温。玄关素土地面比基础竖向构件及龙骨部分要低，这部分的保温规格非常重要。必要时还要加 T 墙，在需要设计玄关收纳时也要充分考虑墙的厚度。考虑收纳物品的高度、宽度、进深的同时使用加固件等进行微调，就可以合理收纳。

［濑野和广］

1 决定素土地面、入口门框的地面水平

最开始决定的是玄关素土地面的高度。既可以1FL作为标准，也可以GL作为标准。通常从施工精确度来看，多为标注从1FL开始计算的数值，从GL开始计算的数值要标在（　）中。本案例中，以1FL为标准，比其低400㎜的位置是素土地面的水平高度。

玄关及玄关收纳平面图［S=1:30］（原图［S=1:20］）

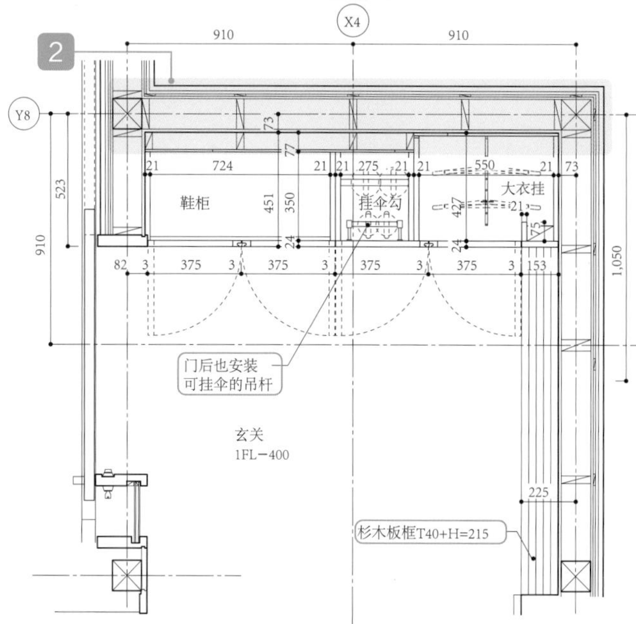

将收纳物品绘制得明白易懂

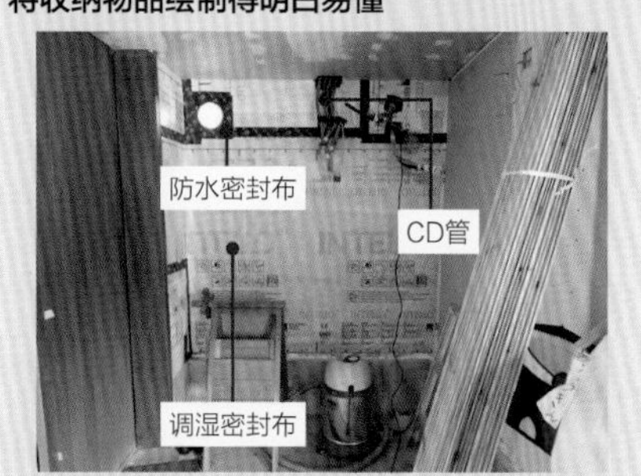

玄关墙面安装打制的收纳空间时，鞋子、雨伞、大衣等，收纳物品很多，应插画绘制收纳位置比较好。为了调整湿气，收纳内部需要安装换气口或配电箱时，要标上准确的位置。管道要穿过外墙，所以在现场要确认密封处理是否足够。

玄关收纳立面图［S=1:30］（原图［S=1:20］）

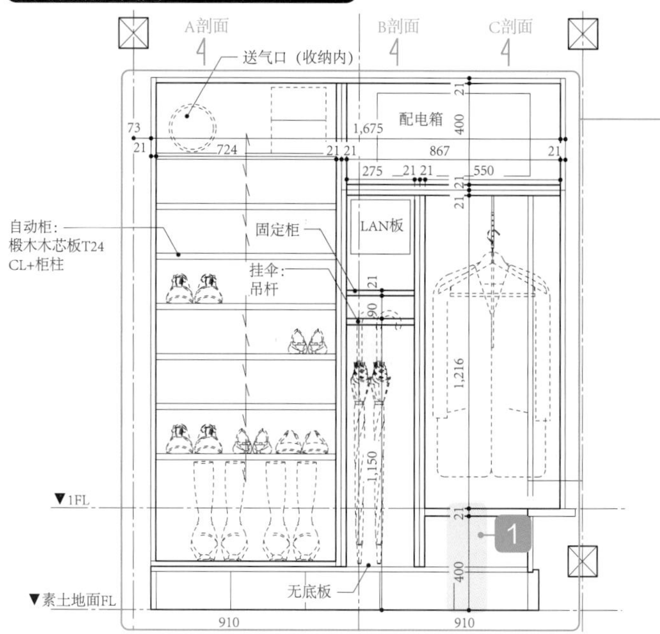

玄关收纳剖面图 [S=1:30]（原图[S=1:20]）

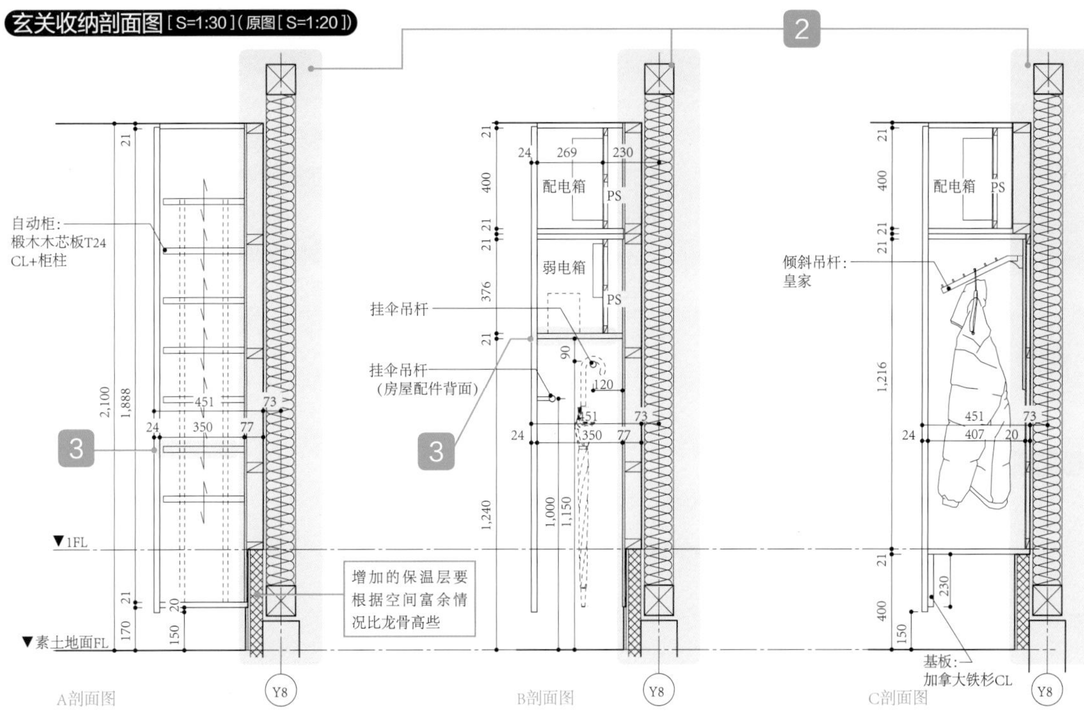

2 收纳进深应根据收纳物品与保温材料的厚度决定

收纳进深根据收纳物品有所不同。如果收纳的是鞋子，需要300mm以上，虽然还要看收纳数量，但基本上大衣类是600mm左右。有必要用加固件调整进深，要在平面详图上标注。同时，墙面与基础竖向构件及龙骨相接时，基础竖向构件及龙骨的侧面最好填充保温材料，但保温材料的厚度也是加T墙的厚度。本案例是从素土地面水平到400mm位置的高度范围都用保温材料覆盖，用上方的横加固件加T墙调整了收纳进深。配电箱及弱电箱也是以安装用底层及PS保证空间，属于重要的研究事项，最好在剖面详图中指示。

3 绘制自动柜与固定柜应改变线条的粗细

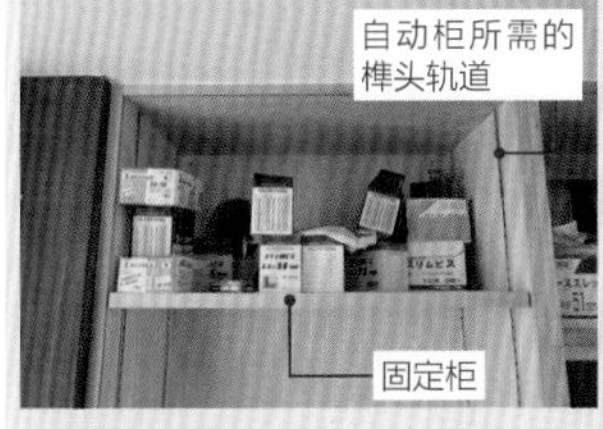

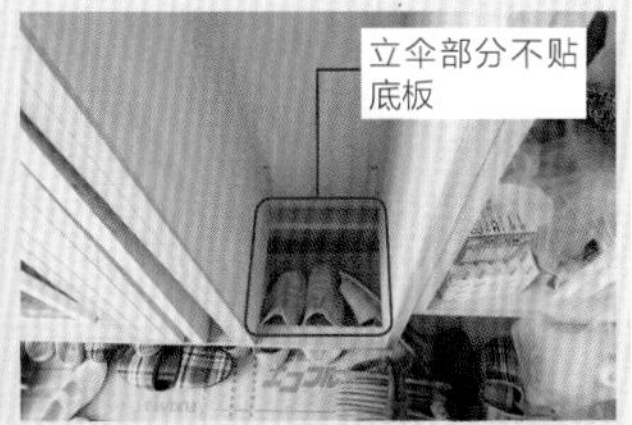

自动柜与固定柜都制作为成收纳空间时，要分别清晰地标注自动柜与固定柜，以防现场施工的木工弄错。笔者习惯空间自动柜用细线（0.09mm）、固定柜用粗线（0.2mm），以使看的人能区分两者。另外，因为会有水滴下，因此收纳伞的部分不贴底板。

玄关框剖面图 [S=1:20]（原图[S=1:10]）

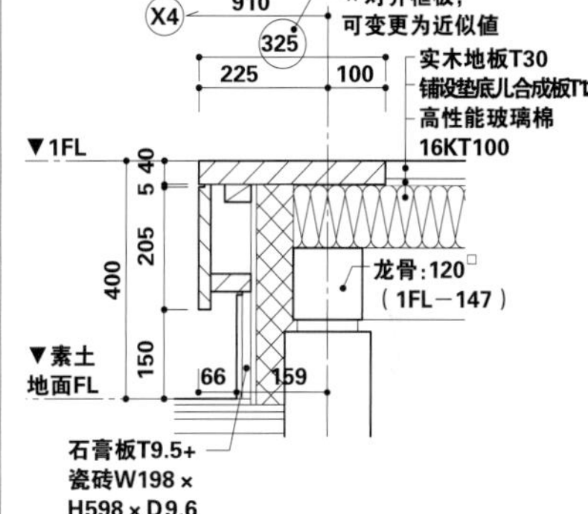

入口门框的收头在详图中指示

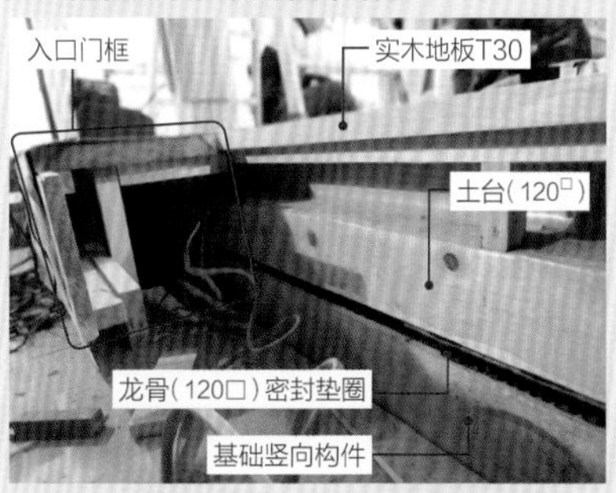

与入口门框与木地板、地板下保温材料、地板底层等的接合要具体标注。

＊放上其他地方的详图或照片

露台详图

搭配立面图决定水的流向

露台的防水收头与结构骨架密切相关，扶手也使用不同的固定方法，底层材料的制作方法不尽相同，需要研究。扶手要固定在外墙上时，需要安装底座以进行固定，指示安装和安装的时机也很重要。对于像本案例中需要设置内雨水槽的情况，屋顶的形状及与竖雨水槽之间的位置关系等都需要考虑，在立面图［参照 18-21 页］中要考虑会溅水的部分如何收头。

外观设计上，重点是不同屋顶的坡度使得看到的内雨水槽的样子也会有所变化。特别是坡度较陡的情况下，从外面能看到雨水槽的内部，要注意内部的处理。［本间至］

露台剖面详图［S=1:30］（原图［S=1:50］）

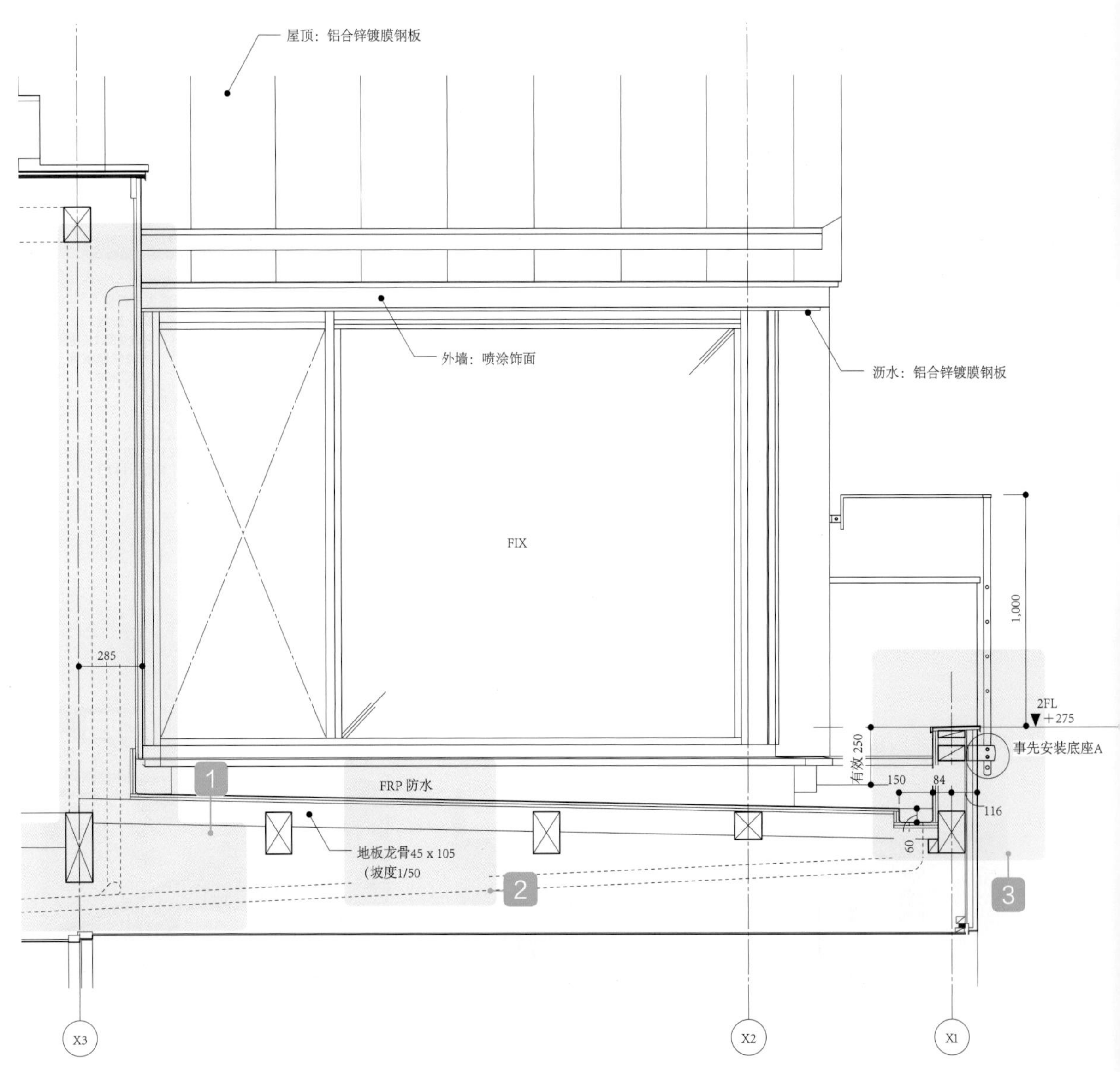

1 天花板里侧及墙体内侧应明确标注排水途径

通过卫生间背面PS的竖雨水槽

竖雨水槽（内雨水槽）

PS进深285［参照71页］

在1楼天花板里侧交汇的竖雨水槽与排水管

竖雨水槽

天花板里侧（500左右）

从露台排水沟伸出来的横管道

排水口放置在什么位置，要考虑露台的地板坡度（1/50）及结构材料的间隔，而且还要保证露台地板下隐藏的横引管的途径，所以需要综合判断后决定。对于本案例房屋，卫生间的背面墙向外加T285㎜，利用这部分将屋顶的内雨水槽连接到竖雨水槽，并拉到露台下的檐口花板（玄关门廊）。

2 遵守与防水层及排水坡度相关的施工标准

露台最重要的元素就是防水。防水层竖向构件与露台地板面的排水坡度，在《瑕疵担保责任保险设计施工标准》中有规定，一边要遵守规定的尺寸，同时要研究使用方便性和立面的外观，决定详细尺寸。胸墙的竖向构件需要在250㎜以上。

3 扶手不穿过压顶木

扶手在什么位置固定非常重要。既要固定牢靠，又不能碰到露台的防水层（压顶木）。采用和压顶木一体的市售品虽然在性能上没有问题，但市售扶手有时由于设计原因很难使用。扶手安装到外墙一侧即可［*］。

* 扶手安装到外墙一侧时扶手的有效高度有可能降低，这一点需要注意。在独立住宅中，对扶手高度没有相关的规定，但最好参照［令117条］、［令126条］，保证在1,100㎜以上。

扶手剖面详图[S=1:12](原图[S=1:5])

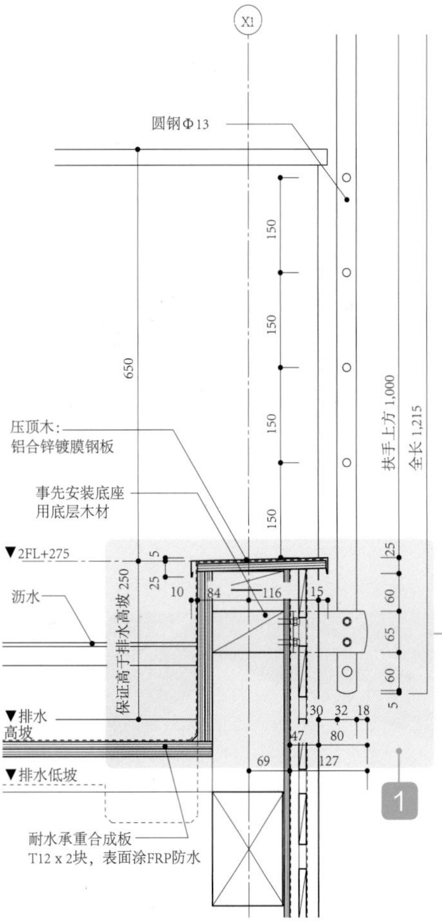

X1
圆钢Φ13
650
150
150
150
150
扶手上方1,000
全长1,215
压顶木：
铝合锌镀膜钢板
事先安装底座
用底层木材
▼2FL+275
沥水
保证高于排水高坡250
5
25
10
84
116
15
25
60
65
60
5
▼排水
高坡
30
32
18
47
80
69
127
▼排水低坡
耐水承重合成板
T12 x 2块，表面涂FRP防水
1

扶手剖面详图[S=1:2](原图[S=1:2])

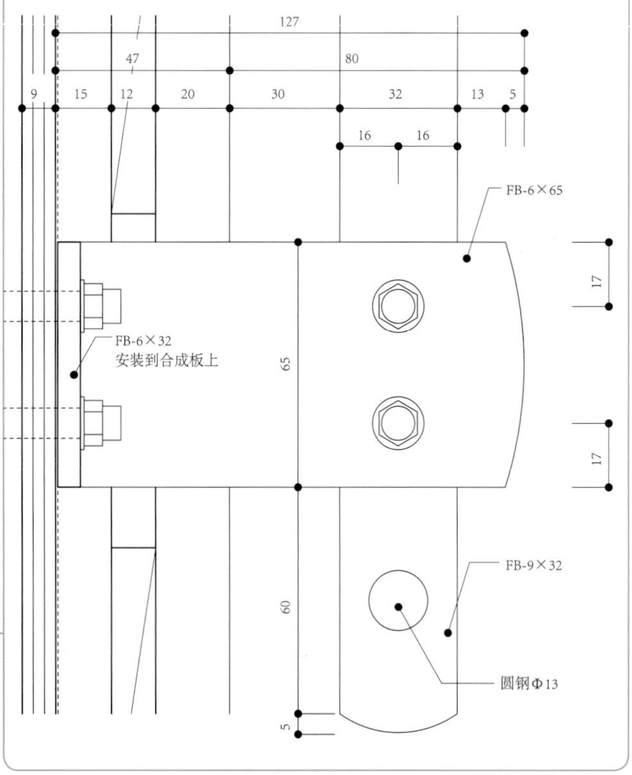

127
47
80
9
15
12
20
30
32
13
5
16
16
FB-6×65
17
FB-6×32
安装到合成板上
65
17
FB-9×32
60
圆钢Φ13
5

1 安装底座时注意两点

FB-6×65
压顶木(板金)
平木条6×65
圆钢ϕ13

底座(涂层前)

底座(涂层前)

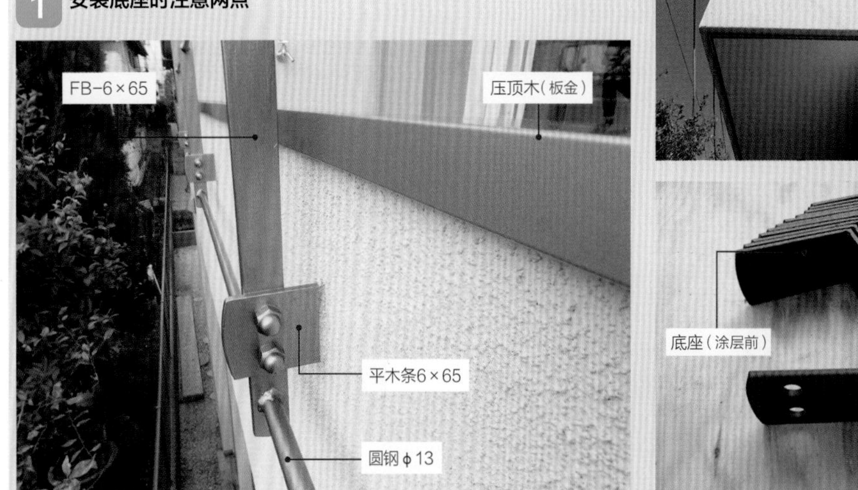

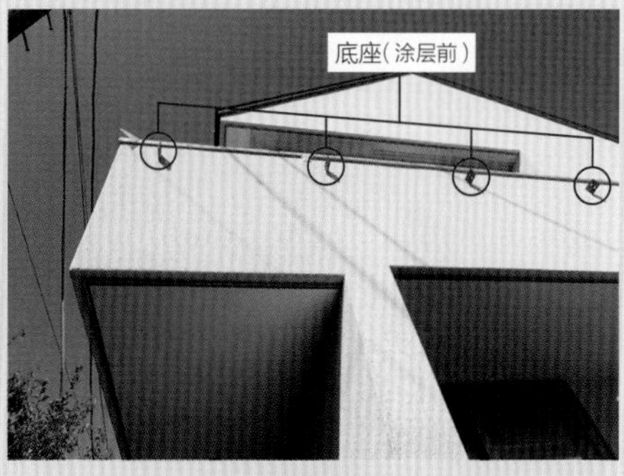

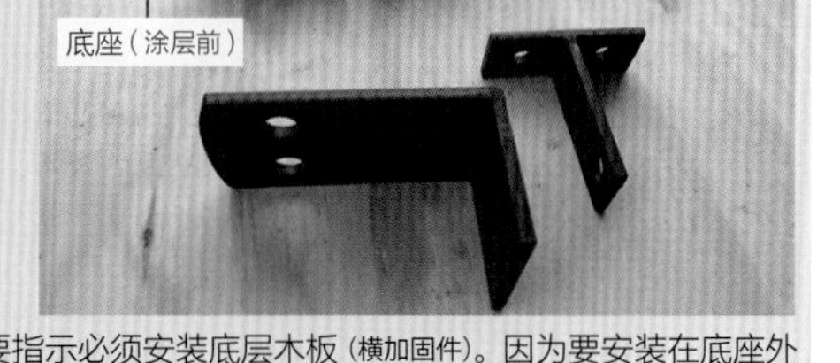

承接扶手的竖向材料的底座的安装部分同时也是承接扶手荷重的部分。一定要指示必须安装底层木板（横加固件）。因为要安装在底座外墙底层的合成板上，如果订制的话，安装屋脊后要及时决定底座的尺寸并尽早预订。扶手可以在决定底座之后。

内雨水槽剖面详图［S=1:8］（原图［S=1:5］）

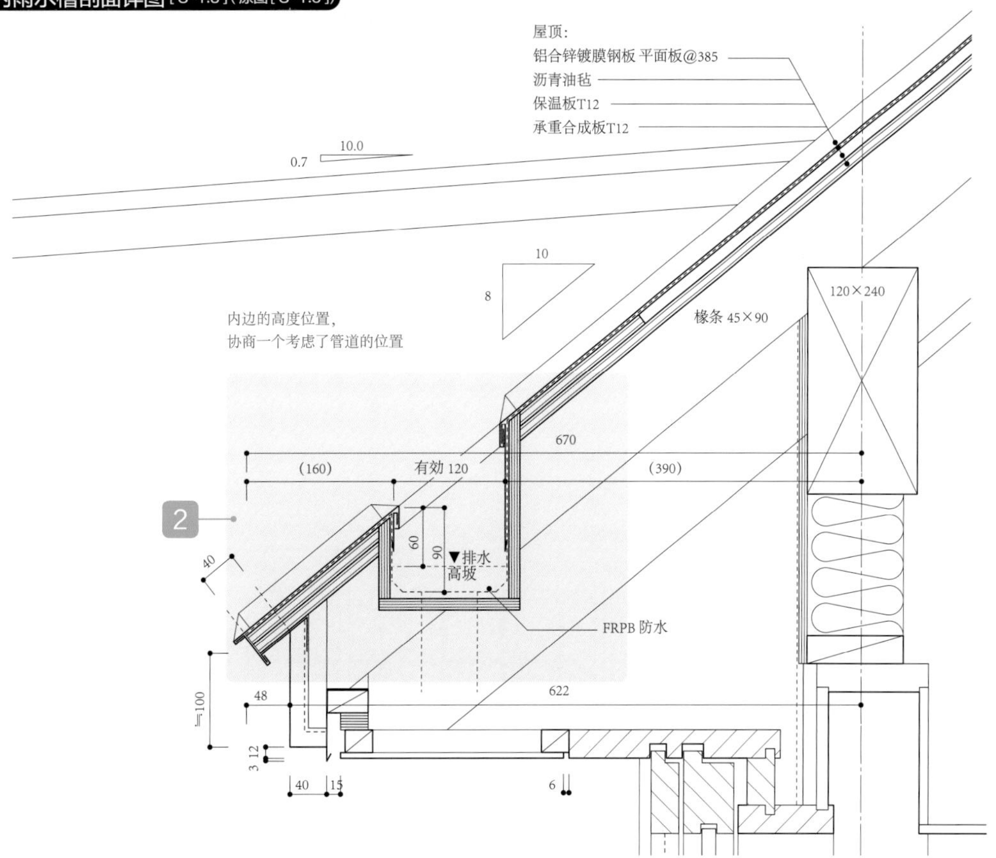

2 如果看得到雨水槽内部，应利用屋顶面板隐藏

❶因为在开口部周围，没有找到最合适的通向竖雨水槽的位置，只好对从房檐里侧到卫生间的外墙加T，在里面隐藏竖雨水槽。

❷雨水槽内部采用的是FRP防水，但因屋顶较陡（8寸坡度），可能会看见雨水槽内部。我们的做法是让屋顶的饰面材料（铝合锌镀膜钢板）延伸到雨水槽内部，让雨水槽的内部不会引人注意。

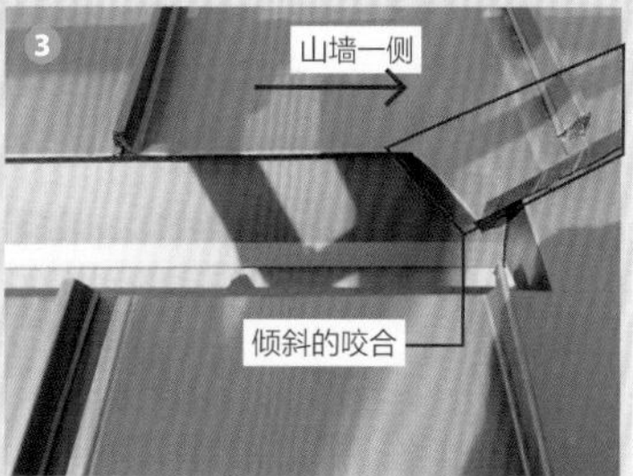

❸对于内雨水槽的情况，山墙一侧有一段没有雨水槽的地方。这部分会直接落入雨水，所以需要在屋顶上立起倾斜的咬合，让雨水流入雨水槽。

内雨水槽内采用和屋顶同样的颜色，以免引人注意

檐头可以扣入的内雨水槽。笔者综合考虑各种条件，认为内雨水槽比较合理，所以采用了内雨水槽。本案例中，从道路一侧看到的屋顶部分，从外观美观的角度考虑，采用安装内雨水槽比较妥当。

内部房屋配件详图

[3连拉门]

标注房屋配件本体与框架的收头

内部房屋配件详图（打造）中，标注房屋配件本体的规格（房屋配件表及外形图）与收头，以及详细标注框架非常重要。房屋配件本体的内寸及面材规格等的指示要详细。

框架的图纸用平面、剖面详图表现，需以中心线为标准具体研究柱、梁、墙之间的接合。为此要准确设置以外墙剖面详图[参照12-13页]及平面详图[参照4-5页]为标准的高度及宽度。这里我将以3连拉门（木制房屋配件/纸门）为例，分别讲解用门槛内插式安装方法，以及吊式（外插式）安装方法。[濑野和广]

内部房屋配件外形图[S=1:25]（原图[S=1:20]）

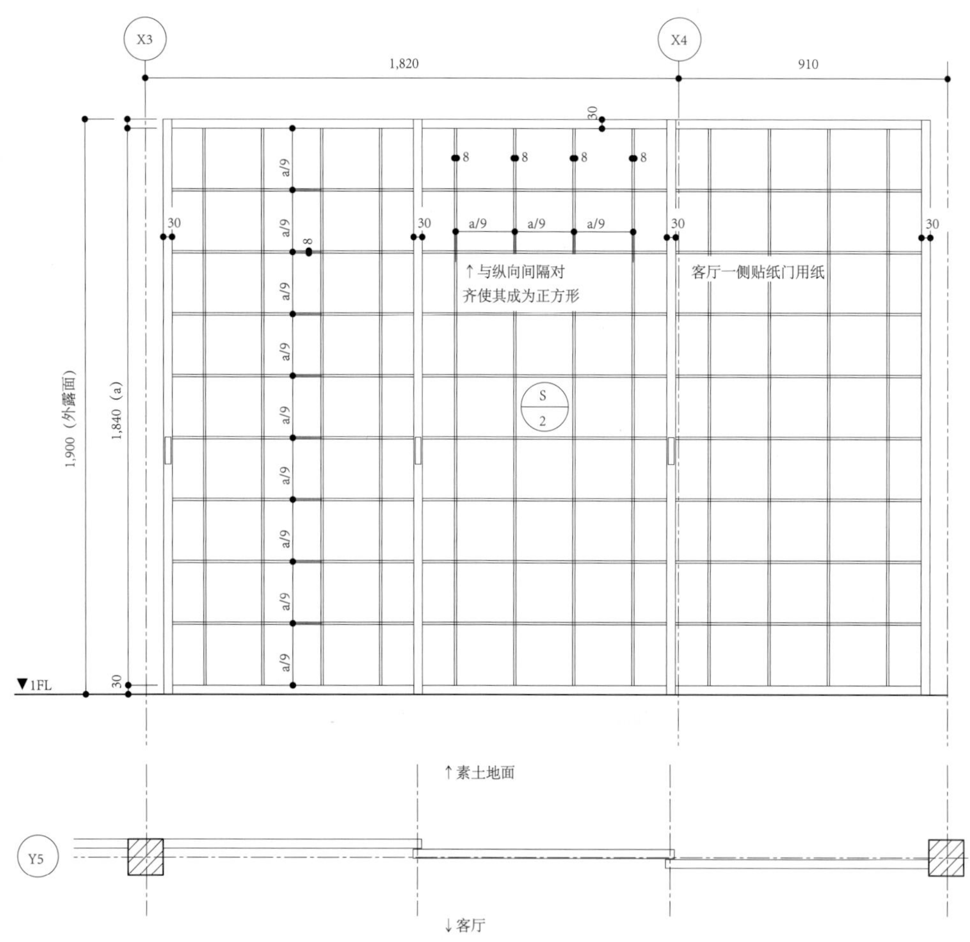

■特别标注事项

	(S/2) 主楼　饭厅及厨房[参照22-23页]
内寸	W2,610 × H2,300 × D33
材质与饰面	木制3张双槽推拉纸门/云杉木框、棂条、CL
面材	强化纸门纸[NewToughTop/WARLON]
付属金属件	门槛与门窗上档沟加工、竹滑[竹取物语（7分）/粉河]
备注	拉手加工　＊与门框的接合等参照框架详图

决定面材与纸门框的规格

决定了房屋配件本体的外形尺寸后，接下来要研究的是面材与纸门框。需要贴衬板及使用格子门或纸门时，面材及棂条的划分布置指示非常重要。这里采用了正方形的棂条，以横3排竖9段划分的布置，高度方向上使半端不出来，上框与下框的尺寸设置为30㎜。因此棂条一边的长度是（1,900－30×2）÷9=204.44 。

决定房屋配件本体的高度与宽度

房屋配件本体的高度。参照关键方案的外墙剖面详图[参照12-13页]决定。宽度以平面详图[参照4-5页]为标准。这里高度的标准是木屋屋顶梁。使用梁下安装房屋配件时，看上去整齐的高度(1,900㎜)。宽度设置为可装在1间半(2,730㎜)内的2,640㎜。

内部房屋配件框架详图[S=1:12]（原图[S=1:8]）内插式安装

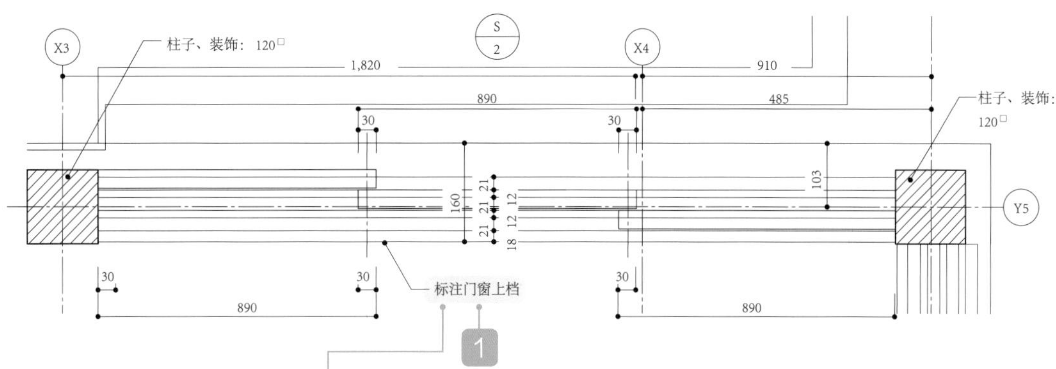

Y5轴的剖面详图

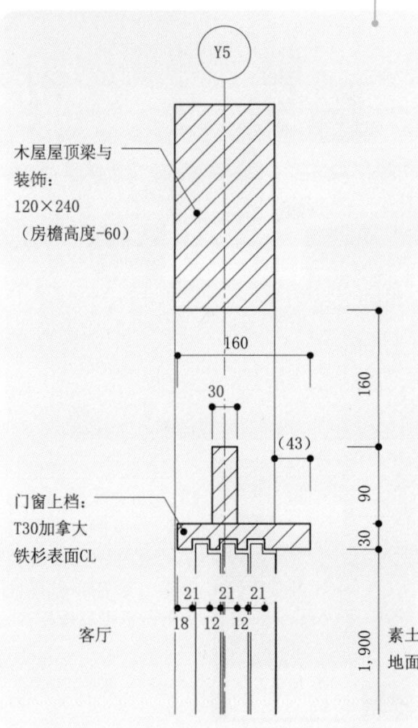

1 门窗上档的位置从中心线开始计算（内插式安装时）

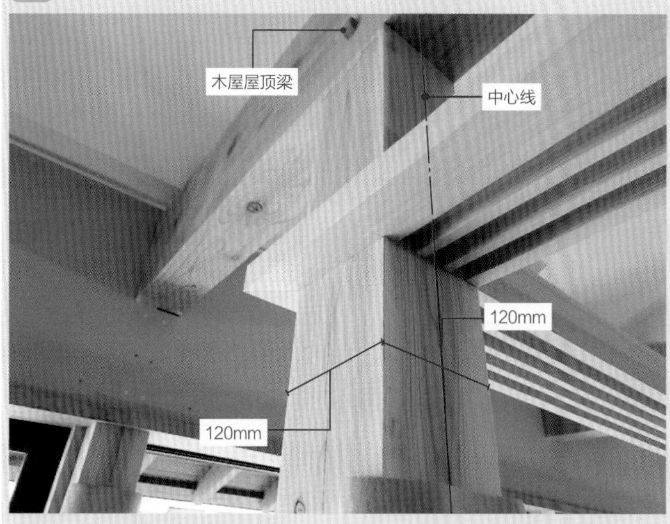

拉门(左右推拉门)采用插入式安装时，中心线上是门窗上档(门槛)的位置，与梁的位置齐平。图纸上，梁宽度(这里为120㎜，用外形线描绘)与柱子宽度(这里是120㎜，用外露线描绘)要明确标注，防止门窗上档错开中心位置。

内部房屋配件框架详图［S=1:8］外插式安装

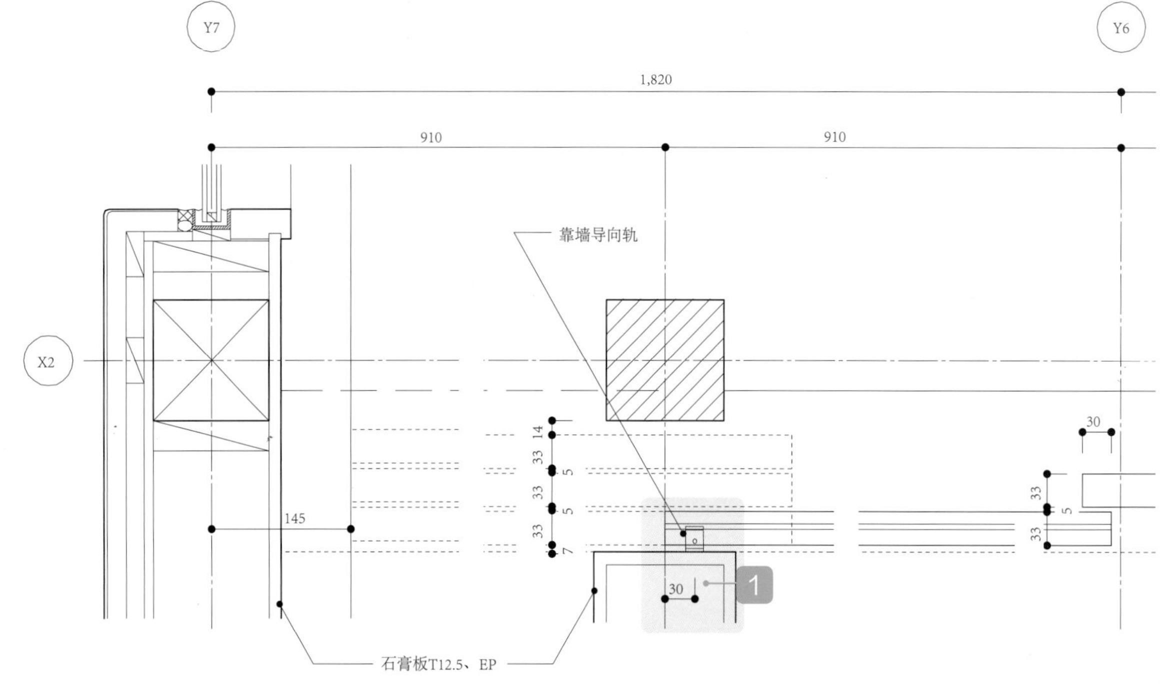

拉门口的尺寸应留些富余

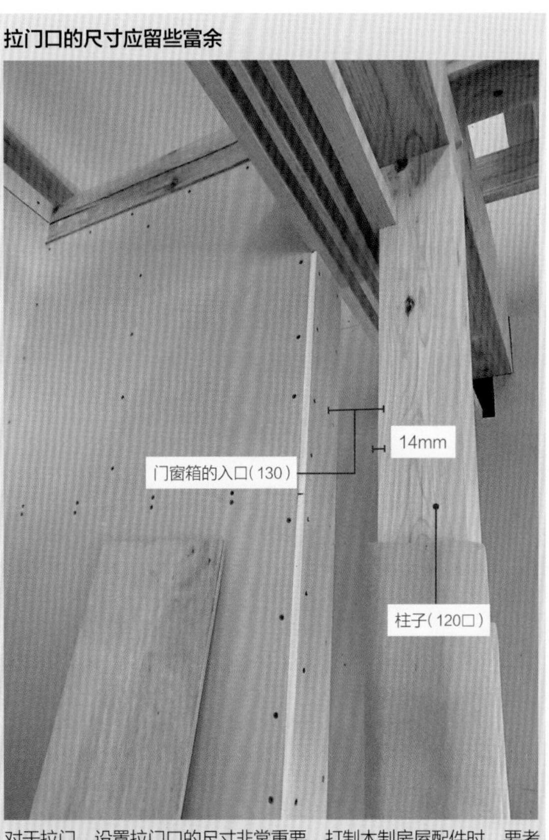

对于拉门，设置拉门口的尺寸非常重要。打制木制房屋配件时，要考虑房屋配件的应力，多少留些富余。这里是保证了14mm的空间。另外，房屋配件直接的留余也要具体指示清楚。考虑经常开门关门的动作，各房屋配件之间的间隙留余为5mm、墙与房屋配件之间为7mm。

明柱墙需要设置门档时应加 T 墙

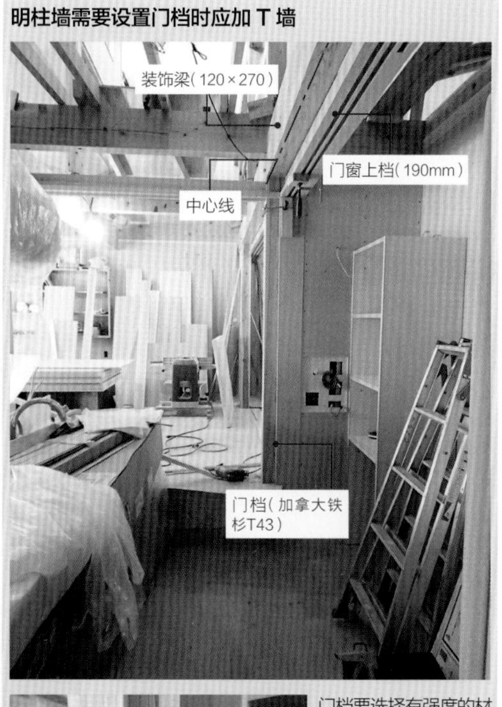

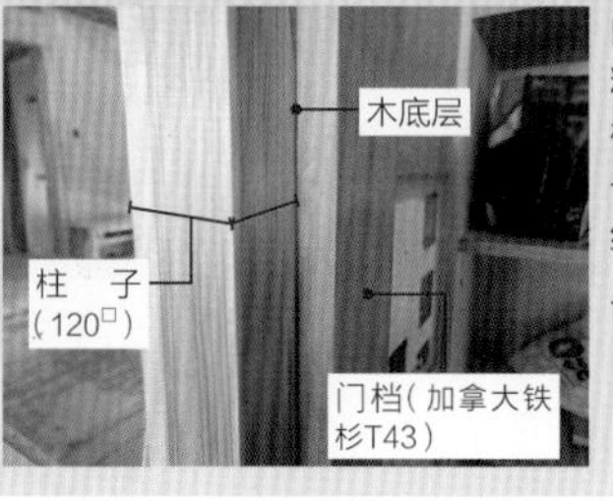

门档要选择有强度的材料(这里采用了加拿大铁杉)。对于明柱墙，柱子与墙之间会有一点点缝隙，要在平剖面图上指示安装底层材料。

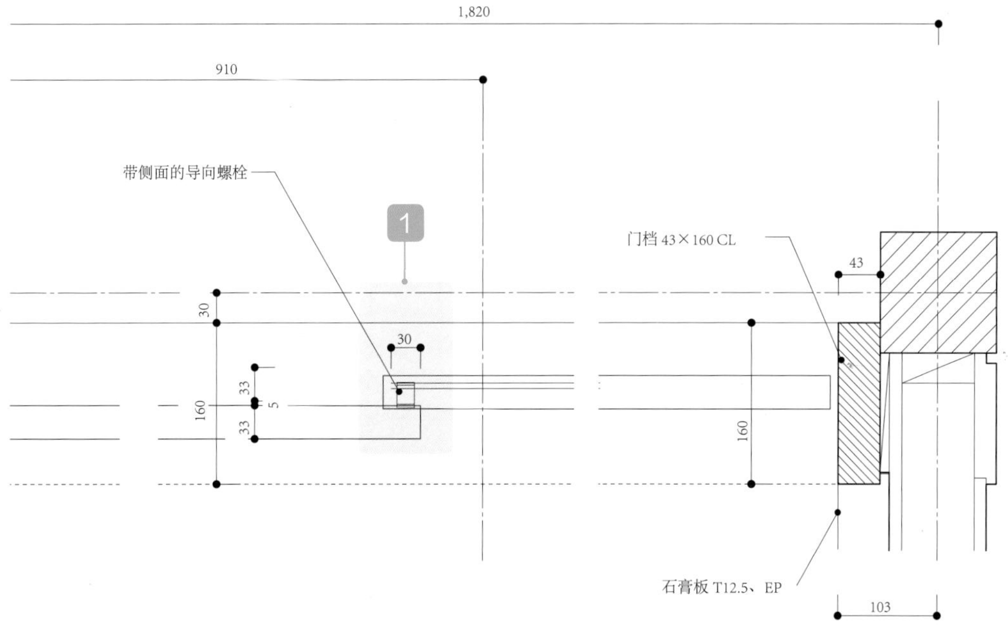

内部房屋配件框架详图［S=1:10］（原图 S=1:8）外插式安装

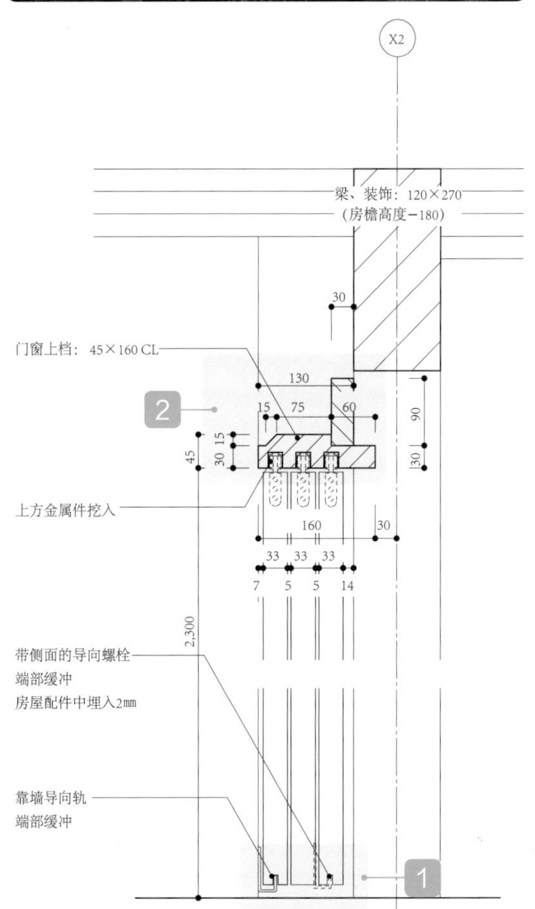

1 吊式安装时应具体指定吊挂金属件及导向轨

吊式安装时需要确认金属件的承重力是否合适。采用的金属件的承重力在20kg以下。纸门比较轻，所以没有问题。另外，拉门之间需要连接时，为保证顺利地开闭门，要安装导向轨。制作3连拉门时，要在房屋配件上（竖剖面图中虚线部分）、门窗箱的入口处（竖剖面图中的外露线部分）安装。

2 门窗上档的位置从中心线开始计算（外插式）

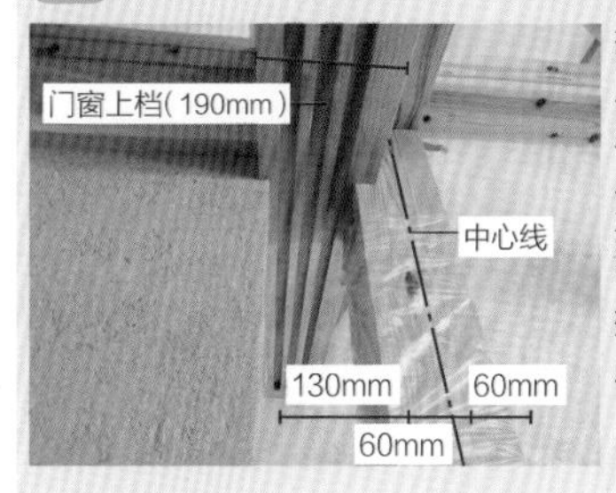

拉门（左右推拉门）采用外插式安装时，房屋配件本体与门窗上档容易错开中心，要在竖剖面图中描绘中心线（梁），并准确描绘位置关系并标注尺寸。

细木工家具详图

木工施工时要决定细节

订制家具时，一般的做法是家具制作方（工厂）以设计师的图纸或速写为原型绘制施工图，然后请设计师检查内容。但是，现场木工打制时很少绘制施工图，所以设计师要绘制详图。

图纸中有必要将抽屉及自动柜等金属件的产品型号及尺寸的计算方法、留余等细节都详细标注出来。对于请施工方提交施工图的情况，要以交上来的施工图为主开碰头会，这样会更加准确。

本节以安装占满客厅墙面的变形电视柜为例进行说明。［彦根明］

内观图［S=1:30］（原图［S=1:20］）

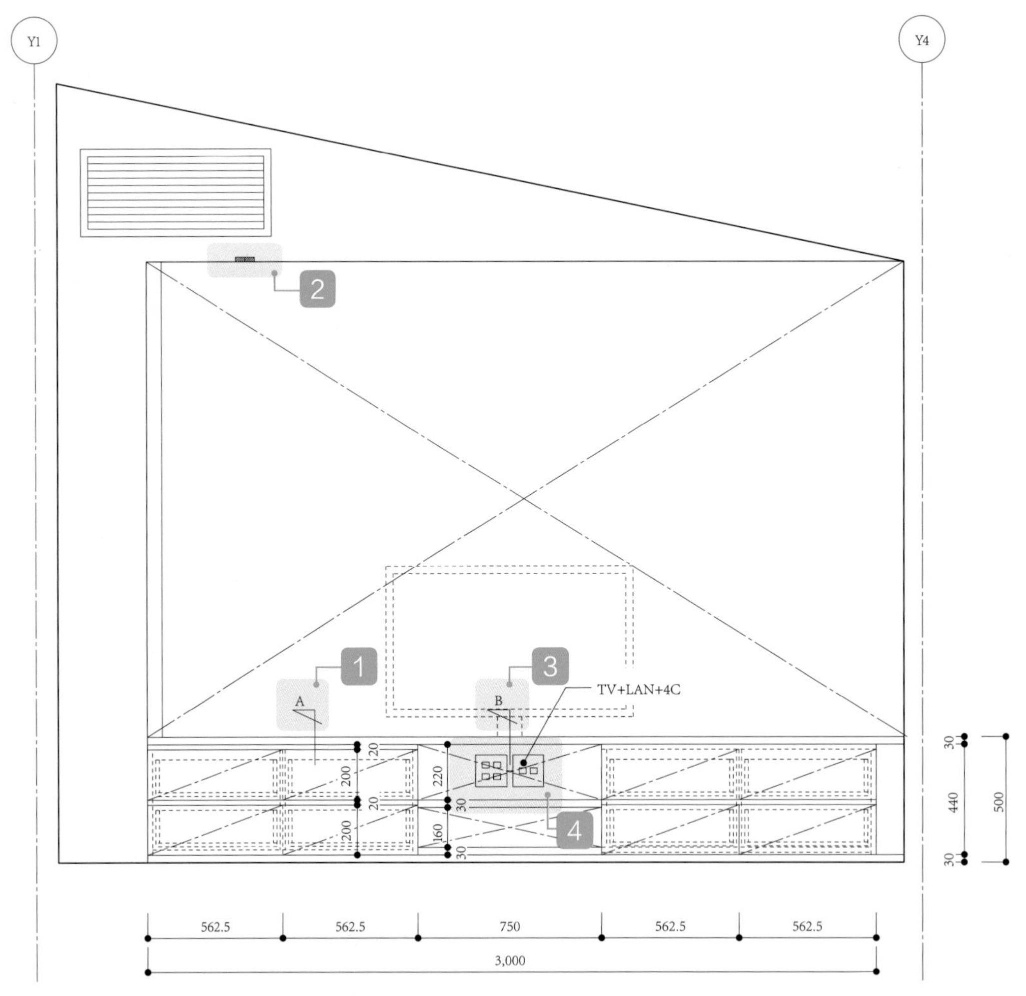

内观图要描绘箱子材料的内部，标注抽屉的有效高度及柜板的厚度。展开图［参照30-31页］中，仅仅标注了电视柜的外形尺寸

家具剖面A详图 [S=1:10]

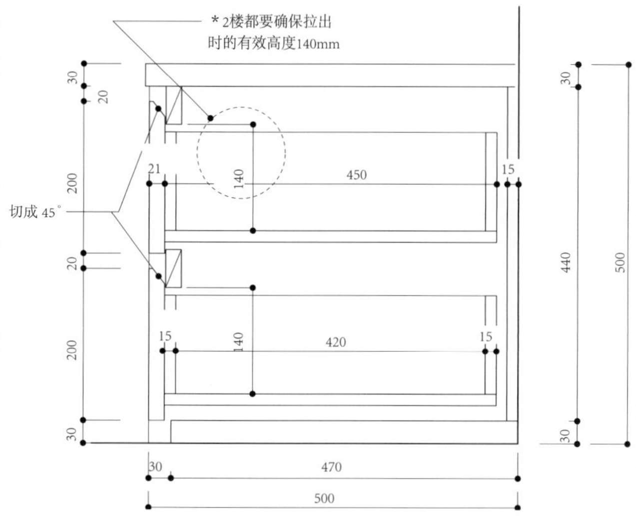

1 注意不同抽屉用金属件有不同的有效尺寸

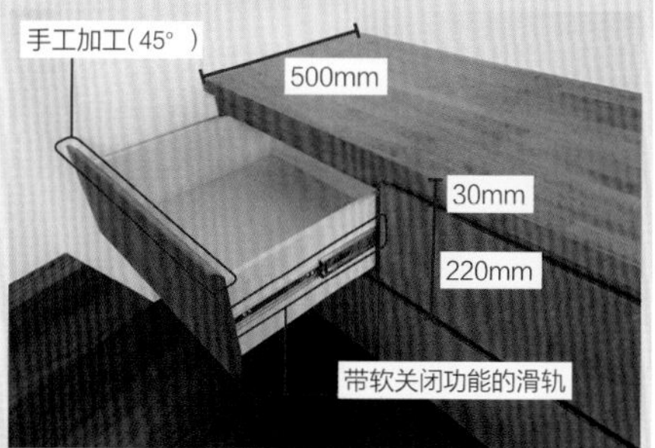

抽屉用的金属件多种多样，这里采用了抽屉内的有效高度可以保留较大尺寸、滑动平稳的滚珠轴承式滑轨（关闭时带制动带安静的软关闭）。这是侧板上安装的金属件，2楼保证了可以收纳CD及DVD所需的高度140㎜，同时家具整体的高度压缩到500㎜，以制作为低矮的电视柜。

手工加工的示意图用剖面图指示

通常的做法是箱材用木工施工、装饰前板用房屋配件施工。两者都要在图纸中标注材料与饰面方法。这里，箱材是采用了木工在现场容易加工的木芯板，装饰前板采用了中空的轻便的三合板。没有使用任何金属件的手工加工（锥形）手柄，在剖面图中标注了形状（45°切割装饰前板）与面板等的接缝。

2 射向家具的照明应注意接线的合理

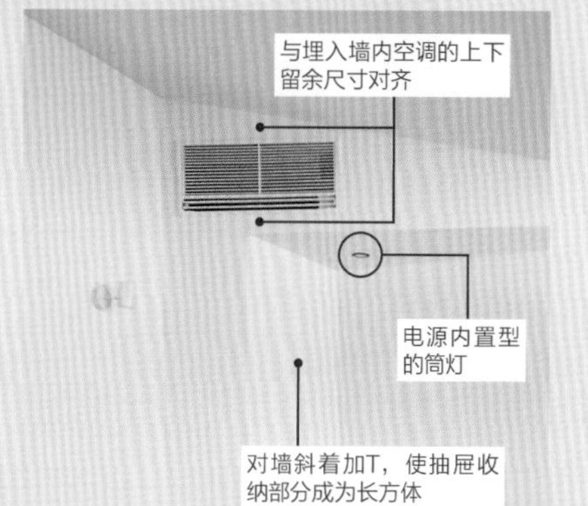

细木工家具通常会安装照明表现光线，但接线施工通常比较麻烦。如果选用电源内置型的灯具，则不需要接线施工，与电源外置型的灯具相比可节省不少施工时间。

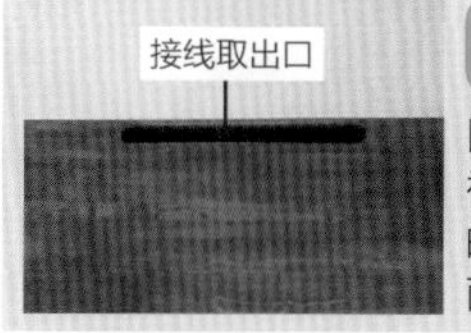

3 电视接线不要外露

因为不想从外面看到电视接线，所以在电视背面面板与中层设置了取出口。取出口的宽度标注在平面详图中，进深标注在剖面详图中。

家具剖面B详图 [S=1:10]

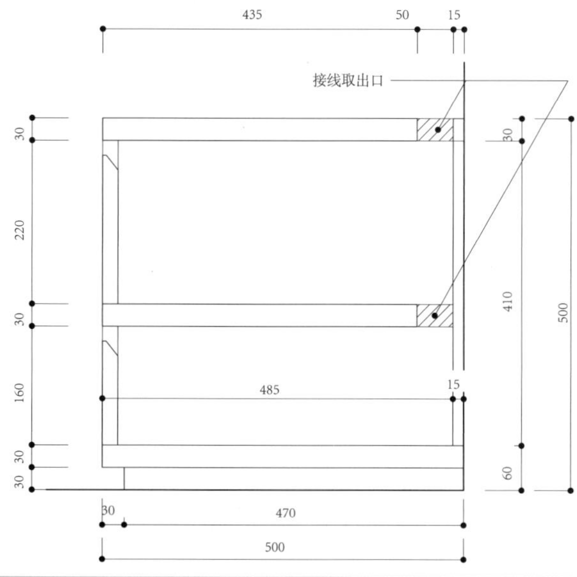

4 家具饰面的盲点

安装开关及插销等的部分，以及两侧箱板部分会外露。此时要在看得到的箱板部分，制作为与面板及装饰前板等同样的饰面（涂层），家具看上去比较有统一感。

天花板结构平面图［S=1:30］(原图［S=1:20］)

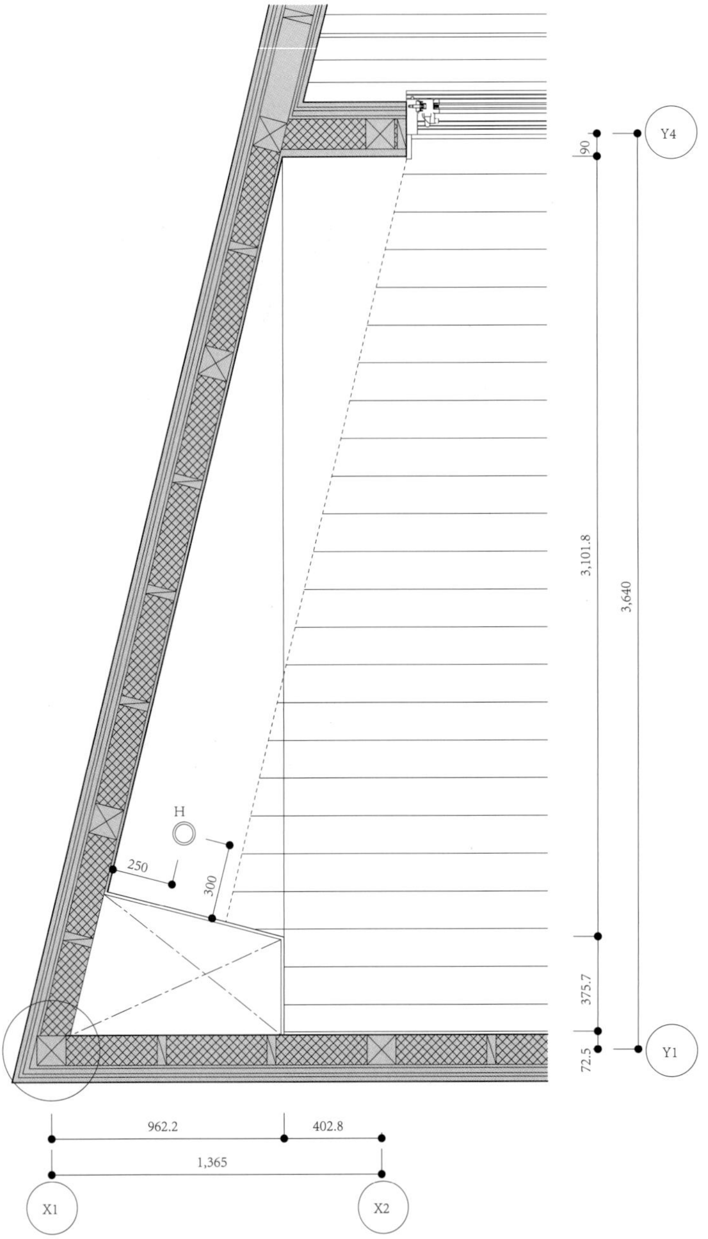

Y4
90
3,101.8
3,640
H
250
300
375.7
72.5
Y1
962.2
402.8
1,365
X1
X2

建筑与细木工家具制作为一体时应在平面图、天花板结构平面图中指示

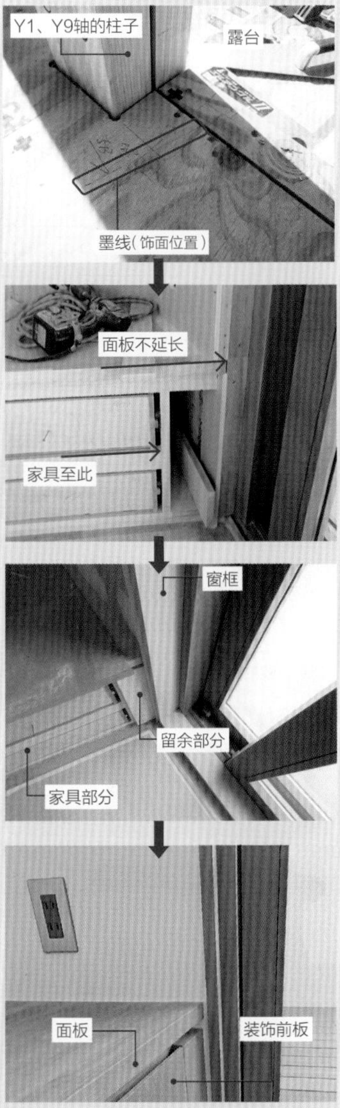

Y1、Y9轴的柱子
露台
墨线(饰面位置)
面板不延长
家具至此
窗框
留余部分
家具部分
面板
装饰前板

通常的做法是在工厂制作小一些的家具，现场安装滑动轮及台架轮，再用填充材料[＊]填充与骨架之间的缝隙。木工施工制作家具时有时也需要留出余白。对于本案例房屋的，平面形状为变形时，家具与建筑之间产生死角，要使用平面详图及天花板结构平面图等指示如何处理（填平）这些部分。具体尺寸以标准中心线决定（X1、Y1轴的柱子），并从这些中心线来计算家具本身的尺寸以及留白的尺寸。

平面图中是外形线
（天花板结构平面图中是外露线）
133.3mm(与家具同化)
500mm
3,000mm
750mm

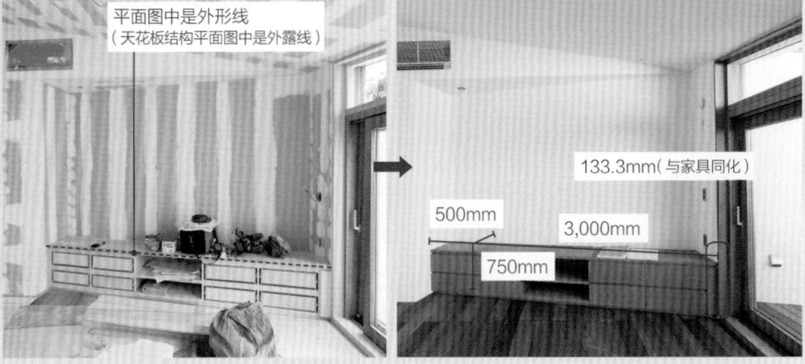

＊ 滑动轮台架轮、及填充材料是用于调节家具与地板、墙、天花板之间缝隙的材料。滑动轮调节天花板与家具之间的缝隙，台架轮调节地板与家具之间、填充材料调节家具与墙之间的缝隙。均用于吸收地板、墙、天花板的不平之处。

1 打造的收纳与墙形成一体

面板延伸到墙面，装饰前板与面板的高度对齐安装，可以让地板、墙、天花板、家具看上去是一体的。

通过天花板结构平面图可以立体把握空间

天花板结构平面图等的平面图通常用于辅助。由于内观图及剖面图中仅展现了部分内容，难以把握空间的整体，所以这些图纸具有重要的意义。特别是本案例中内墙形状不规则，更要设计为内墙与家具形成一体。为此，对收头做出具体指示的平面图是不可或缺的。

尺寸从饰面开始计算

凡是与天花板结构平面图一样，用于研究细木工家具详细的平面图中，各部分的尺寸都不是从中心线开始计算的，而是从饰面开始计算。

平面图［S=1:30］（原图［S=1:20］）

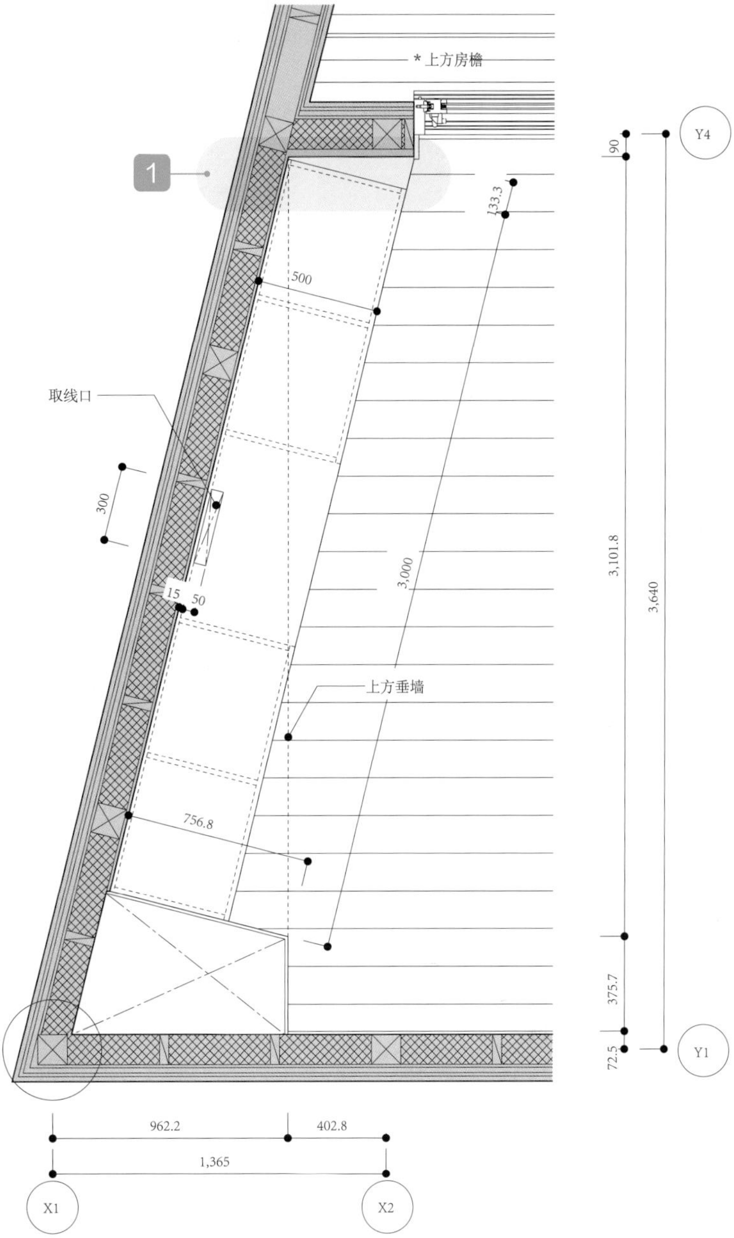

* 上方房檐

1

取线口

上方垂墙

500

300

133.3

3,000

15 50

756.8

90

3,101.8

3,640

375.7

72.5

962.2 402.8

1,365

X1 X2

Y4 Y1

■特别标注事项

中央底板	北美白松胶合板 T30 植物系桃花心木色
箱材	北美白松胶合板 T30 植物系桃花心木色
面板、中层	椴木木芯板 T21 涂清漆　※ 可见侧板是植物系桃花心木色
装饰前板	椴木合成板 T21 植物系颜色桃花心木色
背板	椴木木芯板 T15 涂清漆
拉手	手工加工
金属件	滑轨：SUGATSUNE 滑轨 4670 4670-450　※ 带软关闭功能
照明 H	LAMP LED 细圆灯 埋入式 SL-RU2-100 型（※ 电源内置型）

楼梯详图

明确标注楼梯与建筑骨架的接合

与楼梯相关的现场监理有 3 个要点，①支撑踏脚板的侧板与建筑骨架间的接合，②踏脚板的固定方法，③扶手与踏脚板（或者建筑骨架）之间的接合。

实施图纸上必须清晰标注这些内容。另外，有时存在进入现场后与施工方开会来决定细节的情况。

要想看上去干净整洁，重要的是仔细研究细节。本节以跳层安装的铁制露明侧板制成的条形楼梯为例进行说明。设置侧板与地板梁接合部分的详细尺寸固然重要，对于条形楼梯，踏脚板背面的处理方式也非常重要。［彦根明］

楼梯立面详图［S=1:15］（原图［S=1:5］）

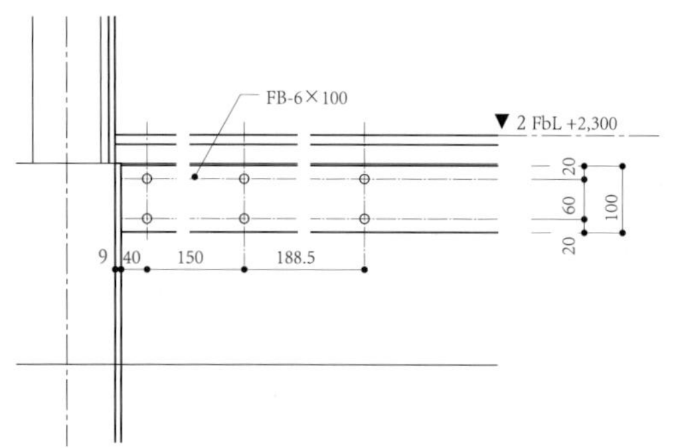

楼梯X4轴剖面详图［S=1:15］（原图［S=1:5］）

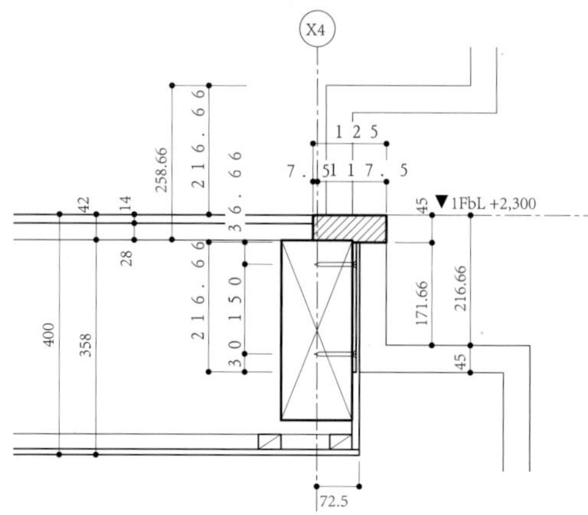

楼梯X5轴剖面详图［S=1:15］（原图［S=1:5］）

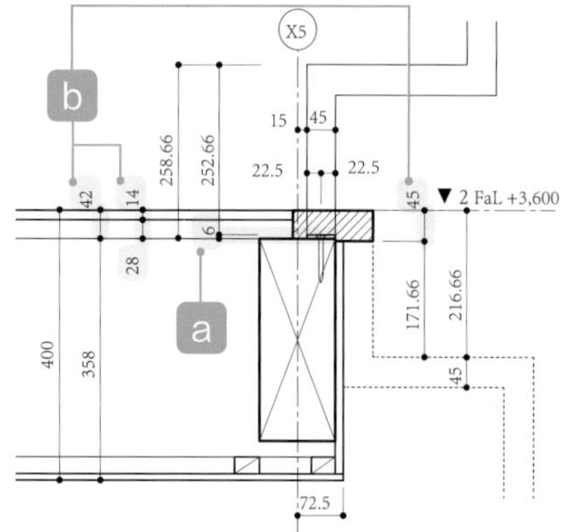

a 固定侧板下端部分的扁杆上罩上框

框罩在固定侧板下端的扁杆上施工。为此扁杆出来的部分需要缺口。这里指示了做一个6mm的缺口。另外，还指示了木楼梯露明侧板下端扁杆的固定方法。这里是用5根螺丝大约以150mm的间隔钉入，固定位置是从地板梁的中心线计算的。

b 楼梯的框与地板水平对齐

框与地板饰面的高度设置为相同的，所以要标注合成板与饰面材的厚度以告知现场施工人员。

1 决定木楼梯露明侧板（铁制）与骨架（地板梁）之间的接合方法

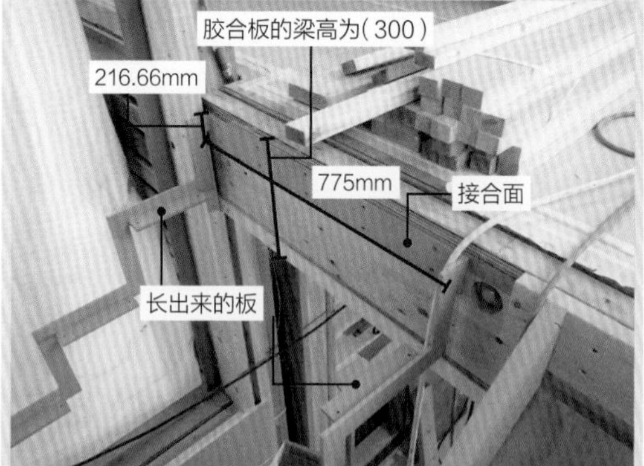

楼梯中比较重要的是木楼梯露明侧板与骨架（地板梁、龙骨）之间的接合方法。采用木楼梯露明侧板时，通常采用2块侧板与上下的地板梁（龙骨）等分别接合的方法，这里采用2块侧板与上下端在水平方向接合以增加其与地板梁之间的接合面积，地板梁（高度为300mm）与螺丝（上下2列×各5根）接合，以提高安全性。之后，将长出来的板放在踏脚板上，用石膏板做墙底层，最后做喷涂饰面。

楼梯展开图 [S=1:40]（原图 [S=1:20]）

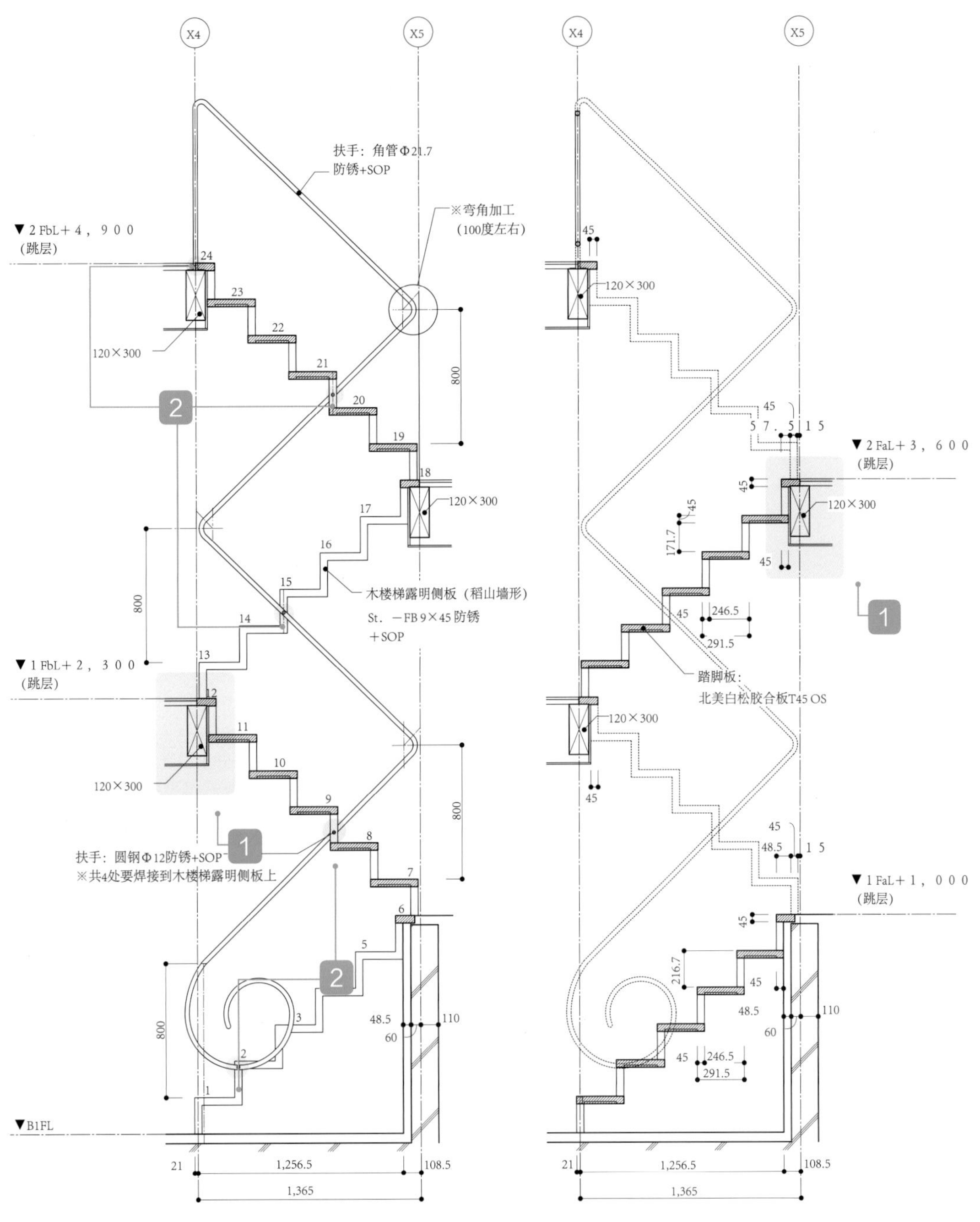

2 扶手的接合处与方法均应标注

扶手要固定在“最上方的地板梁”与“木楼梯露明侧板及扶手的交点”共计5处。木楼梯露明侧板与扶手的接合不仅要指定使用材料，也要指示固定方法。这里选择的是焊接的固定方法。侧板与扶手的具体接合标注在详图中[参照87页]。

建筑设计图
建筑设计图［详图］
结构图
设备图
从完工状态学习施工图纸

踏脚板详图［S=1:10］

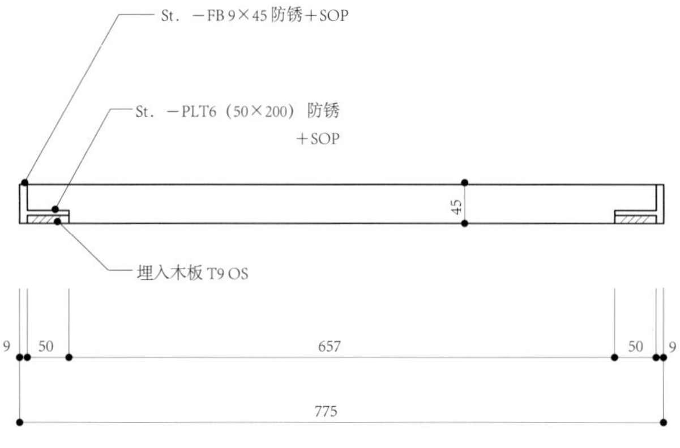

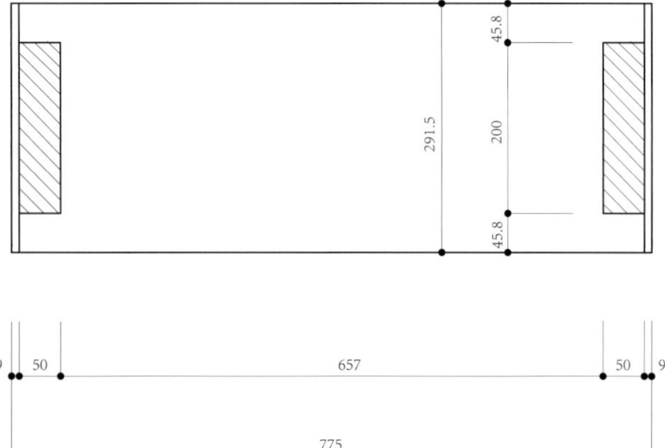

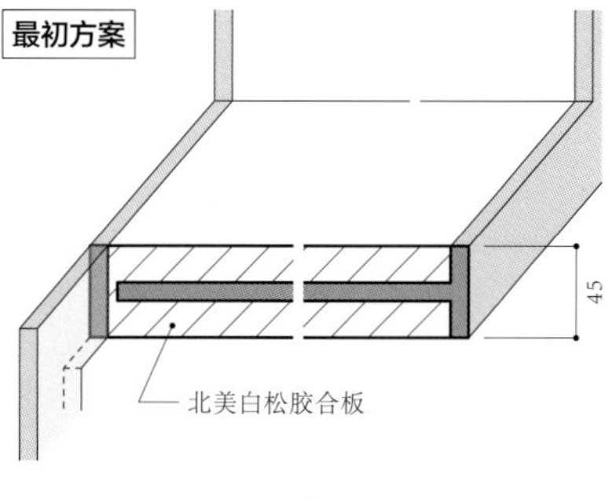

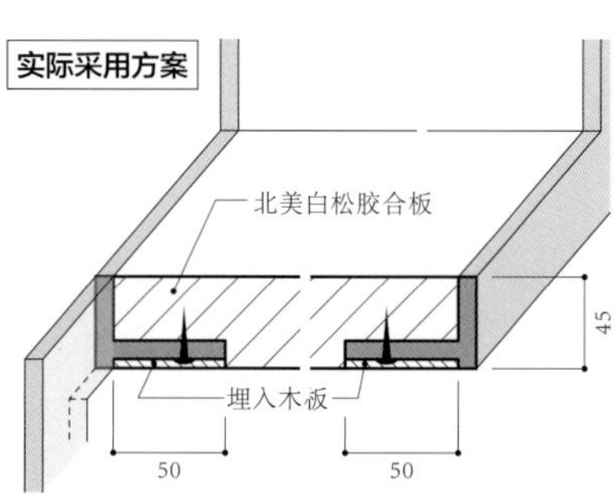

决定踏脚板的固定方法时应意识到既可保证施工操作性也能保证外观设计性

固定踏脚板的方法中一个重要的元素，就是从楼梯背面看上去要美观。最理想的是看不到固定板等，但这会增加施工的难度。本案例的楼梯最开始提出的方案是将伸出的铁板围住踏脚板，但施工方认为加工比较困难，最后变为每个木楼梯露明侧板延长50mm左右，按这个部分的形状放入踏脚板。

←

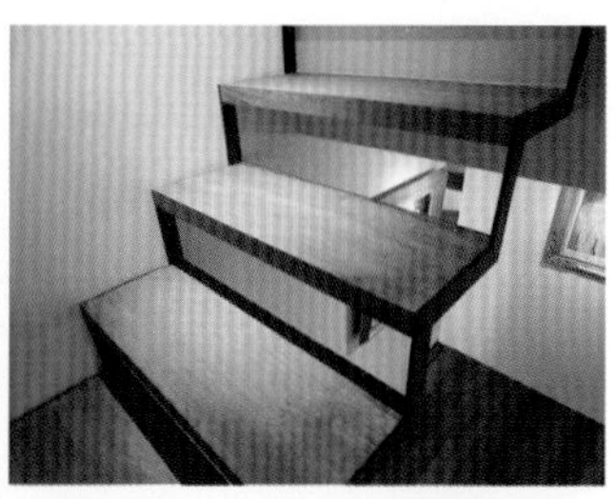

楼梯剖面详图［S=1:5］

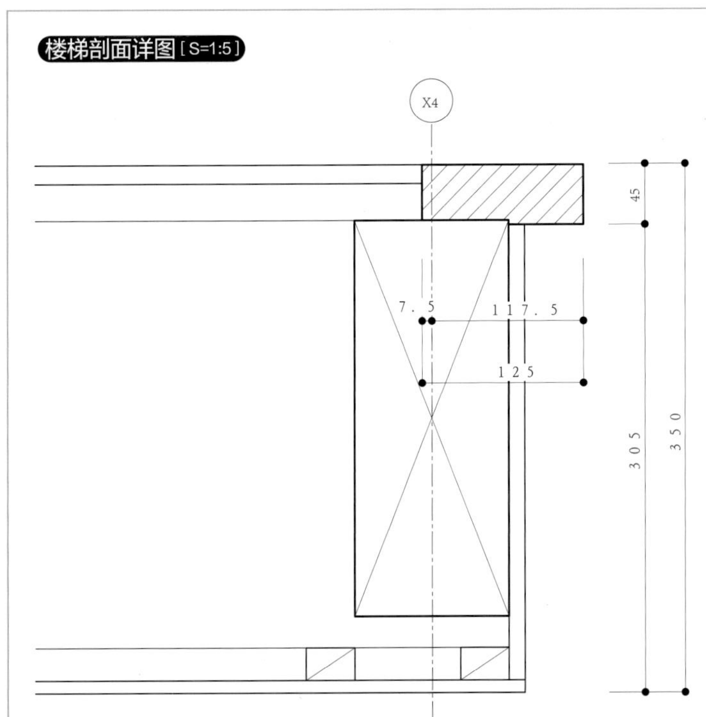

框与踏脚板的厚度应相同

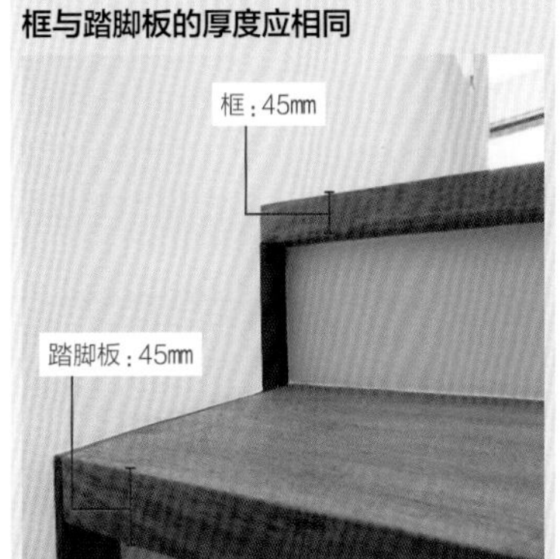

框与踏脚板的木材种类、饰面方法、厚度都相同的话，楼梯整体就会有统一感。可以在展开图及剖面详图上指示采用同样厚度。这里采用的木材是北美白松胶合板，饰面方法采用的是油性着色剂，厚度都统一为45㎜。

扶手圆弧部分详图［S=1:10］（原图［S=1:12］）

※扶手的接点作为中心线

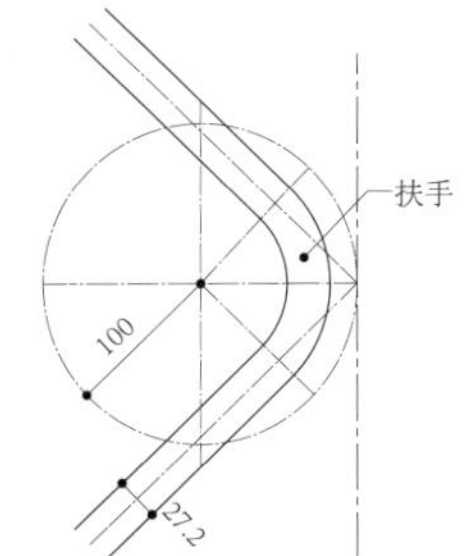

扶手详图［S=1:5］

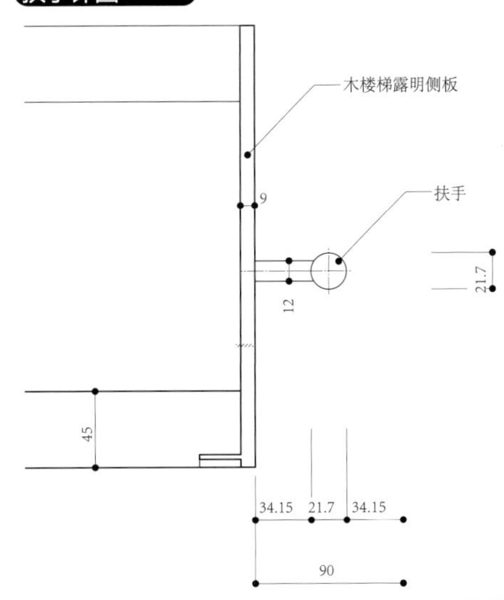

扶手形状及与木楼梯露明侧板的接合应用详图指示

扶手为铁制时，扶手的形状及与木楼梯露明侧板的接合要详细指示，与木楼梯露明侧板一样，要对铁骨制作工厂做出准确的指示。因为在基础施工结束后就需要马上将木楼梯露明侧板安装在骨架上（贴石膏板前），所以要尽早与施工方开会决定细节，以便顺利订货。

厨房详图

市售品＋木工打造独立的厨房

制作厨房时，要设计具有卓越功能的一体式厨房，所以袖墙及竖向构件、桌台都用木工打制的手法比较合理。

这样不仅比在工厂制作家具要节省很大一笔开支，也更具外观设计性。当然，一定要在详图中做出详细的指示。为了让厨房看上去美观，要研究与周围协调的材料和尺寸。所以要非常详细地向现场的木工传达材料的种类、颜色、饰面方法、接合方法等。本节是以打制对面型的一体式厨房为例，介绍详细做法。［濑野和广］

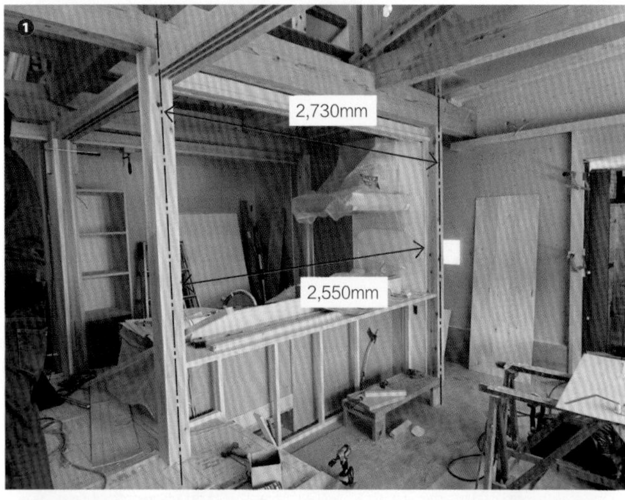

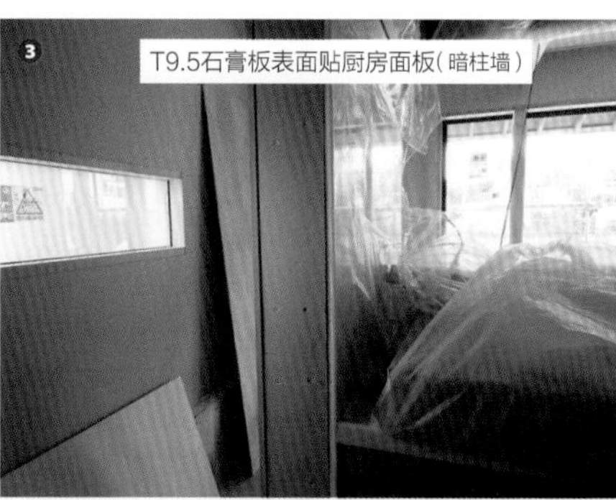

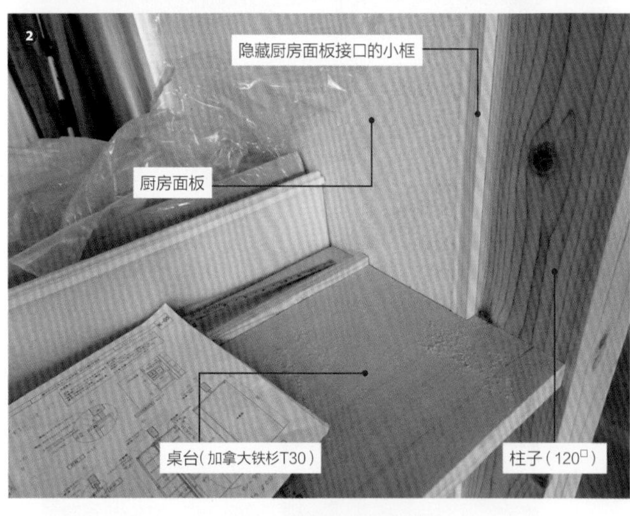

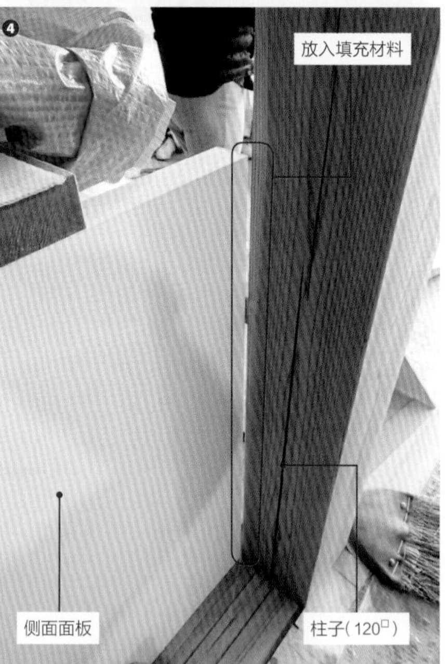

1 将一体式厨房安装到柱子之间的方法

柱子之间（910㎜）安装一体式厨房，需要将一体式厨房的宽度制作得准确。I型厨房（进深650）的宽度一般是1,650～3,000左右。大约用150㎜间隔的尺寸展开、柱子之间是1间半（2,730㎜）时，如果柱子为120㎜正方的，则暗柱墙（石膏板12.5㎜T）就是2,730－60×2－12.5×2=2,585㎜，需要选择宽2,550㎜的一体式厨房［1］。此时，产生35㎜的缝隙，要对缝隙的处理做出具体指示。本案例是灶台一侧贴石膏板后贴厨房面板作为暗柱墙饰面［2，3，4］，有明柱的水槽一侧出现缝隙。这个缝隙指示用填充材料等加T［5，6＊］。

＊ 填充与柱子之间缝隙的填充材料，既是调整缝隙的材料，也有防止溅水的目的。设计其与最高线对齐。此种程度的高度不会妨碍纸门外露。

厨房详图 [S=1:25]（原图[S=1:20]）

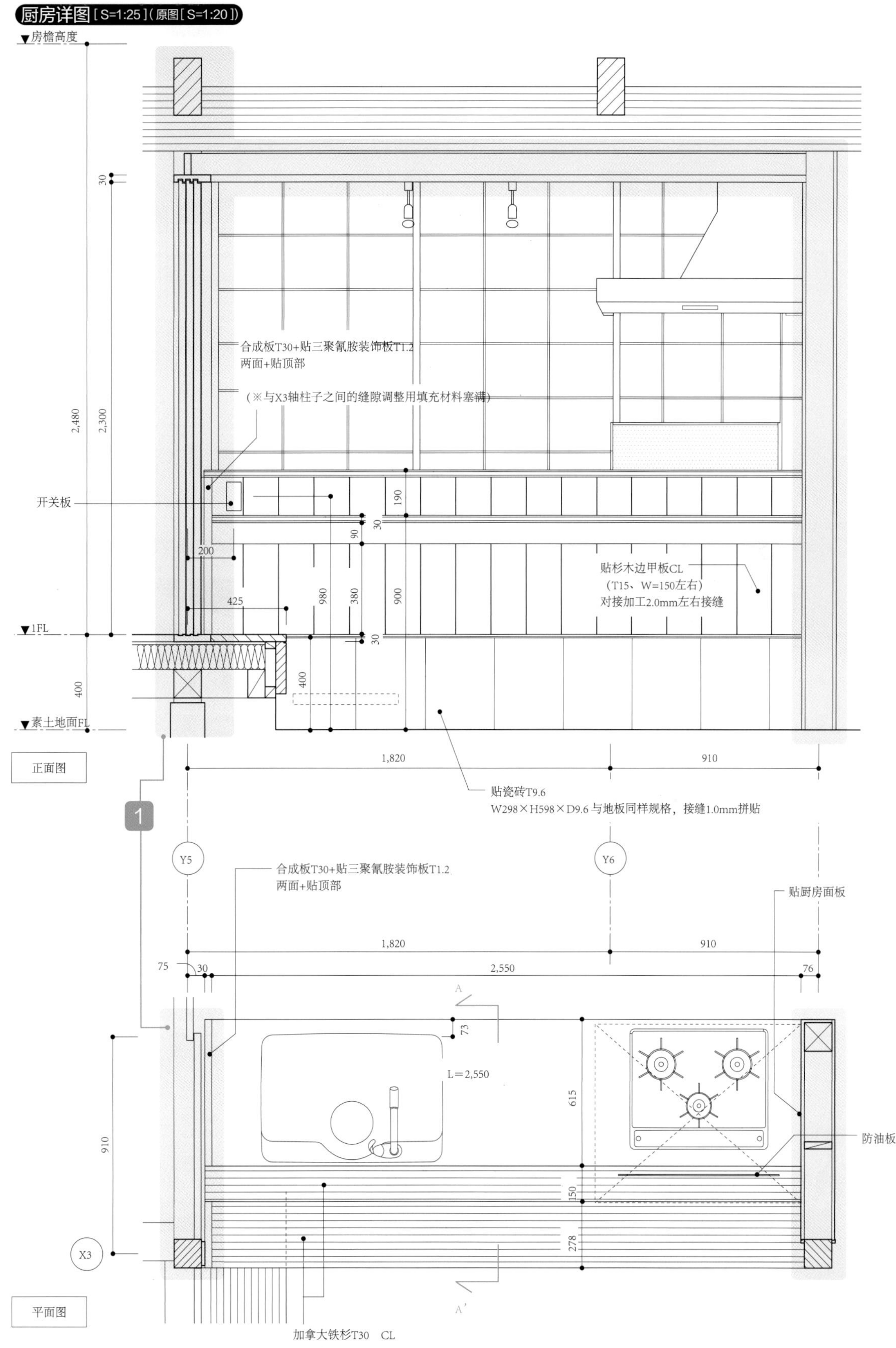

房檐高度
合成板T30+贴三聚氰胺装饰板T1.2
两面+贴顶部
（※与X3轴柱子之间的缝隙调整用填充材料塞满）
开关板
贴杉木边甲板CL
（T15、W=150左右）
对接加工2.0mm左右接缝
1FL
素土地面FL
2,480
2,300
30
190
30
90
200
425
980
380
900
30
400
400
正面图
1,820
910
贴瓷砖T9.6
W298×H598×D9.6 与地板同样规格，接缝1.0mm拼贴
1
Y5
Y6
合成板T30+贴三聚氰胺装饰板T1.2
两面+贴顶部
贴厨房面板
1,820
910
75
30
2,550
76
A
73
L=2,550
615
防油板
910
150
278
X3
平面图
A'
加拿大铁杉T30 CL

贴瓷砖部分详图［S=1:8］(原图［S=1:10］)

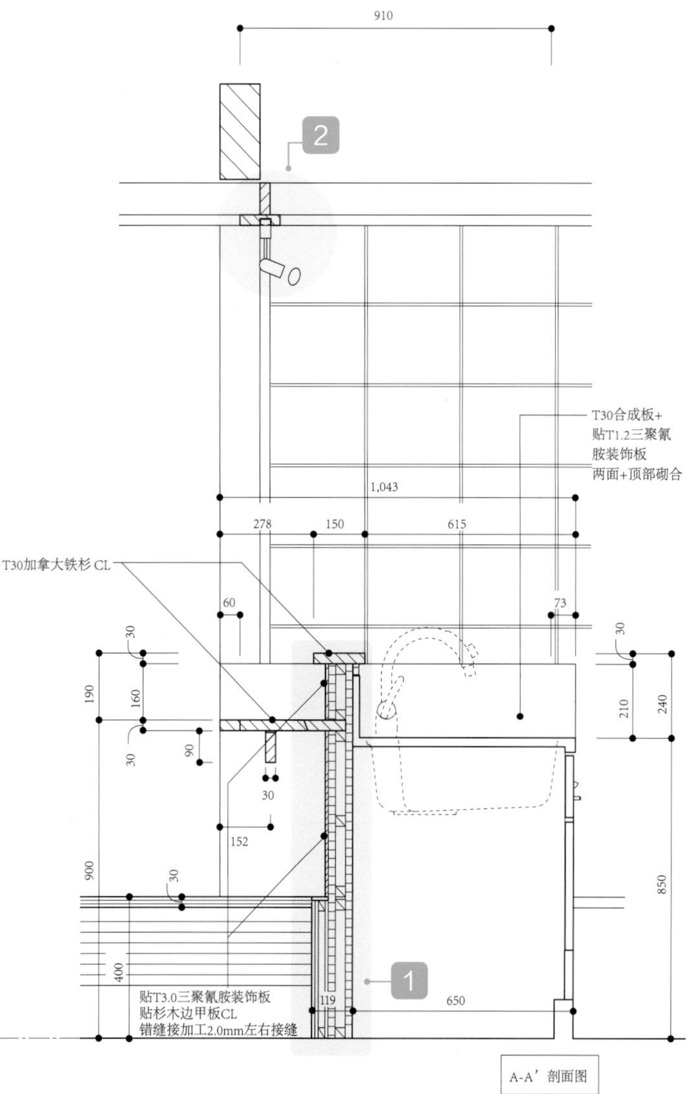

厨房详图［S=1:20］

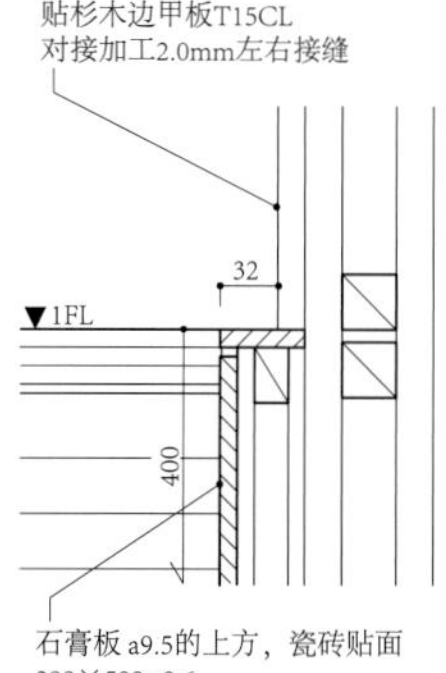

1 基础地面水平放上厨房的高度

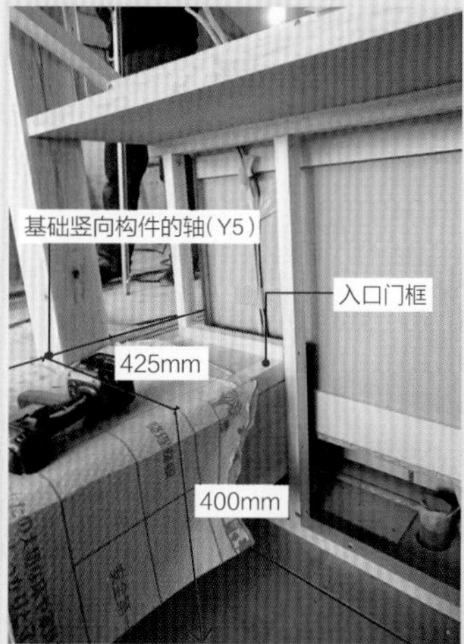

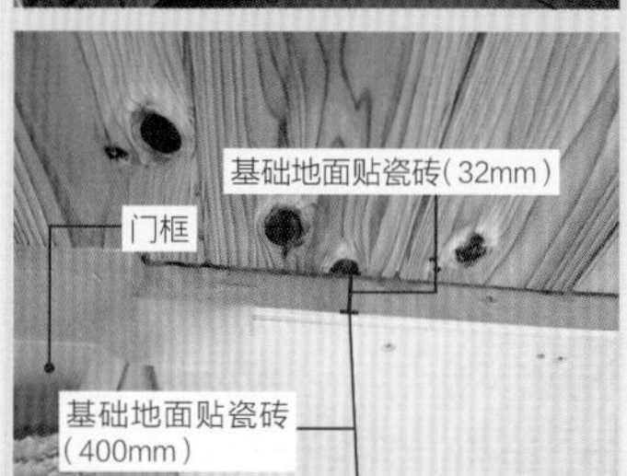

基础地面水平上做厨房布局时，在设计时要充分研究与基础竖向构件、龙骨等的接合方式。本案例考虑到人坐在桌台前时脚可能会冷，所以设置了保温层。为此，入口门框的竖向构件加了了从中心线增加425。从基础地面FL到400的高度不贴衬板，而是加T素土地面的瓷砖。瓷砖与衬板的接合方法，是将瓷砖上方稍稍折弯。

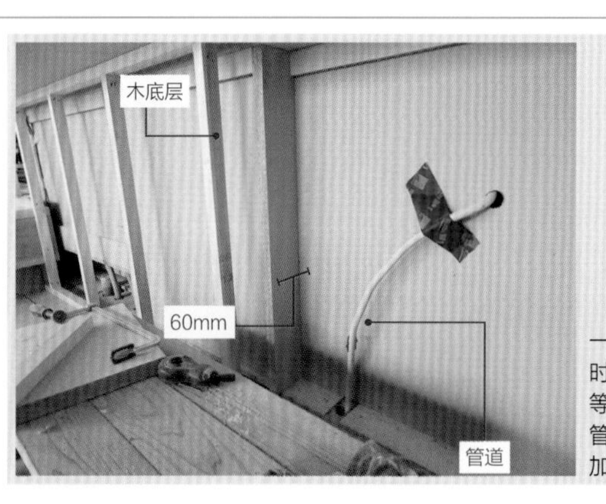

一体式厨房四周都有墙时，由于是用木加固件等构成的，能够富余出管道用的空间，可以多加利用。

厨房详图［S=1:20］

30

90

30

30加拿大铁杉

120

1,900

贴木板条
厨房面板

1,043

660

1FL

侧面图

合成板T30+贴三聚氰胺装饰板T1.2
两面+贴顶部

素土地面FL

2 照明的接线轨道应看上去简洁

延伸周围的框，设计为可以看到浮门窗上档的照明轨道。门窗上档用外形线、框用外露线描绘，高度要对齐，将这些事项都告知施工方。

贴边甲板接缝详图［S=1:2］

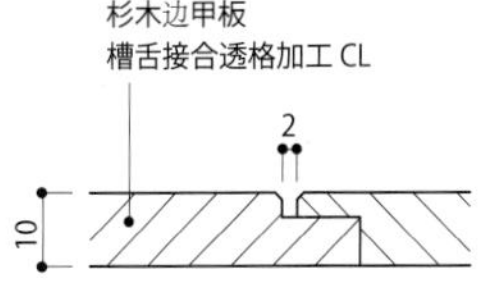

按照一体式厨房的宽度做衬板的划分布置（贴透格）

衬板采用天龙杉。为夸大板T将接缝宽度缩小到2mm，桌台上下采用同样的饰面。要点是通过接缝时，半端宽的板伸出来特别引人注目，这里因为一体式厨房的宽度为2,550mm，而且考虑到接缝宽度为2mm，所以指示贴宽150mm左右×17块腰板。

浴室详图

设置高度尺寸以控制排水

传统浴室的地板是设计 1/50 ~ 1/100 左右的排水坡度，并且比一般地板低 5 ~ 10cm。要准确设置作为标准的地面水平，把握排水高坡与排水低坡的位置、方向后，再计算出各自的高度。否则，在施工现场会发生与高度相关的各种安装不进去的情况。采用瓷砖饰面时，按照瓷砖的划分布置决定冷热水龙头及淋浴、热水遥控器、毛巾挂杆等位置。特别是供排水管取出位置的指示，由于要在饰面施工之前安装，所以安装好屋脊后需要尽快传达给施工现场［参照 8-9 页］。［本间至］

浴室详图［S=1:25］(原图［S=1:20］)

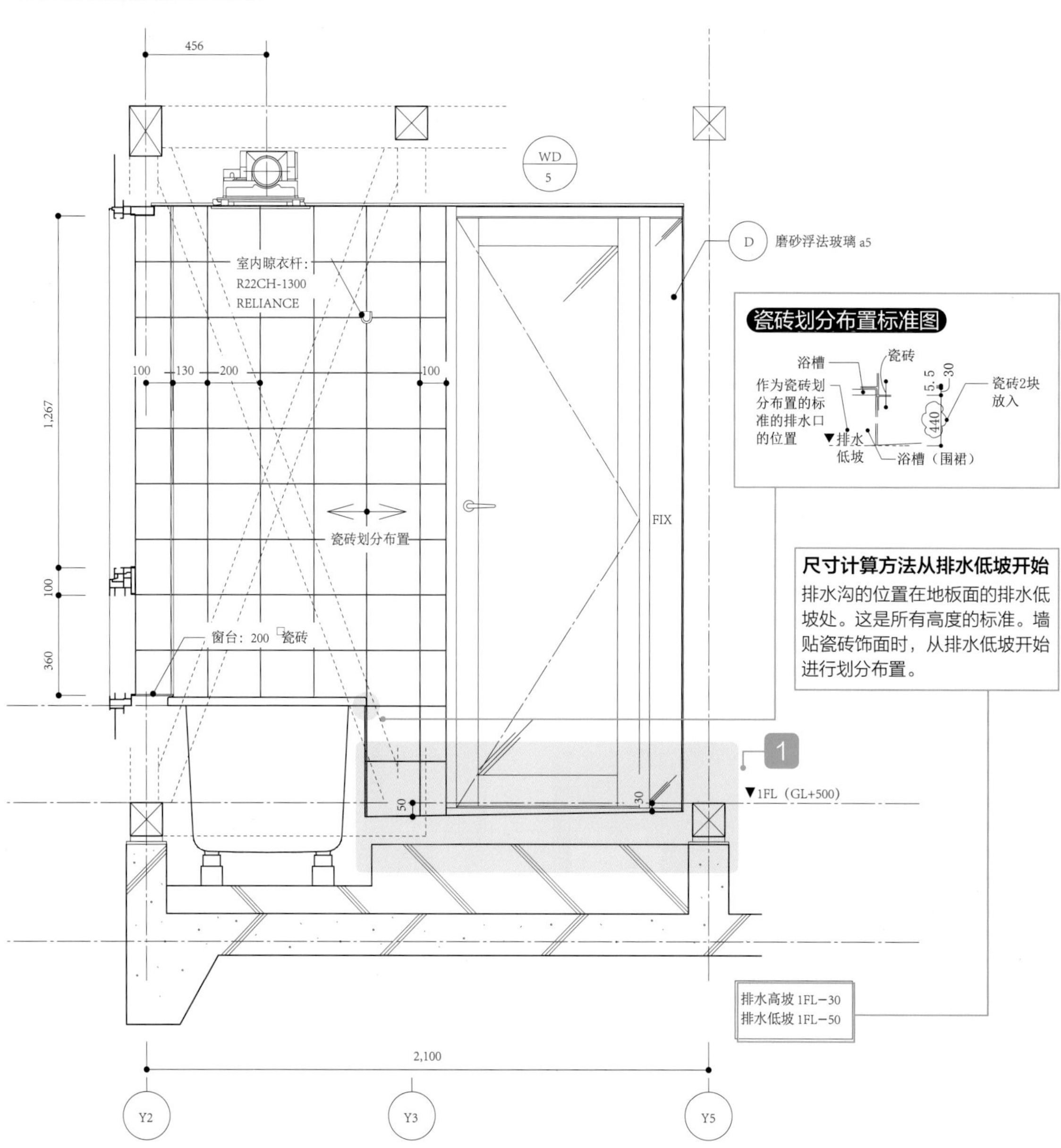

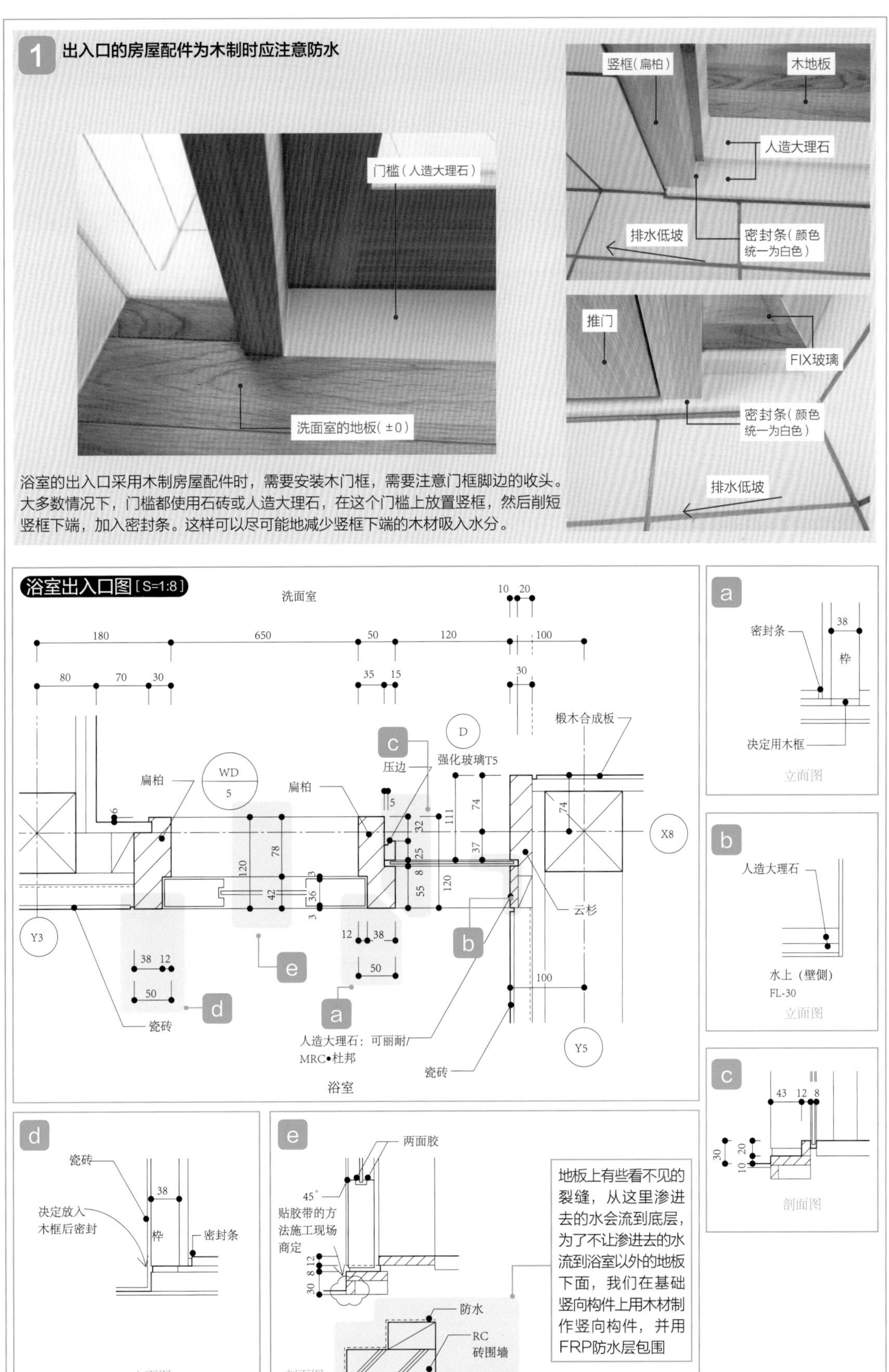

1 出入口的房屋配件为木制时应注意防水

浴室的出入口采用木制房屋配件时，需要安装木门框，需要注意门框脚边的收头。大多数情况下，门槛都使用石砖或人造大理石，在这个门槛上放置竖框，然后削短竖框下端，加入密封条。这样可以尽可能地减少竖框下端的木材吸入水分。

地板上有些看不见的裂缝，从这里渗进去的水会流到底层，为了不让渗进去的水流到浴室以外的地板下面，我们在基础竖向构件上用木材制作竖向构件，并用FRP防水层包围

浴室详图［S=1:20］

1 决定瓷砖划分布置的开始位置

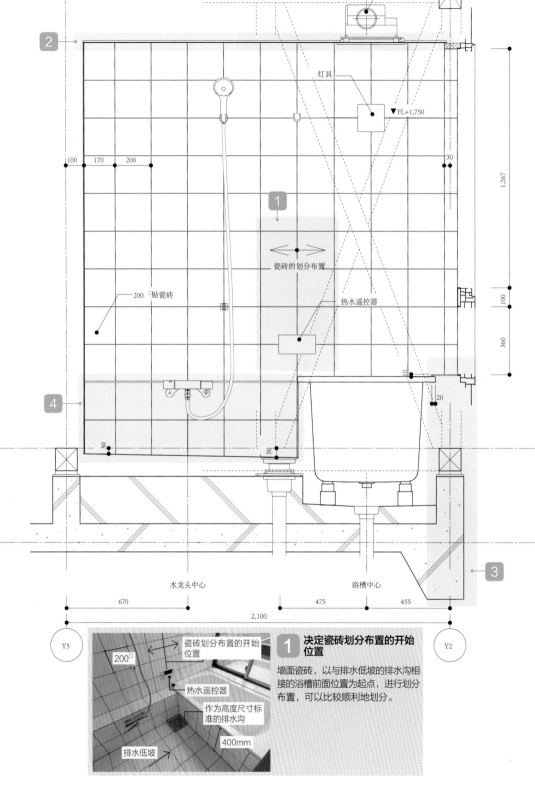

墙面瓷砖，以与排水低坡的排水沟相接的浴槽前面位置为起点，进行划分布置，可以比较顺利地划分。

2 不使用顶棚周边框时的指示

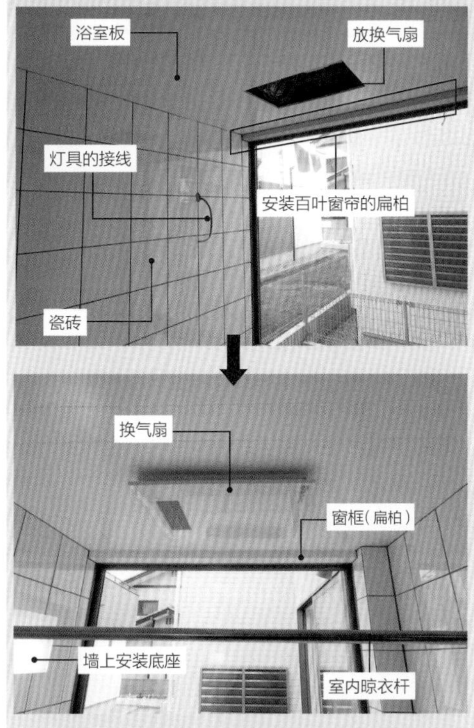

天花板饰面贴浴室板时，笔者从外观角度考虑没有采用浴室板附带的顶棚周边框，而是将墙最上方的墙接缝作为端部。接缝部分用密封条处理。用扁柏刷清漆（植物自然颜色/OSMO&EDEL）涂层。

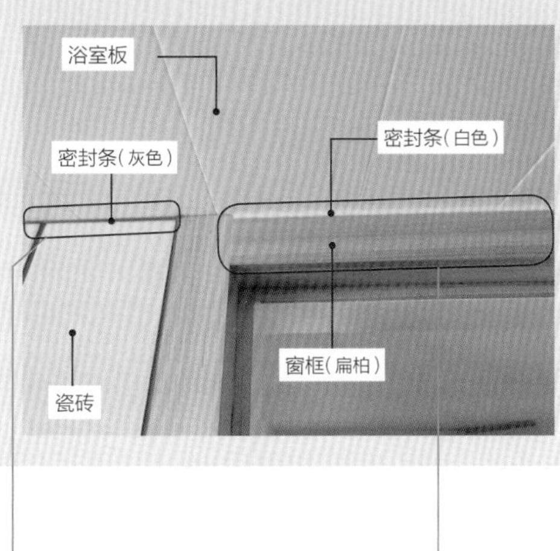

天花板详图[S=1:2](原图[S=1:10])

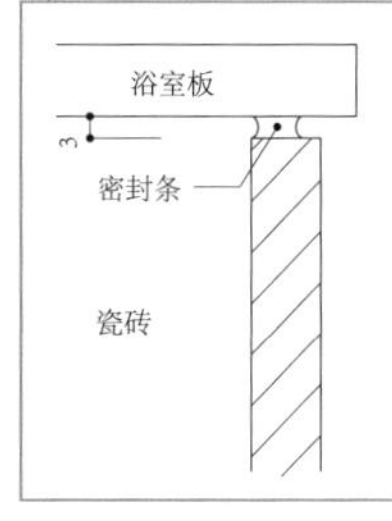

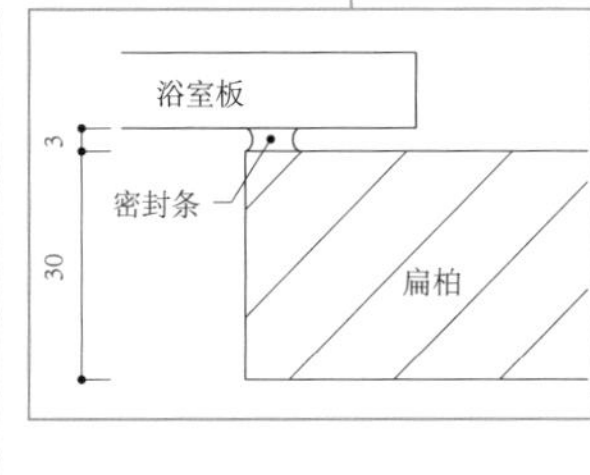

3 为结构体绘制详图

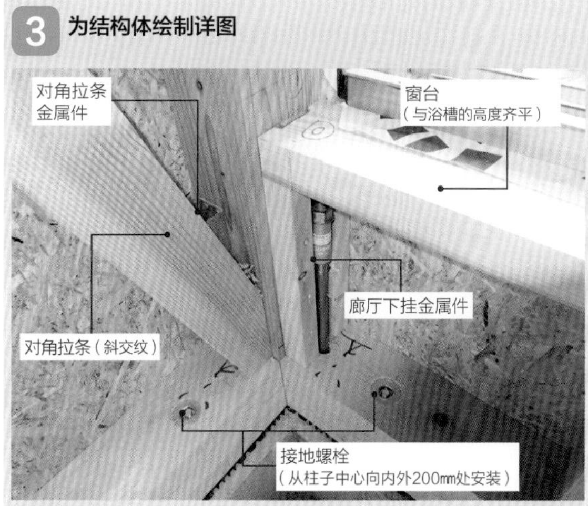

为了清晰地标注开关及通气口的重合情况，描绘了结构体（本案例中是斜交纹的对角拉条）。照片中是对角拉条的接合部。廊厅下挂金属件不要干扰到对角拉条金属件，要安装到没有对角拉条的一侧。

4 桌台用作管道通道

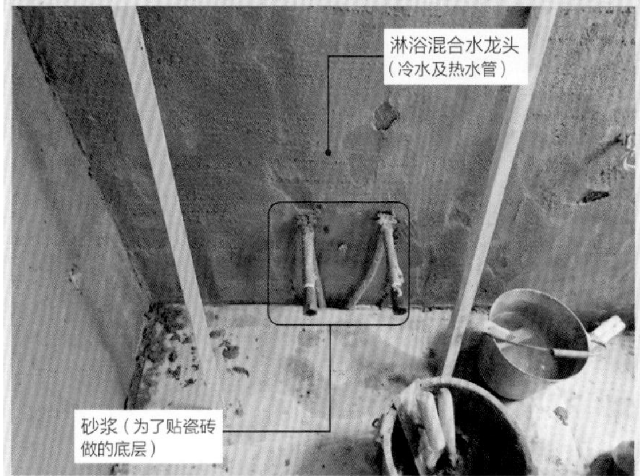

安装墙挂式淋浴混合栓时，要建桌台。桌台用于放置洗发露及香皂、及其他沐浴时使用的日常用品，非常方便，也用于安装冷水及热水管。可以在安装管道时不涉及基础竖向构件及龙骨。

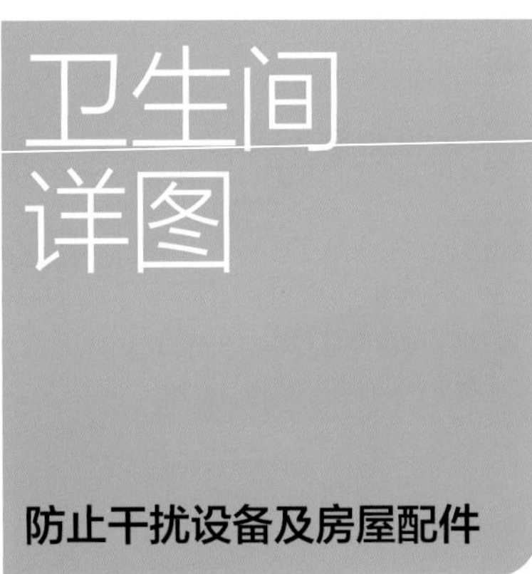

卫生间详图

防止干扰设备及房屋配件

卫生间详图中除标明便器的排水中心及换气扇位置等外，还需准确标注放厕纸的位置及遥控器等的位置。若制作为无水箱卫生间，安装洗手盆时，要将周围的毛巾挂杆、镜子、灯具的位置都标注在图纸上。

卫生间是一处非常紧凑的空间，各种小物件的安装位置容易出错。如果不事先在图纸上决定好位置，会严重影响日常生活中使用的方便性。另外，出入口定为推门时（特别是向内开的门），要考虑好门的轨迹再进行周围的设计。［本间至］

在装饰件的安装位置放入底层

安装遥控器的位置
加强底层
卫生纸挂件的安装位置
小窗（框四角固定加工）
遥控器
卫生纸挂件
镜子与涂层墙安装成同一平面

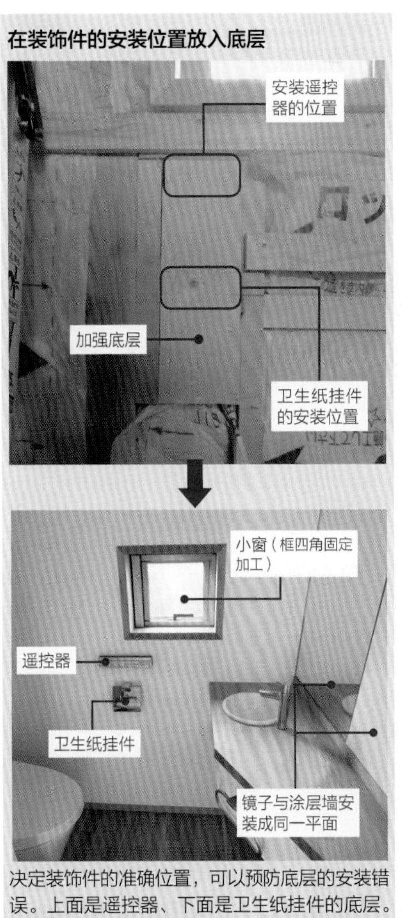

决定装饰件的准确位置，可以预防底层的安装错误。上面是遥控器、下面是卫生纸挂件的底层。本案例中，考虑坐在便器上的使用方便性，站在洗手盆前的位置等，小窗框（市售品铝合金门窗框的向外推窗）的外侧线上，决定了其他物品各自的中心位置。

卫生间详图［S=1:20］

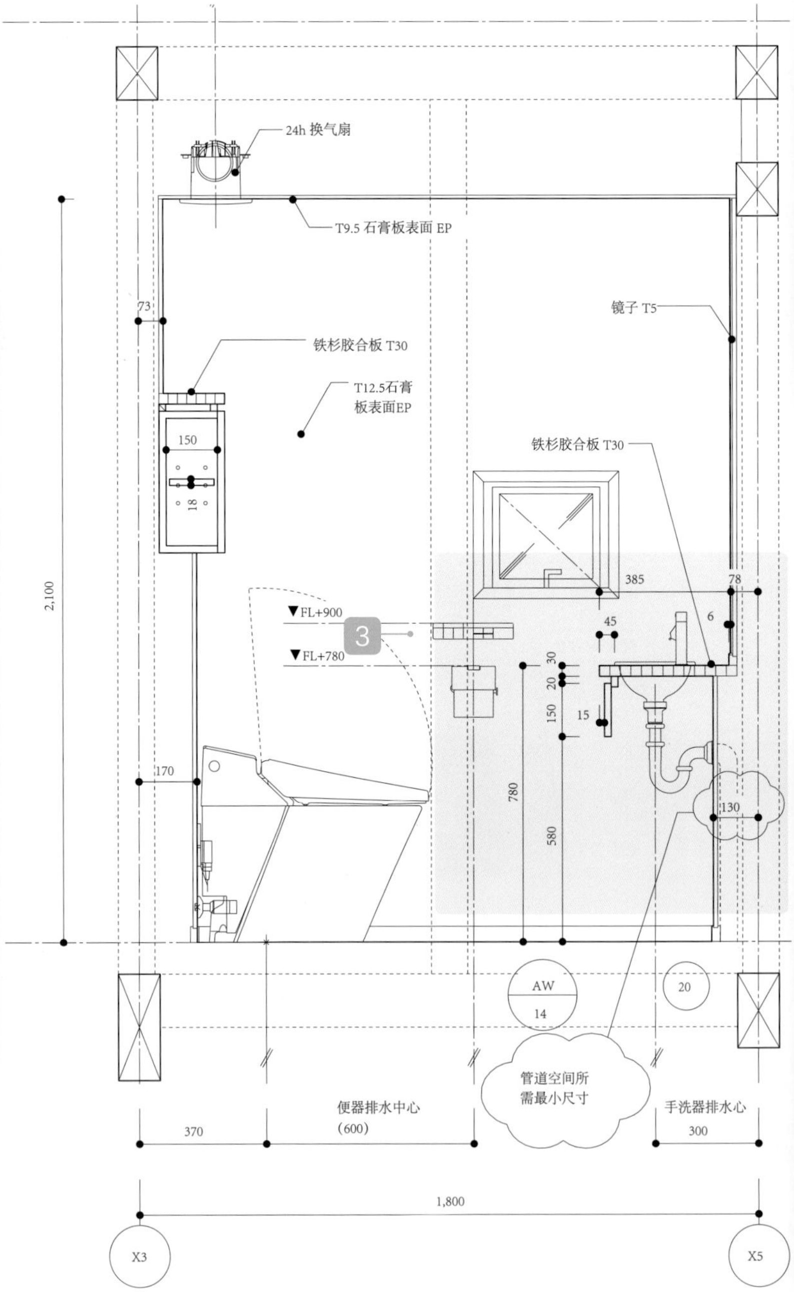

24h 换气扇
T9.5 石膏板表面 EP
73
镜子 T5
铁杉胶合板 T30
T12.5石膏板表面EP
150
18
铁杉胶合板 T30
2,100
385
78
45
6
▼FL+900
3
▼FL+780
30
20
150
15
170
780
580
130
AW
14
20
管道空间所需最小尺寸
便器排水中心
(600)
手洗器排水心
370
300
1,800
X3
X5

镜底层合
成板T7
装筒灯
石膏板T12.5
（腻子过滤后）

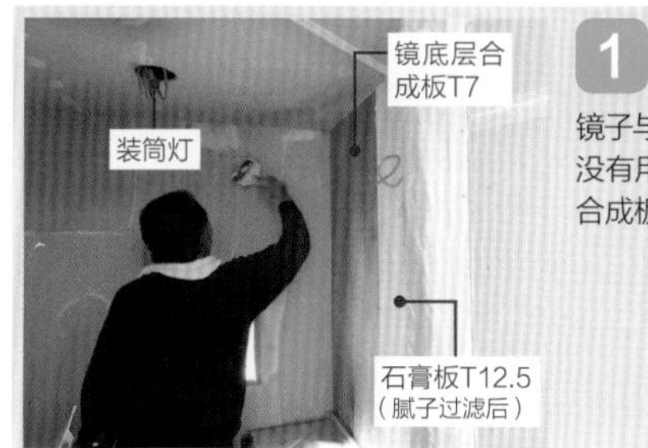

1 镜子与墙面同一个平面安装时要换底层

镜子与墙面（EP）为同面，镜子的底层没有用12.5mm厚的石膏板，而是用了合成板（7mm厚）。

2 安装壁灯的指示

壁灯底座的底层
接线
对角拉条（斜交纹）
插销

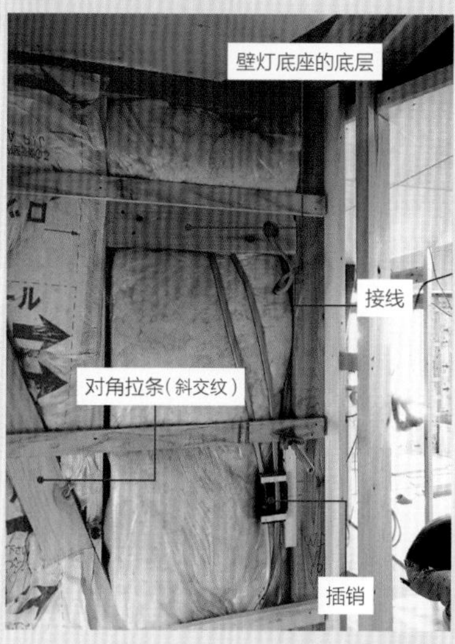

壁灯，要在图纸上指定从地板面计算的高度。安装前不要忘记做底层。

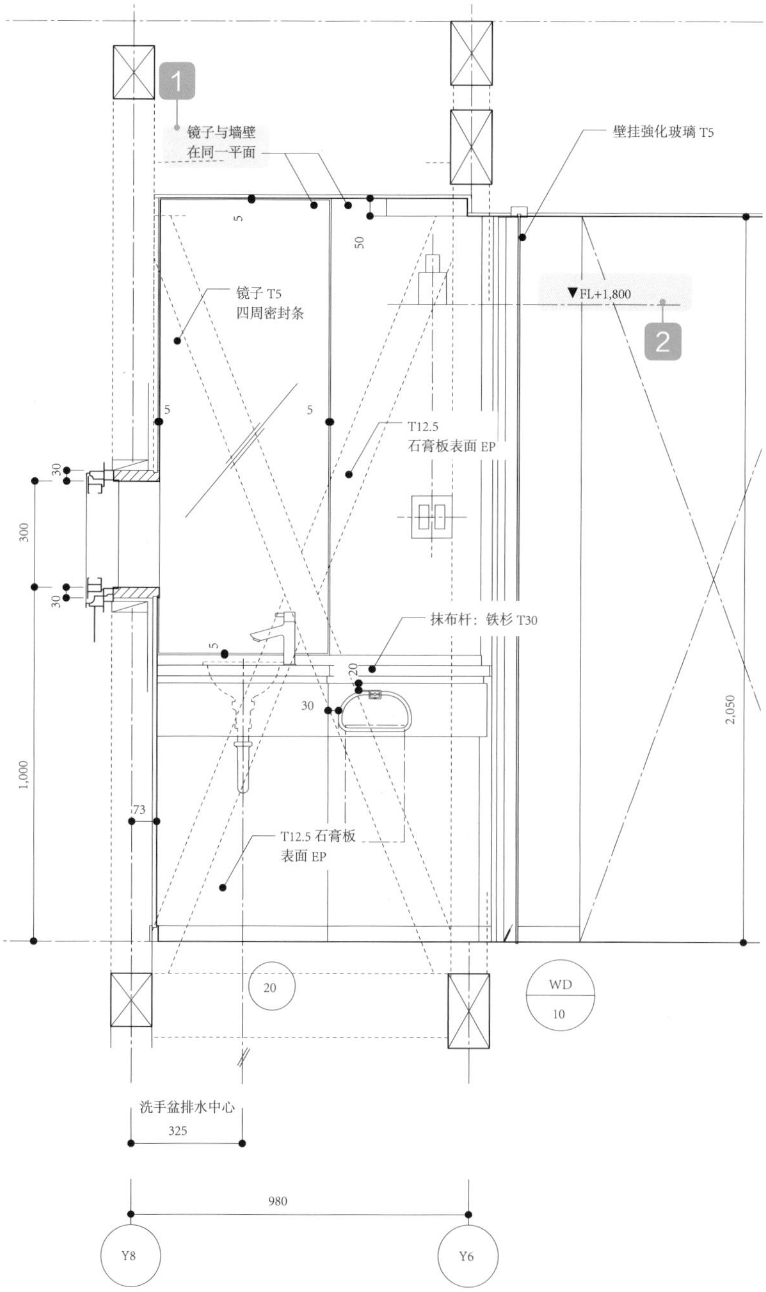

1
镜子与墙壁
在同一平面
壁挂強化玻璃 T5
5
50
▼FL+1,800
2
镜子 T5
四周密封条
5
5
T12.5
石膏板表面 EP
30
300
30
抹布杆：铁杉 T30
5
20
30
2,050
1,000
73
T12.5 石膏板
表面 EP
20
WD
10
洗手盆排水中心
325
980
Y8
Y6

3 洗手台背面墙加厚

排水管
冷水管

冷水管
排水管
50mm

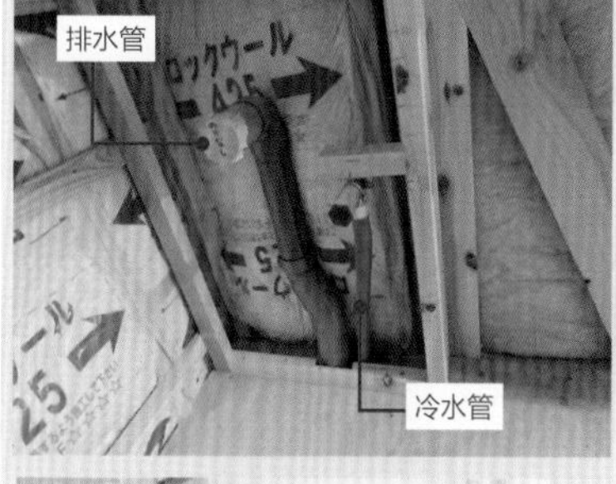

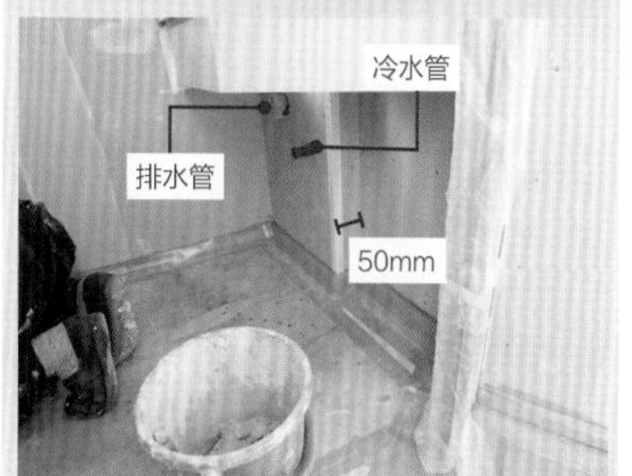

便器及洗手盆的冷水管要立起来，为了不妨碍到地板下的龙骨及梁，需要将墙加厚。

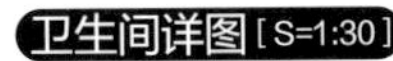

卫生间详图［S=1:30］

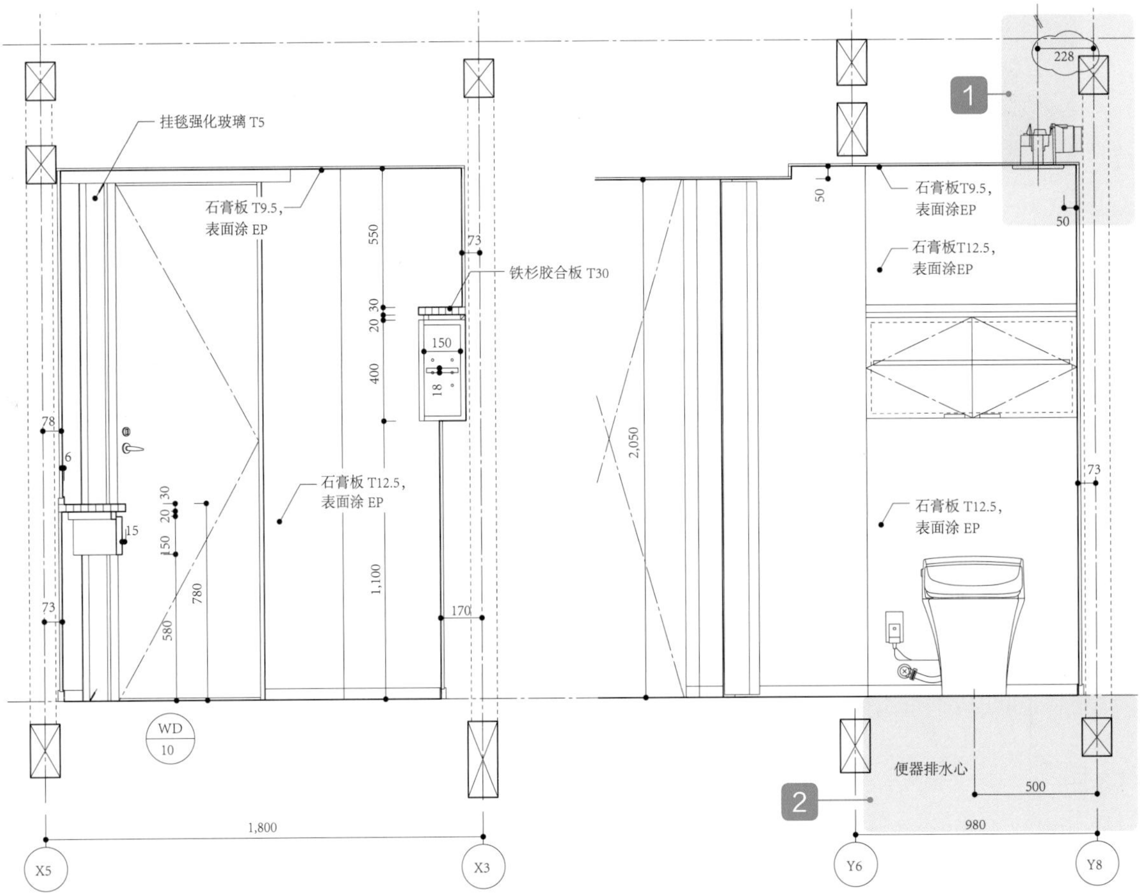

挂毯强化玻璃 T5
石膏板 T9.5，
表面涂 EP
铁杉胶合板 T30
石膏板 T12.5，
表面涂 EP
石膏板T9.5，
表面涂EP
石膏板T12.5，
表面涂EP
石膏板 T12.5，
表面涂 EP
WD
10
1,800
X5
X3
Y6
Y8
228
1
2
便器排水心
500
980
2,050
1,100
780
580

1 换气扇的位置由中心线决定

放入换气扇
228mm

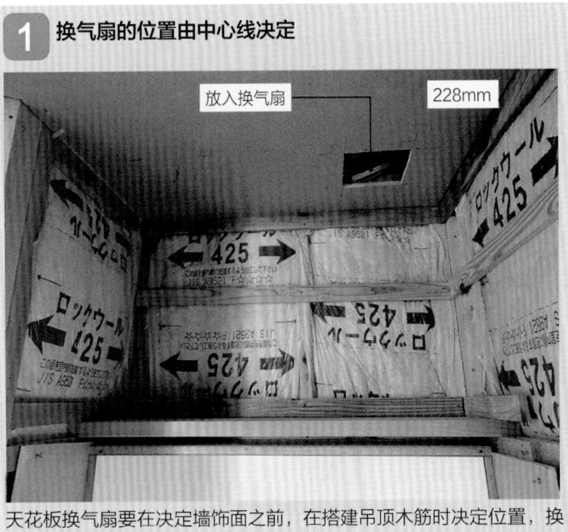

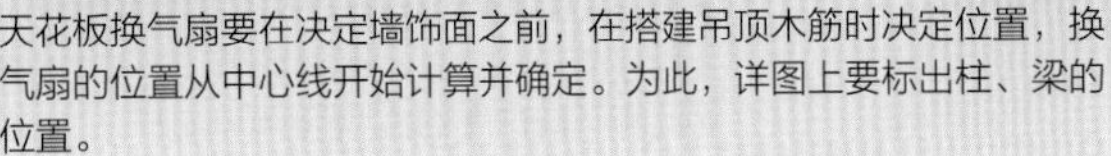

天花板换气扇要在决定墙饰面之前，在搭建吊顶木筋时决定位置，换气扇的位置从中心线开始计算并确定。为此，详图上要标出柱、梁的位置。

2 决定排水管的位置

200（距墙饰面）
冷水管
污水管
500（距从中心线）

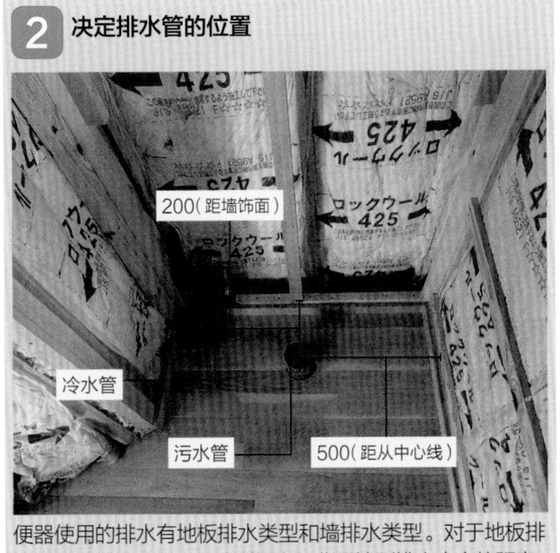

便器使用的排水有地板排水类型和墙排水类型。对于地板排水类型的话，不同产品分别规定了背面墙到排水中心的距离，按照规格书的要求决定排水中心的位置。大部分是距墙饰面200㎜。

平面详图[S=1:25]（原图[S=1:20]）

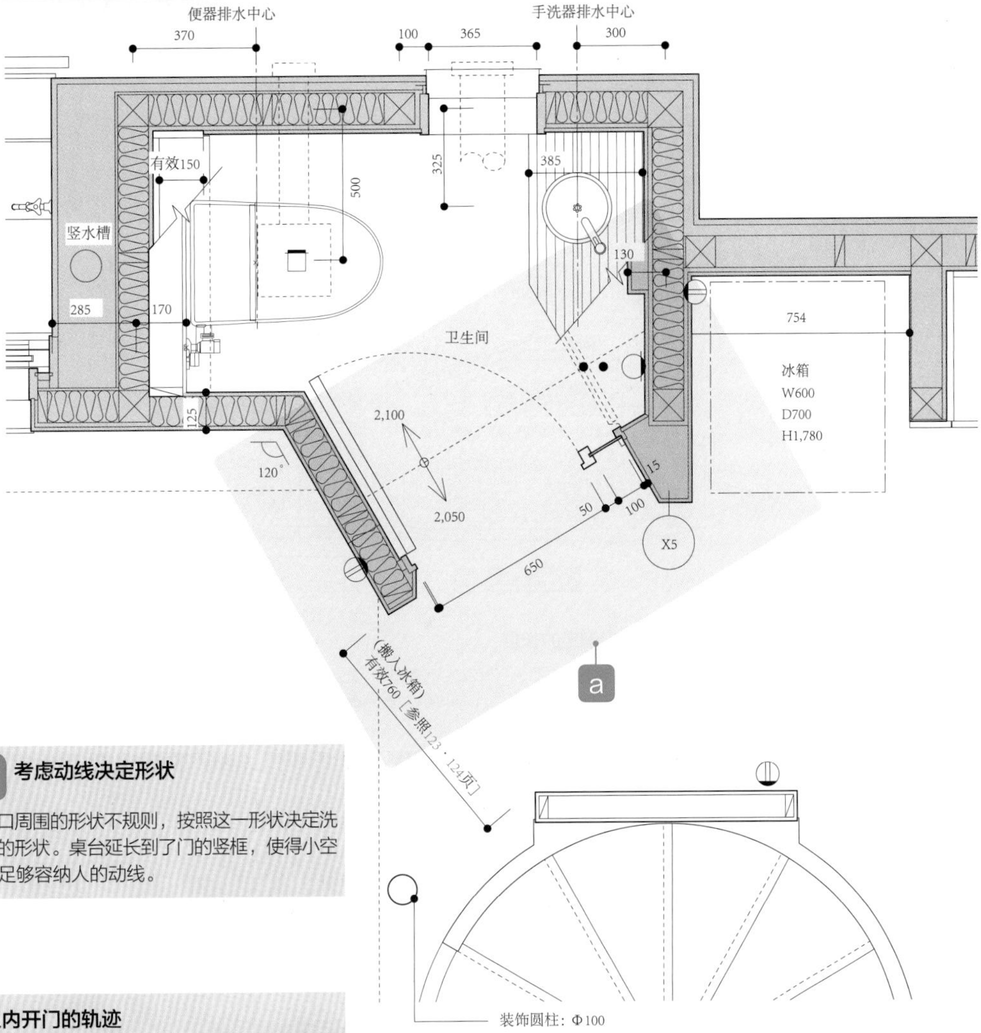

便器排水中心
手洗器排水中心
370
100
365
300
有效150
500
325
385
竖水槽
285
170
130
卫生间
754
冰箱
W600
D700
H1,780
125
2,100
120°
2,050
50
100
15
X5
650
（搬入冰箱）
有效760［参照123・124页］
a
装饰圆柱：Φ100

a 考虑动线决定形状

出入口周围的形状不规则，按照这一形状决定洗手台的形状。桌台延长到了门的竖框，使得小空间也足够容纳人的动线。

确认内开门的轨迹

内开门
剩余空间

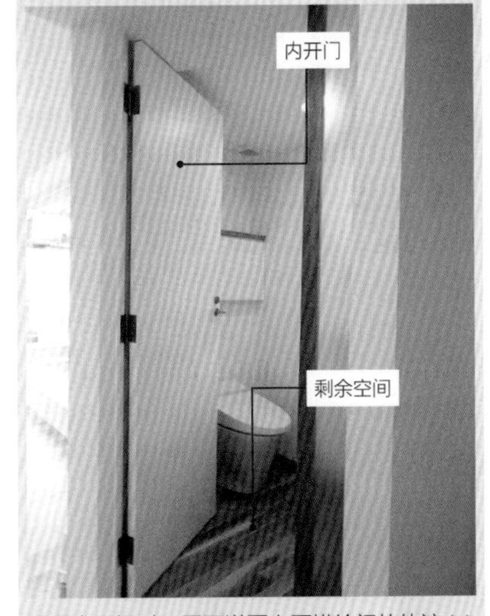

采用内开门时，平面详图上要描绘门的轨迹（虚线），一定要确认在使用时会不会出现问题。

考虑维修方便采用 P 型管

遥控器
毛巾挂杆
厕纸盒
P型管

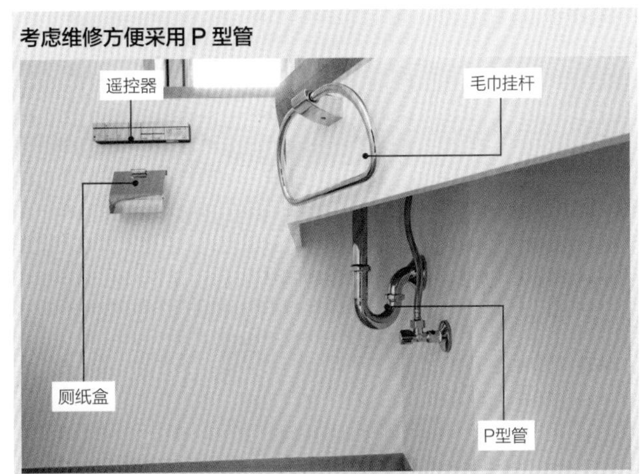

对于洗手台的配水管看得到的情况，笔者没有采用S型管而采用了P型管。为此，桌台下面的墙需要加厚。如果采用S型管，穿过地板的管道周围难以清理，周围会越来越脏。

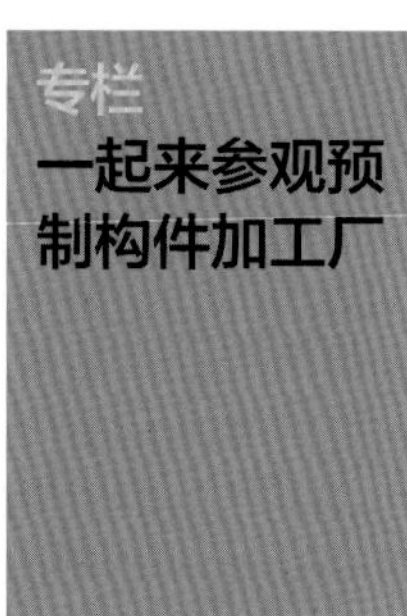

绘制结构图的基础知识

在预制构件工厂加工木材所需的预制构件图的绘制，大致分为以下两种情况。

以建筑设计师或结构设计师绘制的结构图为基础，预制构件厂家绘制预制构件图[参照94～109页]；②预制构件公司直接查看建筑设计图绘制预制构件图。

无论是哪种加工情况，是可以用机器加工的接头或榫接，还是需要手工加工的，都需要用预制构件图对特别标注事项进行确认，然后才能批准预制构件图［参照94～105页］。

本次我们在日本最大的预制构件工厂POLUS-TEC 坂东工厂（茨城县）的配合下，对加工流程、如何应对设计上的加工要求进行了采访。在图纸上需要对预制构件加工做出指示时可以参考。［编辑部］

预制构件加工厂（坂东工厂）概要

POLUS-TEC是月产量10万坪以上的预制构件加工厂。今天，我们来到了其主要工厂的坂东工厂，对专门为木制房屋的预加工技术区进行了采访。

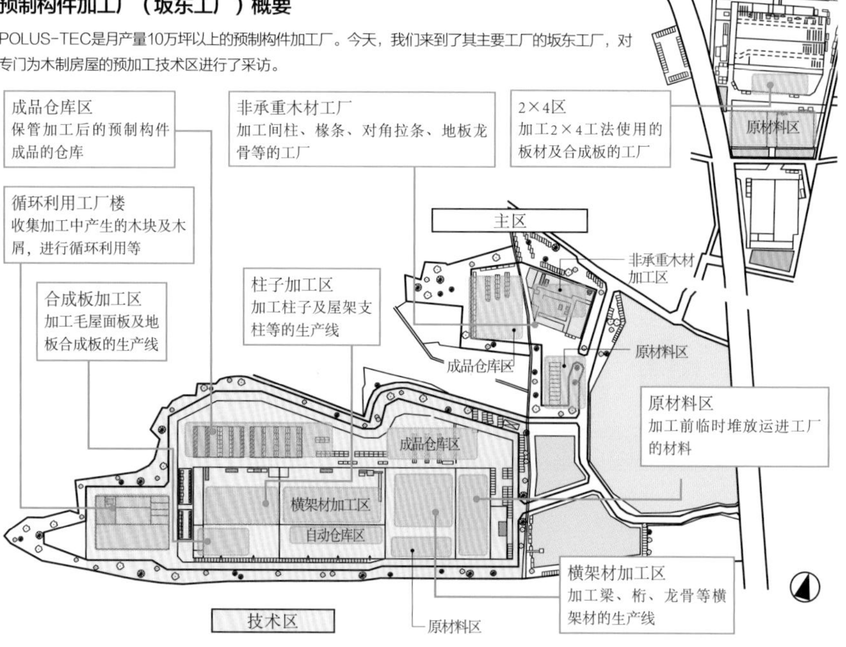

STEP1 将木材切割为指定的长度

从原材料堆放区选出来的木材被放到传送带自动运输系统上，先被切割为指定的长度。将CAD图预制构件图中指定的长度信息变换为工作机器使用的CAM数据后开始切割。一般流通的木材最长6m，只要指定的木材不超过这一长度，成本都不会增加。

①原材料堆放区

②放置梁、桁木材最长6 m的自动仓库。用全自动机器将木材运至预制构件加工机。加工得最多的是不足4 m的构件

③将木材左右夹住，上面固定好，自动确认木材尺寸。如果没有异常则开始切割

STEP2 在木材上打印号码

将木材切割为指定长度后，为各个木材编号。这是为了将木材准确地安装到CAD图中指定的中心位置。需要注意的是，如果是明柱或外露梁，无法看到木材上面打印的号码。若遇到这种情况，在制作结构图或针对预制构件开会时，要指定"无字"，使得最终构件的上面看不到打印的号码［参照64-65页］。具体做法是先打印，然后在抛光时消除。

①通过打号机的横架材。木材两侧被固定，从木材下方喷涂文字。根据不同用途喷涂两种颜色

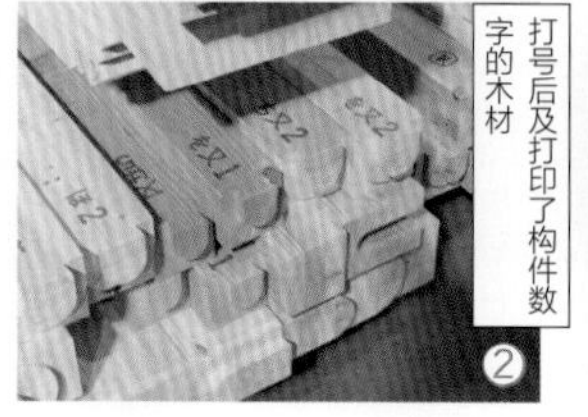
②打号后及打印了构件数字的木材

③装饰梁、装饰椽条施工后的效果。设计师与预制构件厂家开会时指定无字［参照81页］

横加工机可以做到

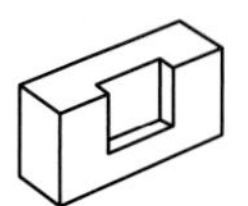

雕刻龙骨托梁、雕刻水平角撑
垂直相交的横架材（梁、龙骨）相连的榫接

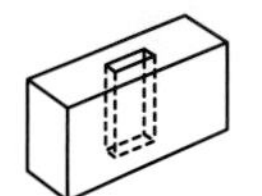

榫眼
将柱子插入横架材时的孔

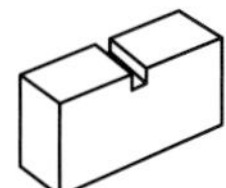

间柱缺口
将间柱安装在横架材时的缺口

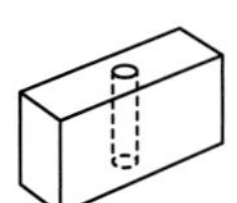

螺栓孔
固定用金属件、带眼螺栓等穿过横架材时的眼孔

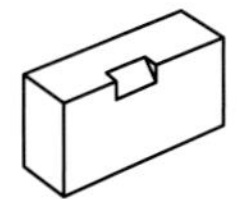

椽条缺口
椽条插入木屋屋顶梁用的缺口

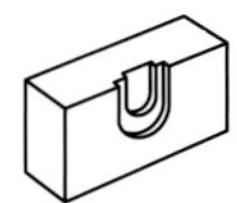

燕尾榫
横架材的榫接。与大燕尾榫缺口相比横截面的缺口较浅

横加工机可以加工的

下列情况需要特殊加工机加工或人工加工

① 木材过短
木材如果过短，会从运送机器及传送带上掉下。而且难以用机器夹住木材固定。

② 木材过长
超过6m的木材，无法放到运送机器及传送带上。

③ 加工或切削的凸凹太大
凸凹部分容易在运送机器及传送带上挂住。

④ 超出机器的可动范围
机器的可动范围是有限制的（为了避免机器之间的接触）。超过可动范围的榫接不能用横加工机加工。

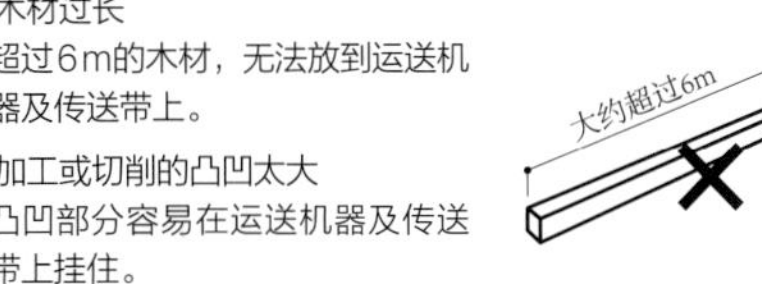

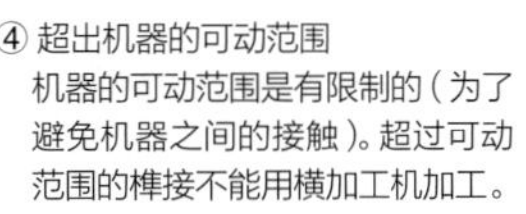

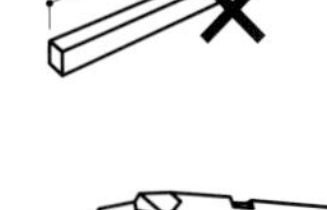

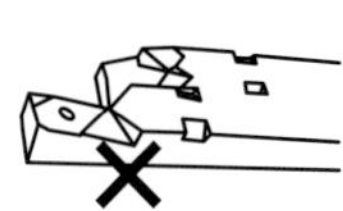

竖加工机可以做的接合部

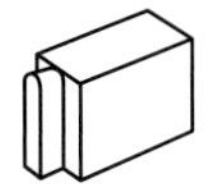

1段榫眼
将柱子插入横架材时的榫眼。榫眼的宽度不到木材宽度的1/2

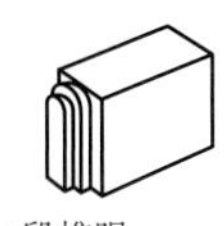

2段榫眼
将榫眼做成楼梯状，可以提高接合力

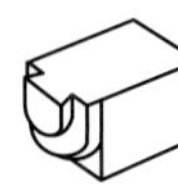

燕尾榫
燕尾榫的凸榫侧

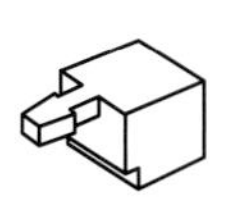

卡榫加工
（凸榫侧）
用在龙骨上，卡在下层的木材上

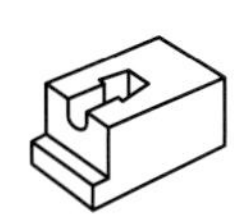

卡榫加工
（卯眼侧）
接住上层的木材

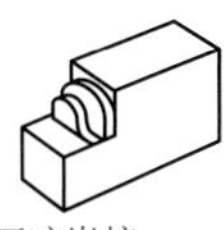

互咬嵌接
横截面缺口较少的榫接。多用在担心根部发生弯曲或变形的单侧固定梁的截面加工上

STEP3 加工接合部的榫接侧面

对打号印字后的木材进行榫接加工，侧面与上下面的加工及横截面的加工分别要用到不同的机器。首先，加工侧面与上下面的机器称为横加工机。横架材，如椽条、间柱、水平角撑、地板龙骨等的缺口加工，燕尾榫、柱子的榫眼加工等都要用横加工机加工。椽条缺口通常是将梁多出来的部分对着椽条的尺寸稍微切一个口，但如果是较缓坡度的屋顶，椽条压到梁中安装时，有时会因为梁高、材料长度、角度等条件，使得横加工机无法应对，因此也会出现利用特殊加工机或人工加工的情况［参照89页］。

① 横加工机可以加工的主要榫接

② 加工横架材的横加工机。技术区的横架材加工区生产线上有6台

⑤ 普通榫接的大燕尾榫（横架材的上下）与柱子的榫眼（中央）。除进行椽条加工及燕尾榫加工

④ 在梁上安装的间柱的缺口加工预制构件图中作为特别标注事项记入［参照96・97页］通常是455㎜的间隔。螺栓孔也用横加工机打孔

⑤ 将椽条架到桁梁上的椽条缺口

STEP4 加工接合部位的榫接（竖向）

卡榫接头及燕尾榫接头等木材横截面上的榫接用竖加工机加工。将木材在水平方向固定后，用横加工机加工成任意形状。榫眼位置不在中心的靠接榫眼，竖加工机无法应对。需要用到特殊加工机［参照88页］

① 竖加工机可以加工的横架材的榫接

② 横架材的横截面对准刀具方向固定

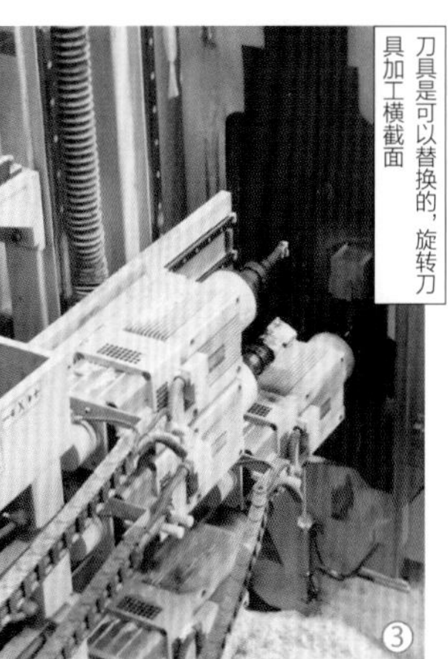

③ 刀具是可以替换的，旋转刀具加工横截面

竖加工机不能加工的情况

①木材过短
与横架加工机同样的道理，过短的木材竖加工机也无法应对。

②配备刀具以外的加工形状
竖加工机上配备有各种形状的刀具，机器自动选择使用哪种刀具，但有的形状无法应对。要根据刀具的种类选择形状，这样话加工的范围可以宽很多。

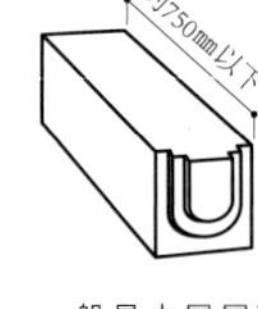

一般是木屋屋顶梁等

③超过机器的可动范围
与横加工机一样机器的可动范围有限制。

④做不到带角度的加工
刀具只对木材横截面进行平行加工，因此带角度的加工很难做好（角度太小或太大时都特别困难）。斜横截面要加工燕尾榫接等时，一般送往特殊加工机。

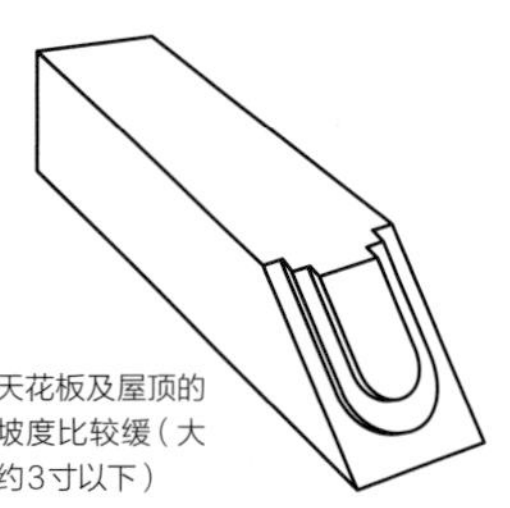
天花板及屋顶的坡度比较缓（大约3寸以下）

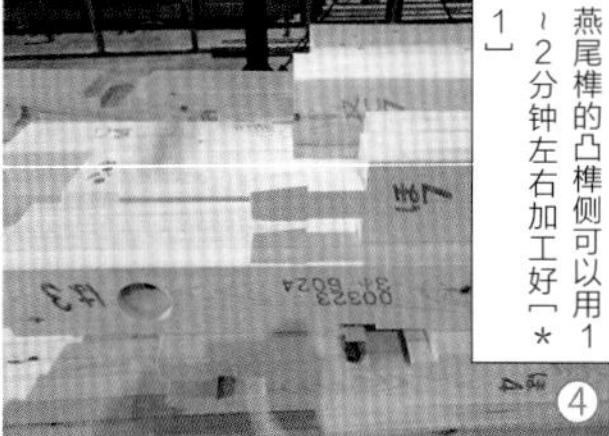
燕尾榫的凸榫侧可以用1~2分钟左右加工好［*1］ ④

屋架支柱的凸榫侧 ⑤

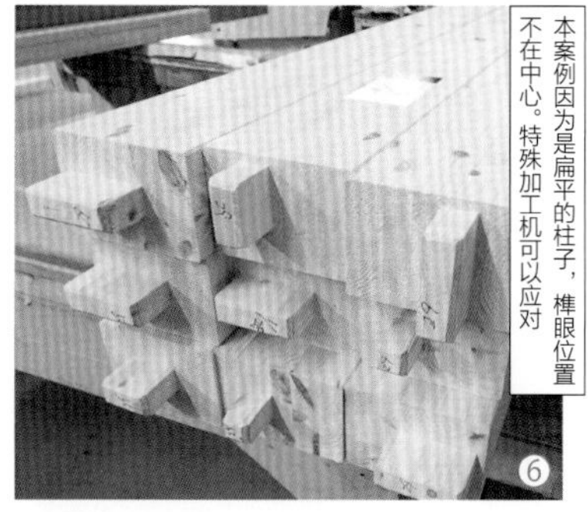
本案例因为是扁平的柱子，榫眼位置不在中心。特殊加工机可以应对 ⑥

特殊加工机加工例

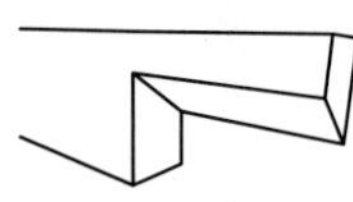
山墙瓦切削加工
将有高度的房檐桁或主楼等的前端（山墙瓦部分）切掉一部分，用来安装封檐板

斜面加工（通常的坡度）
用在斜梁的接合部。一般10寸以下的坡度可以进行加工

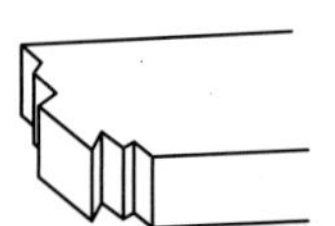
斜面加工（通常的坡度）
一般大约30°以上的坡度可以进行加工

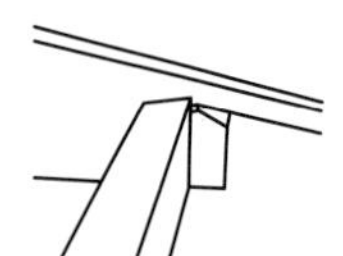
角木梁加工（通常的坡度）
方形屋顶等伸出来的部分使用的角木与房檐桁等接合使用的榫接

STEP5 带角度的收头或复杂收头采用特殊加工机加工

如果设计性太强，榫接的形状较为复杂，通常的加工机难以应对，要使用特殊加工机加工，比如斜梁等。机器内置很多刀具，每加工一处，都可自动选择最合适的刀具。特殊加工机虽然根据不同型号有不同的限制，但通常针对宽90～150mm、高90～450mm、长750～6,400mm的木材都可以加工。但是因为增加了许多复杂的动作，与普通加工机相比加工时间较长。

特殊加工机。与普通加工机放在不同的地方 ①

正在加工斜梁的榫接凸（榫侧）时的情形。按照程序中的角度进行斜切 ②

人工加工例

按照坡度切割进行的加工

对放不进机器里的大木材进行的加工

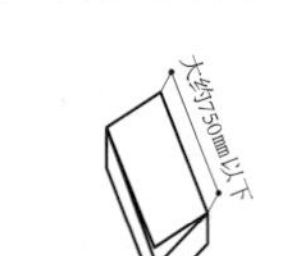

对过短的斜木材进行的加工

太鼓梁［*2］的加工

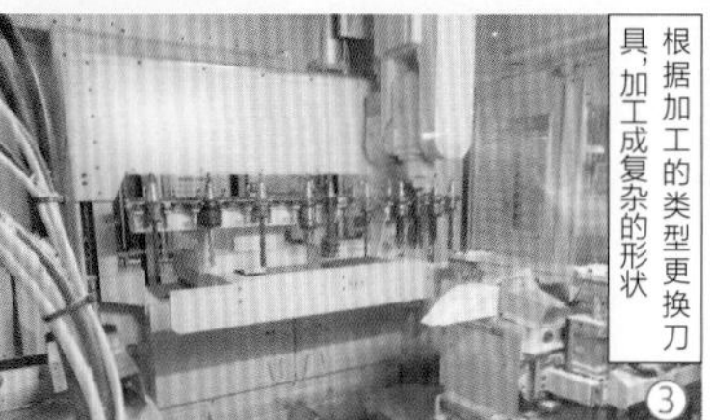
根据加工的类型更换刀具，加工成复杂的形状 ③

加工后的斜梁。做成了横截面缺口较少的榫接 ④

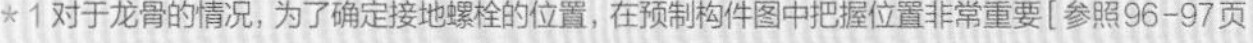
*1 对于龙骨的情况，为了确定接地螺栓的位置，在预制构件图中把握位置非常重要［参照96-97页］
*2 太鼓梁指的是梁的上下做成太鼓形状的梁。将圆木的两面切成直线制作而成

如何把装饰梁安装得美观

木工加工机将接合部切割成四角形时，由于机器本身的缘故，角落部分会产生凹陷。此时，工厂的工匠会用刻刀等整合为直角（矩形）。设计方案中采用接合部的缝隙不外露的装饰梁时，这一点特别重要，不要忘记在图纸上（结构图及预制构件图）指示要用人工加工。

〈木工加工机加工的问题〉

木工加工机的局限

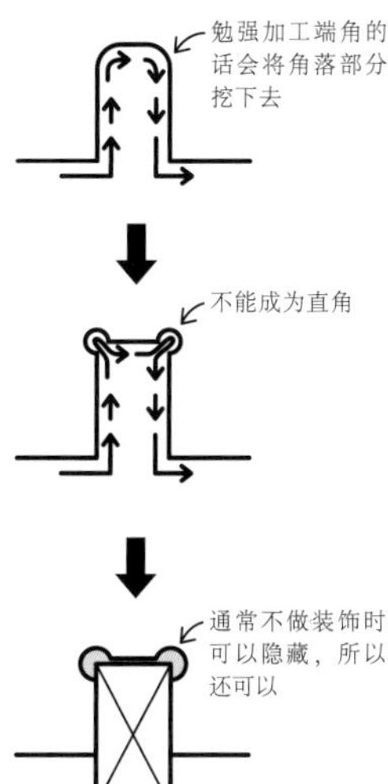

勉强加工端角的话会将角落部分挖下去
不能成为直角
通常不做装饰时可以隐藏，所以还可以

角落间的缝隙

柱子与地板（承重合成板）的接合部。角落部分留有木工加工的痕迹

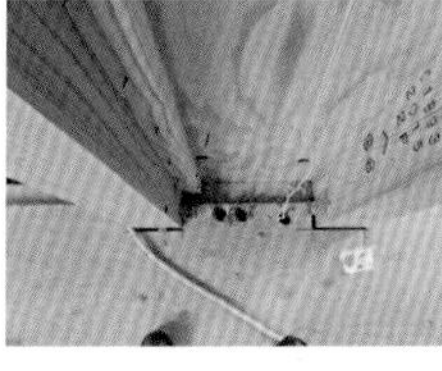

现场切割地板时，可以加工成直角

〈角落部分用人工加工的话，榫接看上去比较美观〉

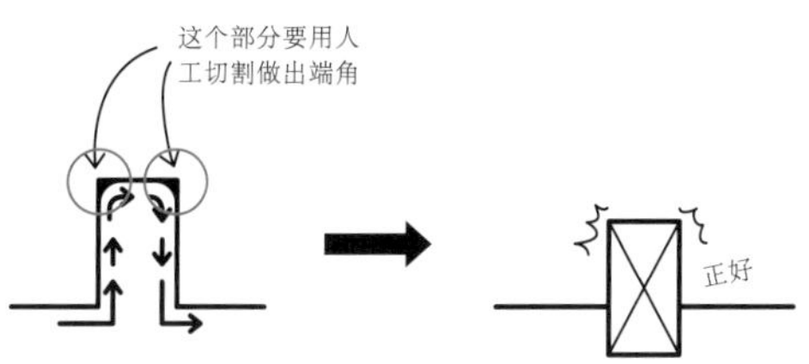

这个部分要用人工切割做出端角
正好

指定采用人工加工则榫接变为直角，装饰梁的接合看上去比较漂亮

STEP6 人工加工

不是所有加工都是自动完成的，最后还是需要工匠通过手工完成。木工加工机由于机器本身的原因，会将圆弧状的四角切成四方角。同时，屋架支柱等木材长度只有几百毫米，不是人工加，基本做不到。有些木材太长，机器搬运及固定位置都较为困难，很难进行正确的加工

①指示人工加工

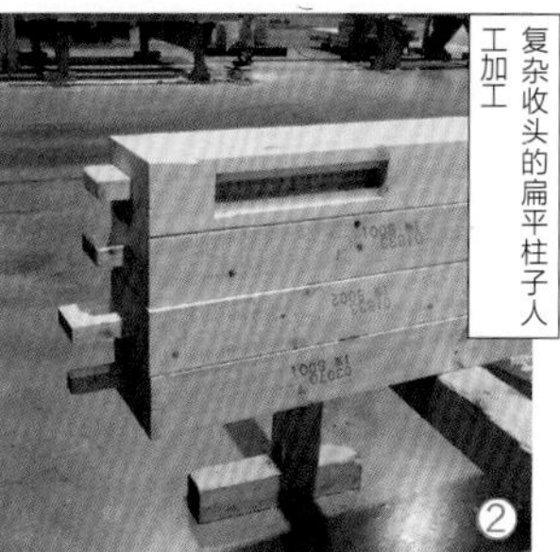

②复杂收头的扁平柱子人工加工

③工匠采用刨子或刻刀加工

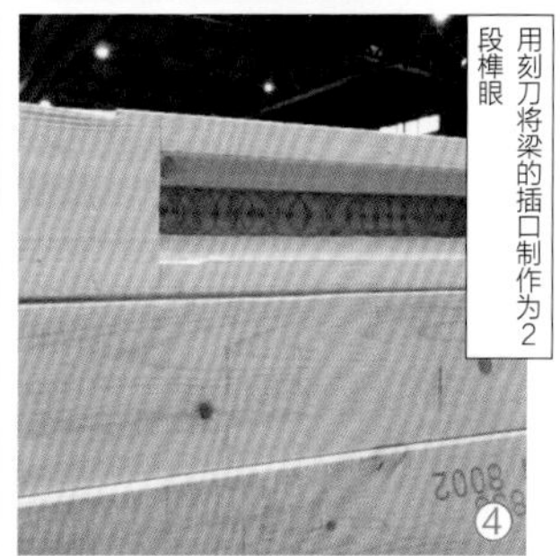

④用刻刀将梁的插口制作为2段榫眼

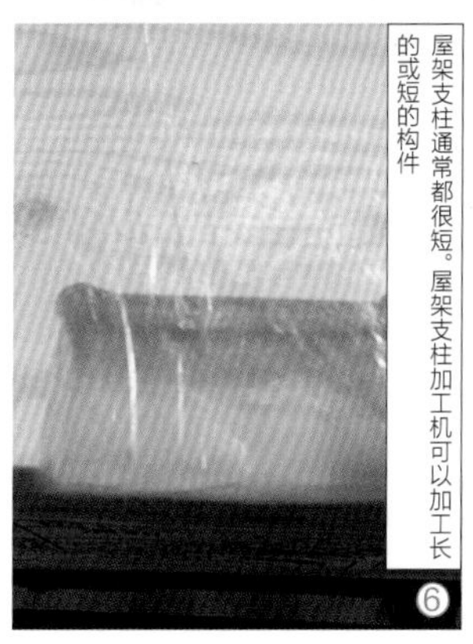

⑥屋架支柱通常都很短。屋架支柱加工机可以加工长的或短的构件

⑤榫接是矩形时，像左图那样将木工加工机加工出来的圆角切掉

STEP7 发货的预制构件成品应分层、分部位放在一起

加工后的预制构件成品，经过质量检验和尺寸的确认后，二楼的柱子、梁、地板等按照一定的规则分组打包，放入成品仓库保管。为了迅速处理大量的预制构件成品，打包的成品都用条形码管理，并分别被运到建筑现场

①成品仓库。预制构件成品分成横架材及柱子等不同部位进行打包，等待发货

8-22
G08-02234
中原区下小田中4丁目1号棟

②用条形码管理的成品。为避免出错，发货时要扫条形码，然后再运往施工现场

③运到现场的预制构件成品。预制构件工厂管理日程，使各构件在指定的时间送到现场。现场根据图纸及编号进行组装

采访及摄影协助　POLUS-TEC 技术区 TEL0297-35-7100

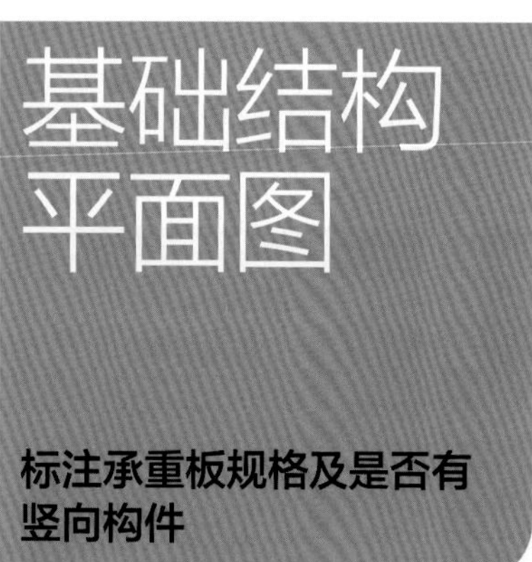

基础结构平面图
标注承重板规格及是否有竖向构件

基础结构平面图（板式基础）是注明承重板的配筋规格及水泥浇筑水平、浇筑范围等的图纸。

绘制图纸的要点在于小梁的布局。被基础外周与小梁划分的承重板，因“短边方向楼板间隔”的内法尺寸不同，承重板的配筋规格也会不同，这在住宅保证机构的标准中也有详细规定（注意规定因外装材料的重量及地区的不同而不同）。正确标注基础竖向构件的宽度或高度等尺寸虽然也很重要，玄关、车库、人走的通道门口等需要竖向构件的开间尺寸也要在基础结构平面图上准确标注。［关本龙太］

基础结构平面图［S=1:60］（原图［S=1:50］）

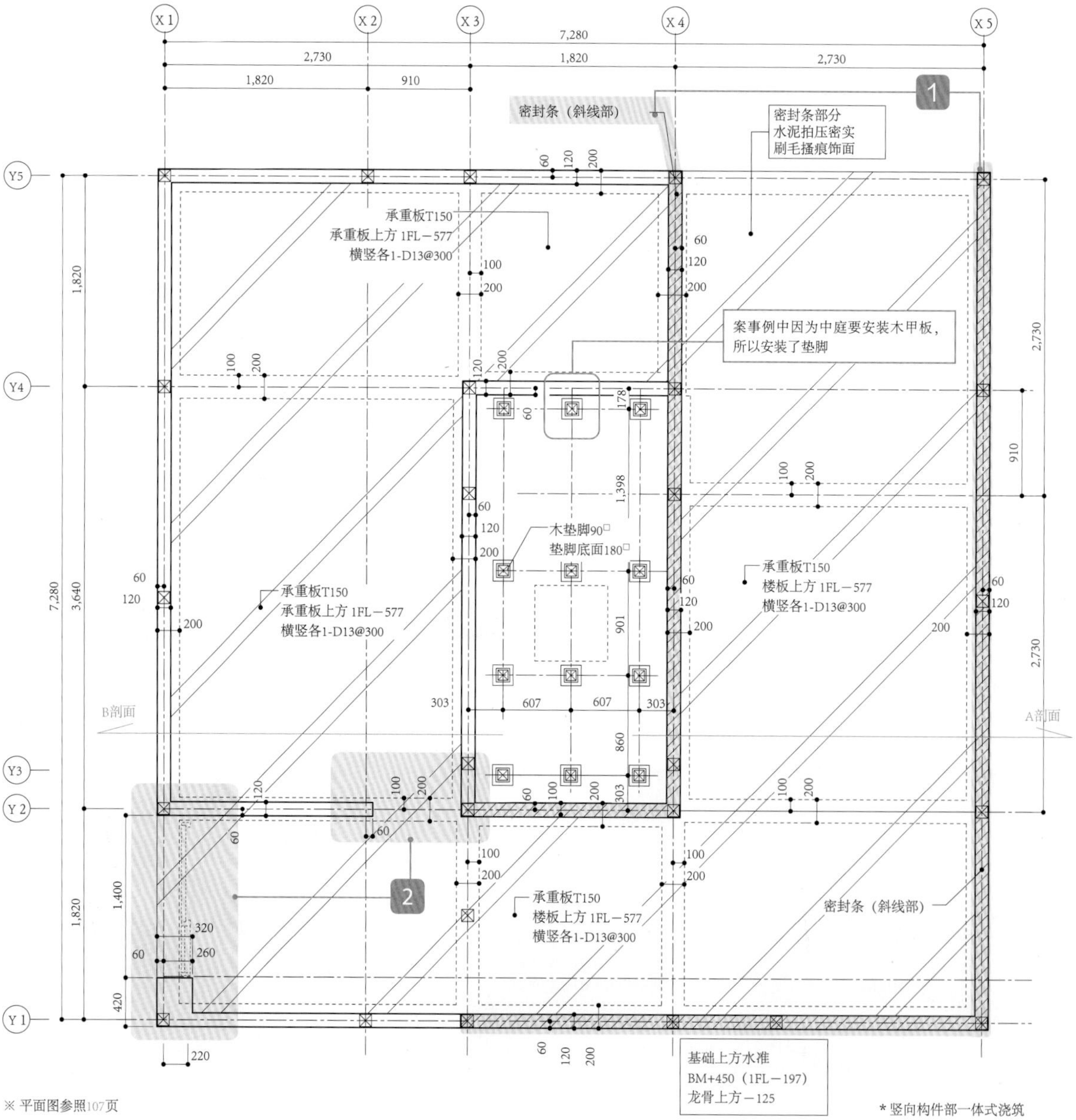

X1　X2　X3　X4　X5
7,280
2,730　1,820　2,730
1,820　910
Y5　Y4　Y3　Y2　Y1
1

密封条（斜线部）

密封条部分
水泥拍压密实
刷毛搔痕饰面

承重板T150
承重板上方 1FL－577
横竖各1-D13@300

案事例中因为中庭要安装木甲板，所以安装了垫脚

木垫脚90□
垫脚底面180□

承重板T150
承重板上方 1FL－577
横竖各1-D13@300

承重板T150
楼板上方 1FL－577
横竖各1-D13@300

承重板T150
楼板上方 1FL－577
横竖各1-D13@300

B剖面　A剖面

2

密封条（斜线部）

基础上方水准
BM+450（1FL－197）
龙骨上方－125

※ 平面图参照107页

＊竖向构件部一体式浇筑

1 明确标注密封条施工部分

承重板用作室内用途时（本案例中是工作室），竖向构件水平下方有室内地板，所以其中一部分不是通风，而是密封条，在基础结构平面图上也标明这一点。

注意承重板的大小

承重板的一边在4m以上时就要注意结构计算中需要计算配筋量。本案例中是以柱子中心线为标准，将每块承重板的大小设置在4m以下，以统一的配筋规格使得基础成立。承重板之间写的尺寸（200㎜）仅限于地中梁的厚度。

竣工

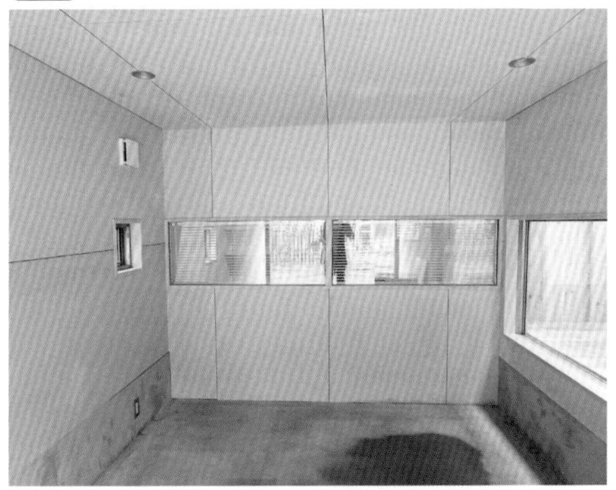

从车库看工作室。按坐在桌前时的视线高度设计了窗户。

板式基础配筋表

荷重	短边方向楼板间隔（m）	楼板厚度（㎜）	短边及长边方向楼板的配筋（㎜）
重型住宅	3.0以下	150	D13@250【单】
	3.0以上,小于等于4.0	150	D13@150【单】
	4.0以上,小于等于5.0	200	D13@150【双】
轻型住宅	小于等于3.0	150	D13@250【单】
	3.0以上,小于等于4.0	150	D13@200【单】
	4.0以上,小于等于5.0	200	D13@250【双】

因外装饰面的不同而不同。采用金属屋顶、外墙板时为轻型住宅

因分割的短边方向楼板间隔不同，承重板的配筋规格不同

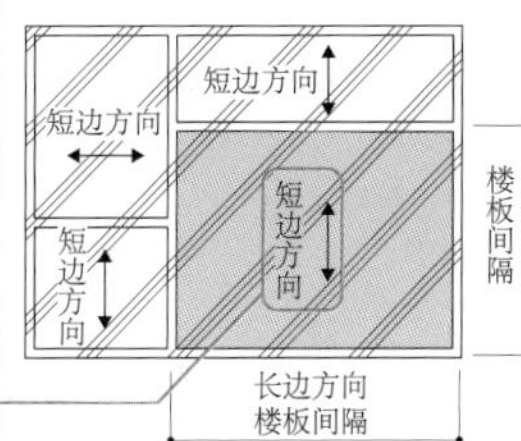

2 不需要竖向构件的部分明确标注位置和尺寸

标注不需要使用竖向构件的玄关开间的有效尺寸。如果没有标注，可能造成玄关门框与基础之间互相干扰，或是出现大缝隙的情况，事后调整比较困难。同样，凡是人穿过的通口等竖向构件不需要的部分也要进行标注。

上升高度设置为120㎜，消除室内墙的高低差

基础的上升高度通常是150㎜，但如果按照这个尺寸，基础的中心就要偏向室内一侧。本案例中，水泥的上升高度是考虑了车库及工作室的墙面要到看得到的位置，这个尺寸的话，室内墙会差生高低差。因此，为了让基础上升的线与室内地板面对齐，采用了120㎜的厚度。基础上升部分设置为120㎜时，要注意遮盖上升部分的厚度不要太薄。特别是两处上升部分平行的地方，厚度很有可能不够，要告知施工现场最少要采用T40㎜。

基础
剖面图
传达竖向构件的浇筑方法
及管道的接合

笔者经常将4号建筑物（木制二楼独立住宅）的基础剖面图同时作为外墙剖面详图［*］。基础的打桩深度及竖向构件的高度宽度等，凡是与基础相关的详细规格都在外墙剖面详图中绘制。基础结构平面图中标注了承重板的配筋规格，本图中主要记录的是地中梁（外周部、小梁）的竖剖面的配筋规格。另外，本案例中的基础上升部分及承重板在车库和工作室里都是外露的。除基础配筋及厚度等尺寸外，水泥的饰面方法以及与工作室的地面水平的位置关系等，许多与设计外观相关的要点都做出了适当的指示，以引起施工方的注意。［关本龙太］

基础剖面详图［S=1:30］（原图［S=1:40］）

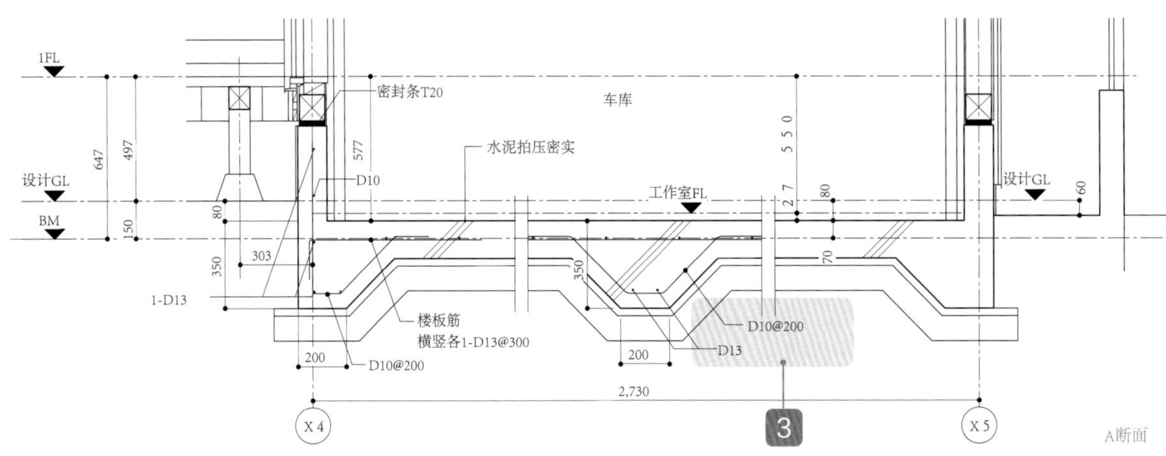

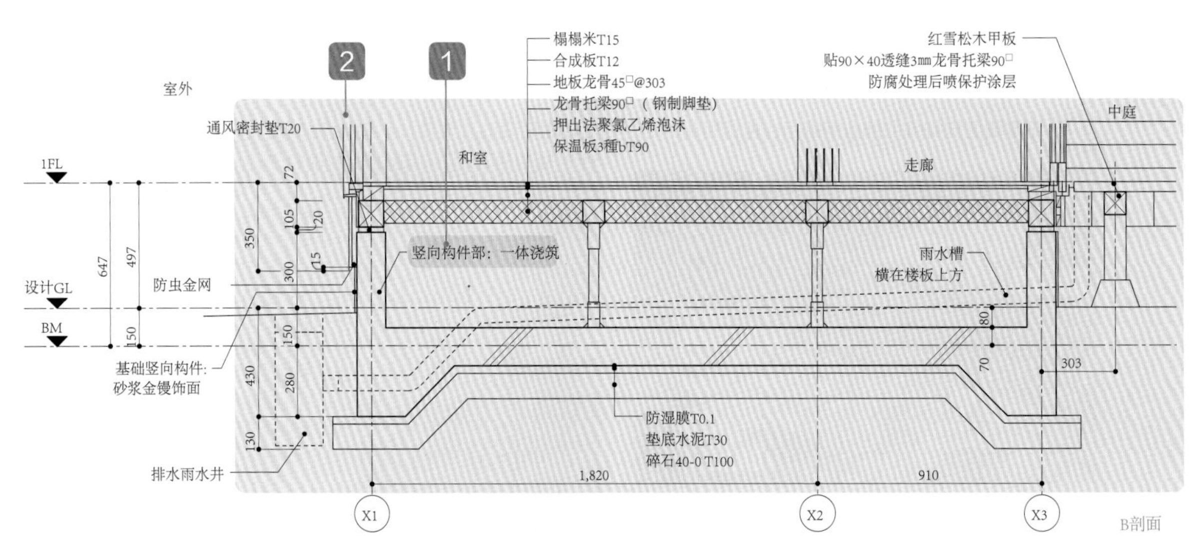

1 承重板比设计的地面水平低的时候，承重板与竖向构件进行一体浇筑

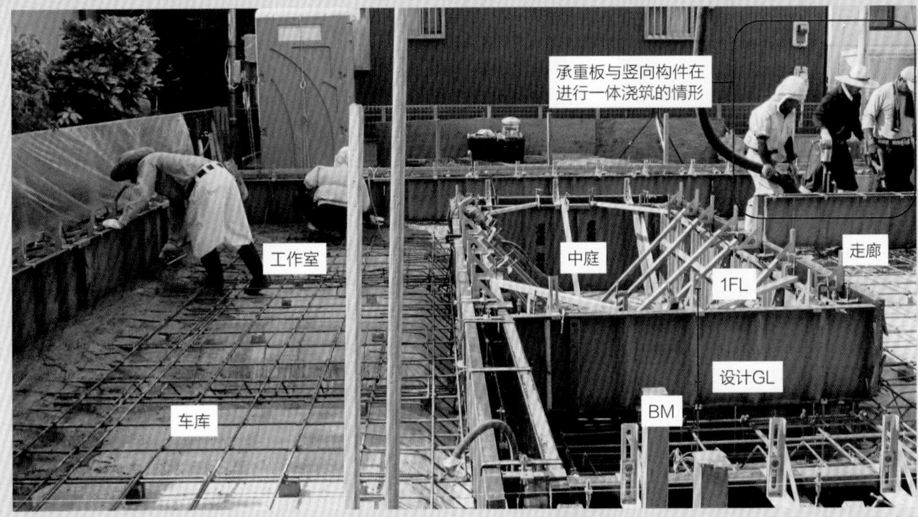

通常，承重板与竖向构件的浇筑是分别进行的，但如果承重板比设计GL低，竖向构件的接合部分有可能发生渗水，所以在图上标注了竖向构件与承重板需要一体浇筑的指示（300+150=450是从BM开始的高度）。虽然也有不进行一体浇筑的方法，但竖向构件的接合部分需要进行防水处理。

2 图示承重板上绕来绕去的排水管

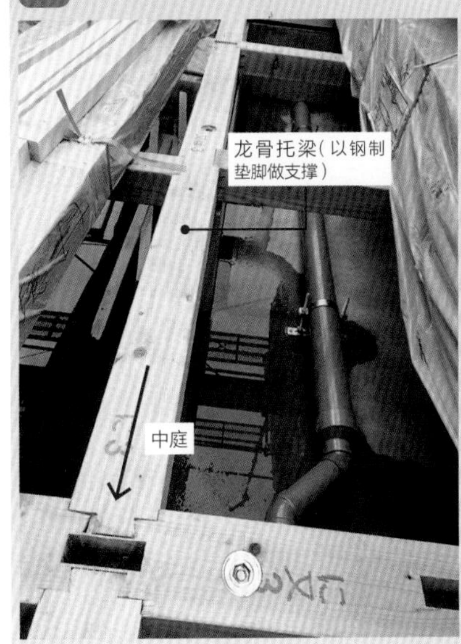

将空调的排水接到竖雨水槽[参照122页]

本案例中在中庭布局了竖雨水槽，为了防止中庭里溢满雨水，雨水要穿过地基从地板下被引到外面。

3 配筋与设备管道应避免互相干扰

基础竖向构件附近，要注意避免与穿过竖向构件的设备管道之间互相干扰。

龙骨结构平面图

[1层地板]

注意接头与接地螺栓位置

龙骨结构平面图主要用于表现龙骨、柱与承重墙的布局，以及地板与龙骨的架接方式。一楼地板结构平面图有时需要另外绘制，但龙骨结构平面图同时兼做地板结构平面图的情况比较多。龙骨的接头位置，在绘制结构平面图的时候无法决定，在预制构件图中确认，看下接地螺栓的位置有无接头。

另外，加固金属件的规格与安装位置、地板龙骨的有无、判别是否需要做装饰柱、背面楔形开口的位置等的确认，都要在批准预制构件图前进行。本案例中，因为设计了组入式车库，地板水平会有变化，这是要注意的地方之一。[关本龙太]

龙骨结构平面图[S=1:60](原图[S=1:50])

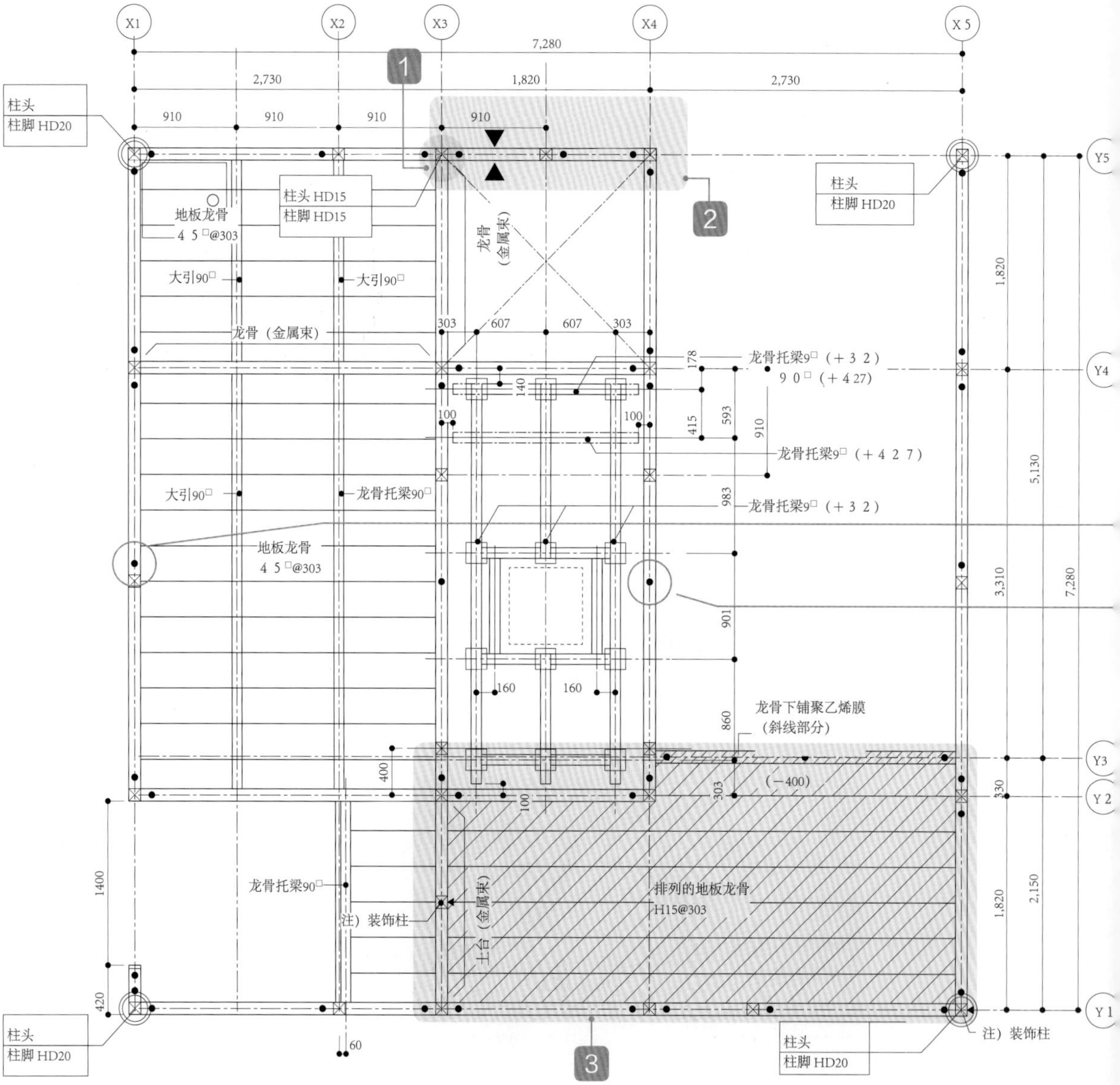

X1 X2 X3 X4 X5
7,280
2,730 1,820 2,730
910 910 910 910
1
2
3
柱头
柱脚 HD20
柱头 HD15
柱脚 HD15
地板龙骨
4 5□@303
大引90□
龙骨（金属束）
303 607 607 303
龙骨托梁9□（+ 3 2）
9 0□（+ 4 27）
龙骨托梁9□（+ 4 2 7）
龙骨托梁9□（+ 3 2）
龙骨托梁90□
100 140 178 415 593 910 983 901 860 160 160 400 100 303 330
龙骨下铺聚乙烯膜
（斜线部分）
（−400）
排列的地板龙骨
H15@303
土台（金属束）
注）装饰柱
1400 420 60
1,820 5,130 3,310 7,280 1,820 2,150
Y5 Y4 Y3 Y2 Y1

1 加固金属件的规格按照法规决定

加固金属件的规格是根据平12建告1460号第2号决定的，利用选择金属件的计算公式计算了部分柱子接合金属件的N值。这里是柱头与柱脚都采用了15kN的加固金属件。

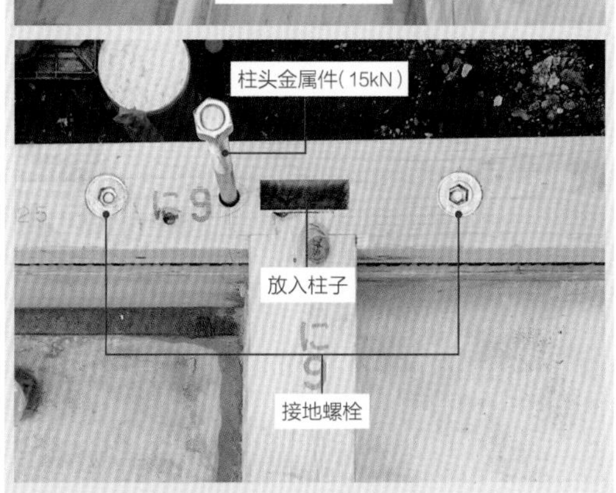

2 承重墙需要制作为明柱墙时应另行指示

承重墙制作为明柱墙，因此室内的墙饰面是统一的平面，没有凹凸

贴两面承重合成板

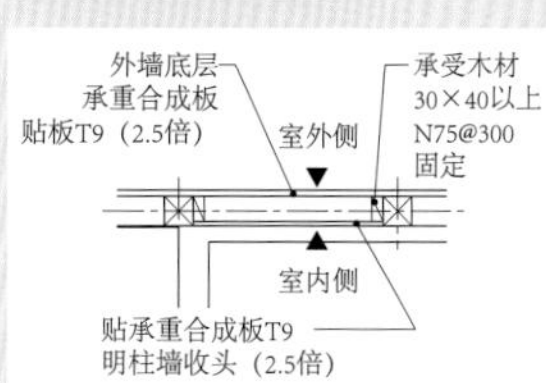

承重墙通常制作为暗柱墙，但为了让室内一侧的墙面为平面，部分承重墙制作为了明柱墙。此时该处的收头要绘制在龙骨结构平面图上，以避免现场施工时弄错。本案例中，将浴室的墙两面贴了承重合成板（墙比例5），内墙为了消除墙饰面面的凹凸，采用了明柱墙。

制作为有地板龙骨的地板下可以形成接线空间

地板龙骨的高度是45mm，龙骨上方多出了空间，可以非常轻松地在里面拉电气接线

预制构件图中，若卯眼侧木材是接地螺栓的位置，将其挪到凸榫侧的木材上

应确认龙骨结构平面图上标注的接地螺栓在预制构件图中都是在凸榫侧

<如无特别标注>
梁：105□
柱：105□
通柱
下层柱子
▼ 标注背面楔形开口的位置
尺寸 标注尺寸
接地螺栓
螺栓上方制作为平的
HD15 固定金属件15kN•公文（与）或固定金属板15kN
HD20 固定金属件20kN•公文（与）或固定金属板20kN
承重面材［※］
墙：承重合成板T9
（周围部分N50@100，其他部分@200）
或固定金属板20kN

3 底台与地板龙骨的水平需要下沉时应清晰明确地指示

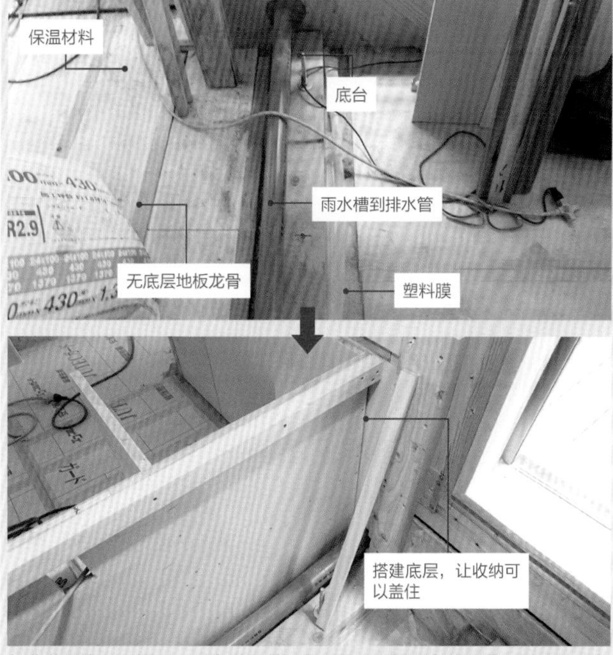

部分龙骨水平下沉时，要在龙骨结构平面图和龙骨预制构件图上明确标注龙骨上方到下沉的位置。这次是下沉了400mm，在承重板上放上了龙骨。此时为了不让龙骨部分吸收承重板的湿气，龙骨与承重板之间放了一层塑料膜。这一指示写在龙骨结构平面图上。同样，地板龙骨的水平也下沉，排列地板龙骨时，要在龙骨结构平面图上标注其范围。

龙骨预制构件图［S=1:60］（原图［S=1:50］）

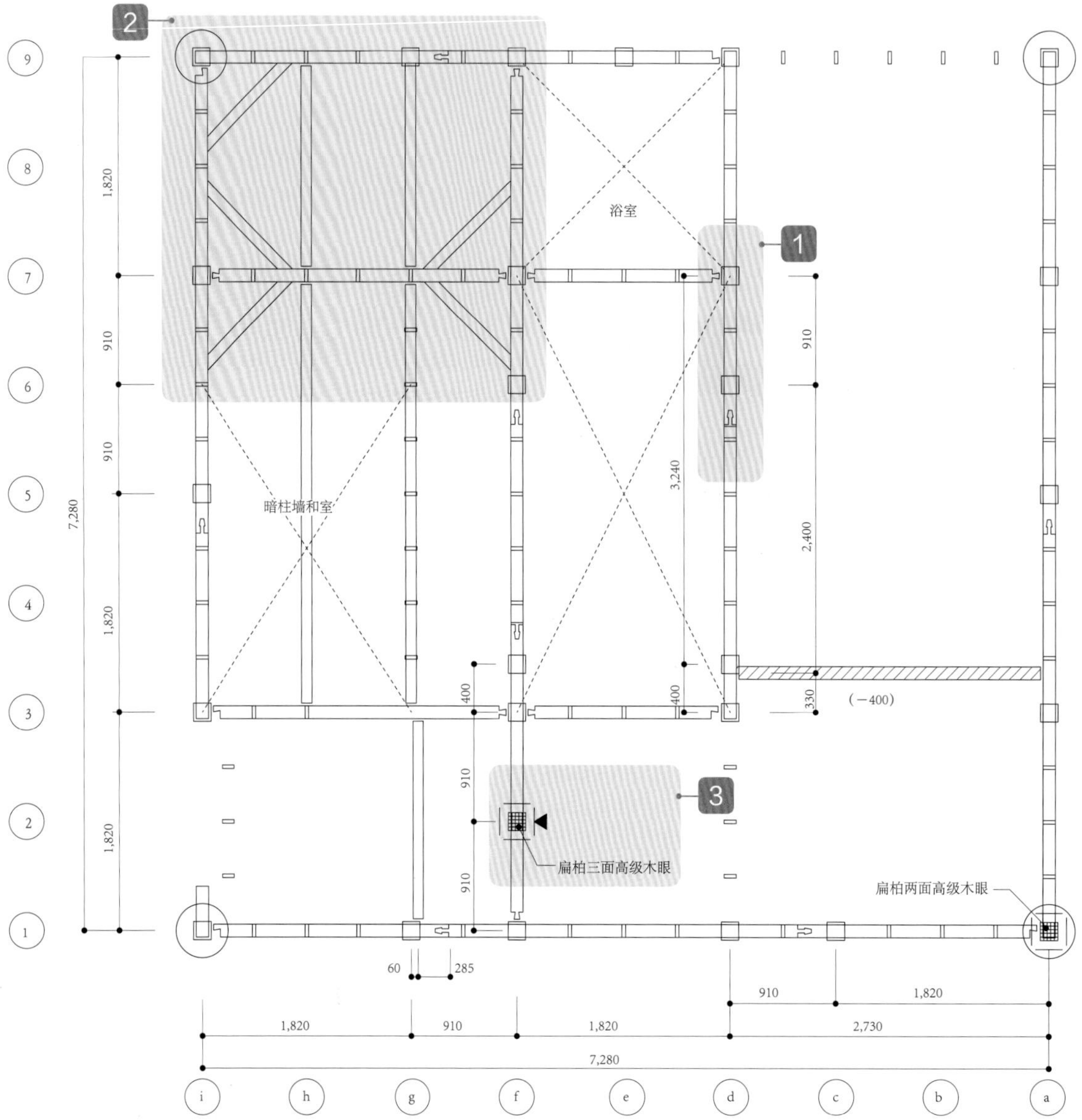

浴室

暗柱墙和室

扁柏三面高级木眼

扁柏两面高级木眼

1 2 3

9 8 7 6 5 4 3 2 1

i h g f e d c b a

7,280 1,820 910 910 1,820 1,820

910 2,400 330 3,240 400 400 910 910 (－400)

60 285

910 1,820 1,820 910 1,820 2,730 7,280

接头位置详图

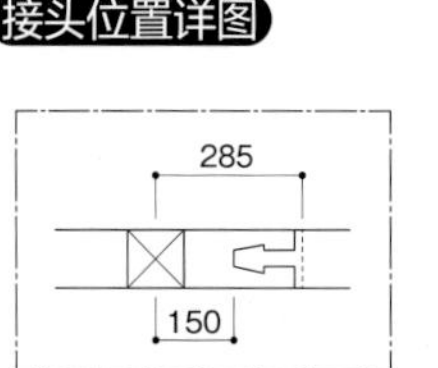

<如无特别标注>

通柱［暗柱墙］：杉木105□

管柱［暗柱墙］：杉木105□

间柱：上加工（缺口）·下加工（缺口）

间柱缺口形状见87页

间柱间隔：@455

龙骨：扁柏105□　龙骨托梁：美国松木90□

木材水平角撑：美国松木90×45

龙骨托梁槽：地面90㎜（龙骨托梁之间用燕尾榫接→参照87页）

地板龙骨槽：无

背面楔形开口：▲

＊ 承重墙的布局中，通常用斜线标注规格及位置。本案例中，外墙上开口较少的口字方案中，1楼和2楼都在外墙所有面上贴上了从外墙侧到墙比例2.5的承重合成板，所以在特别标注事项中写明。墙量及墙量布局平衡，要通过墙量计算确认是否符合建筑标准法的规格规定。

1 确认接头付近的接地螺栓是否在凸榫件一侧

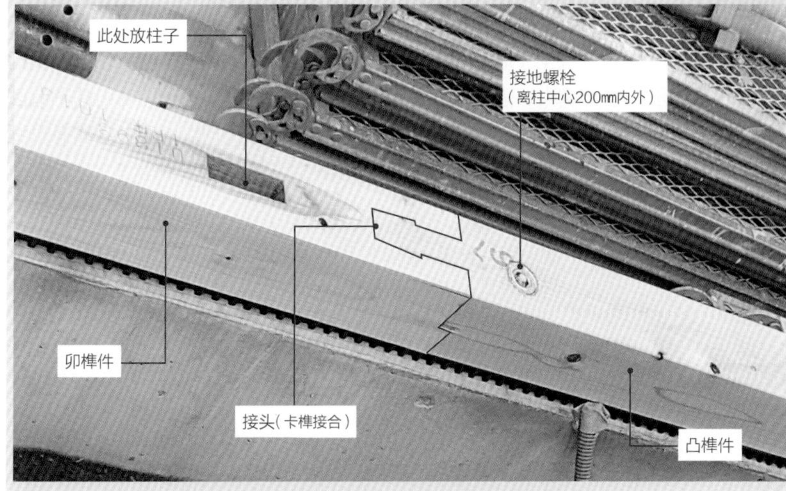

龙骨的接头位置要在预制构件图中确认，接头附近的接地螺栓一定要在凸榫侧。重新查看龙骨结构平面图，如果卯榫件一侧上有接地螺栓，上层木板无法固定，龙骨有可能浮起。此时在龙骨结构平面图上要将接地螺栓的位置挪到凸榫件一侧（离柱中心200㎜内外的位置）。

2 预制构件图上的变更应与龙骨结构平面图对照后做出取舍

本案例中的龙骨结构平面图上没有绘制水平角撑底台，在绘制预制构件图时发现地板刚性不足，又加上了水平角撑底台。虽然没有也不会对刚性有太大影响，但加上对施工影响不大，因此就直接采用了修改后的图纸。

3 装饰柱应确认木材种类和背面楔形开口的位置

对于装饰柱，应在龙骨结构平面图上特别标注木材种类和背面楔形开口位置，并确认是否反映到了预制构件图中。本案中指示用楼梯墙隐藏的位置作为背面楔形开口位置。

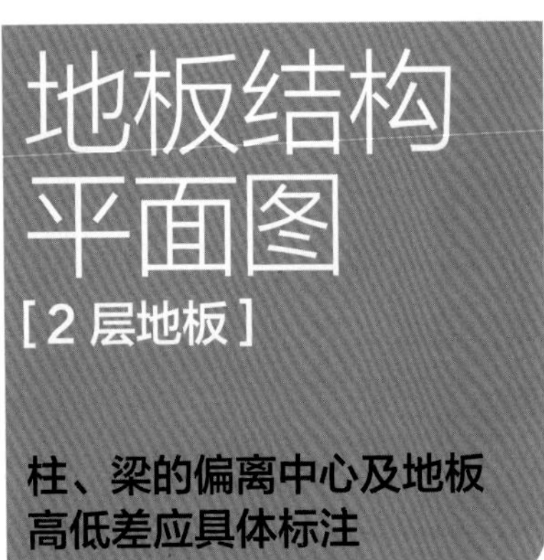

地板结构平面图

[2层地板]

柱、梁的偏离中心及地板高低差应具体标注

地板结构平面图的绘制方法与龙骨结构平面图一样。要点是要标注柱、梁、承重墙、地板的规格及布局。因设计了跳层或竖井等造成结构较为复杂的情况，特别需要注意。跳层中多块地板高低不同，不仅要确认做出了高度方向的指示，还要保证地板连续性，必须准确指示。本案例中，因露台的设置及开口宽度的影响，部分梁和柱子偏离了中心。地板结构平面图有时会因为这种设计上的原因产生非通常规布局。此时要具体标注离开中心的尺寸，保证切实传达到施工现场。

[关本龙太]

二楼地板结构平面图[S=1:60]（原图[S=1:50]）

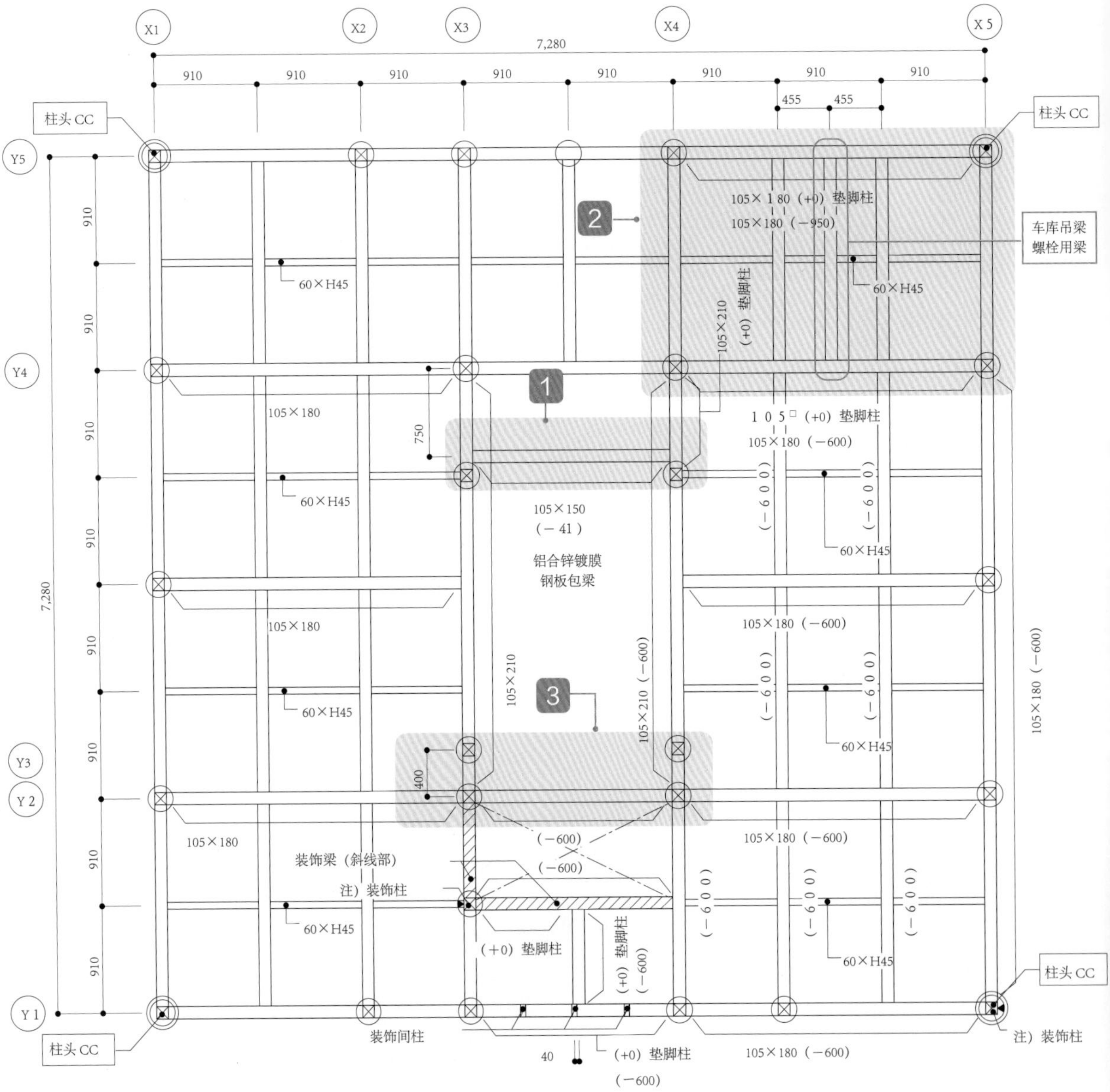

X1 X2 X3 X4 X5
7,280
910 910 910 910 910 910 910 910
455 455
Y5 Y4 Y3 Y2 Y1
7,280
910 910 910 910 910 910 910 910
柱头 CC
柱头 CC
2
105×180（+0）垫脚柱
105×180（−950）
车库吊梁
螺栓用梁
60×H45
60×H45
105×210（+0）垫脚柱
1
750
105×180
105□（+0）垫脚柱
105×180（−600）
60×H45
（−600）
（−600）
60×H45
105×150
（−41）
铝合锌镀膜
钢板包梁
105×180
105×180（−600）
105×210
3
105×210（−600）
60×H45
（−600）
（−600）
60×H45
105×180（−600）
400
105×180
（−600）
（−600）
105×180（−600）
装饰梁（斜线部）
注）装饰柱
60×H45
（−600）
（−600）
（−600）
（+0）垫脚柱
（+0）垫脚柱（−600）
60×H45
柱头 CC
柱头 CC
装饰间柱
40
（+0）垫脚柱
（−600）
105×180（−600）
注）装饰柱

1 明确指示偏心梁之间的接合方法

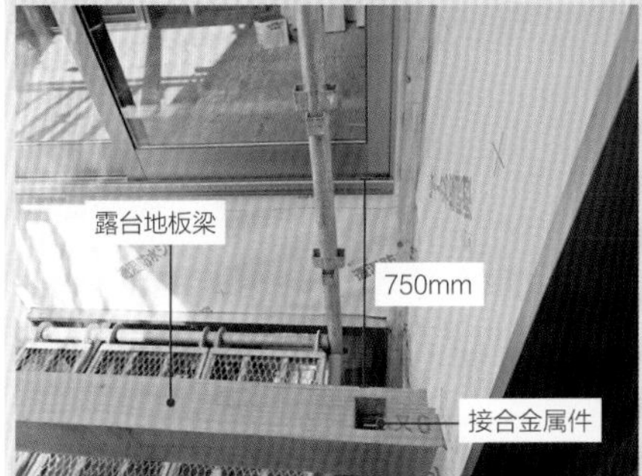

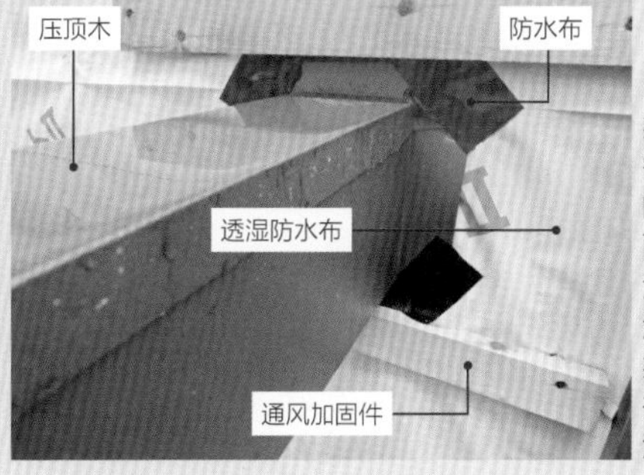

因偏离中心线（910mm模板），梁与梁相接部位的接合方法需要注意。这里因支撑露台的梁是偏心的，地板结构平面图与预制构件图上都要标注（750mm），并确认接合方法。因为铺设的是格栅板，梁要用铝合锌镀膜钢板包好，并盖上压顶木，以防雨水浸入。

2 楼地板是无地板龙骨规格

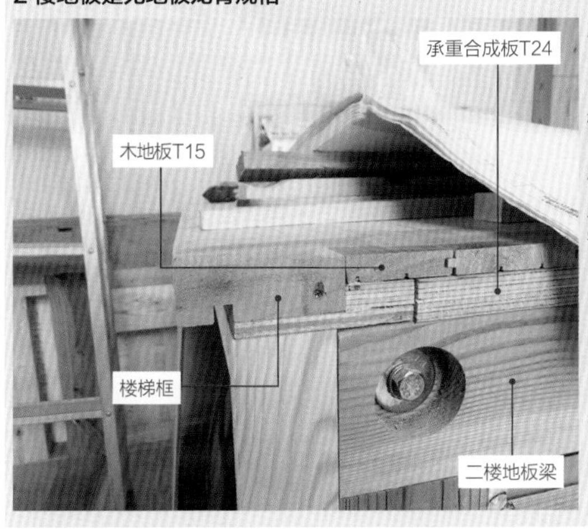

2楼地板设置的是无地板龙骨，用承重合成板（24mmT/N75、@150以下）形成水平结构，作为木地板的底层。为了增加地板的强度，地板比例采用了4倍。但是跳层及竖井部分的地板是断开的，需要注意。

二楼地板结构平面图［S=1：100］（原图［S=1：50］）

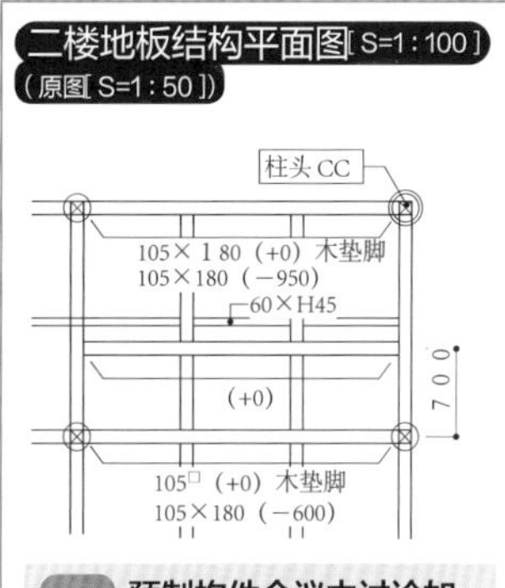

2 预制构件会议中讨论如何改善架梁方向

衣柜部分架梁方向，通过预制构件阶段的会议变更为短方向。在短方向架梁可以提高承重力［＊］。

3 标注偏离中心柱子的偏移数字

受开间宽度影响，柱子可能会偏离中心线。此时也要在地板结构平面图上标注偏移中心线的距离，并在预制构件图上确认。本案例中，开间宽度是2,150mm。从距模板400mm的位置上立起柱子。

<如无特别标注>
梁：105□
柱子：105□
通柱
下层柱
标注背面楔形开口的位置
标注尺寸
CC 带眼螺栓（有木螺钉）、公文或加固金属板10kN

＊ 对于单纯梁（两端都有支撑的梁），集中承重时的柔性δ为PL3/48EI，相当于间隔（L）的3次方。间隔是2倍的话，则为$2L^3$，柔性变为8倍。

1 接合部的金属件不想外露时应明确标注现场加固

通常为了防止梁被拔出，都会穿过另一侧的梁，在梁的侧面安装带眼金属件。装饰梁则是在梁上方做箱槽，而另一侧的梁侧面露出圆垫圈或螺栓。但是，有时候不希望另一侧的梁侧面露出圆垫圈或螺栓，或是螺栓会与地板龙骨互相干扰。本案例中，利用了地板为刚性地板的特性，用地板合成板防止梁松动，省略了螺栓接合。临时搭建时为了不让梁松动，在梁上方用简易长方形金属件进行加固。

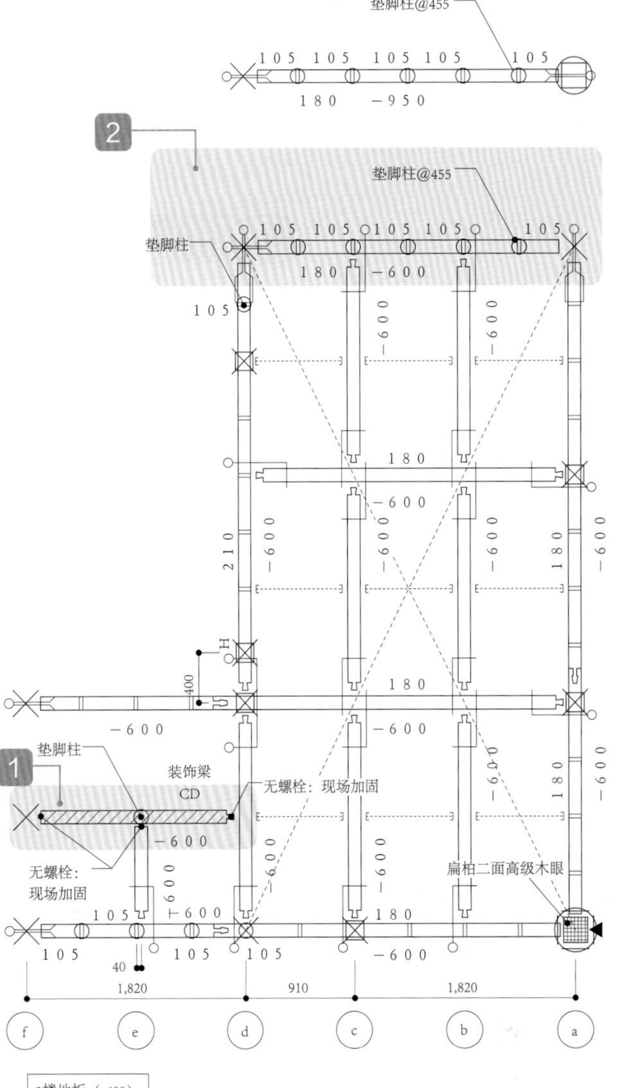

竣工

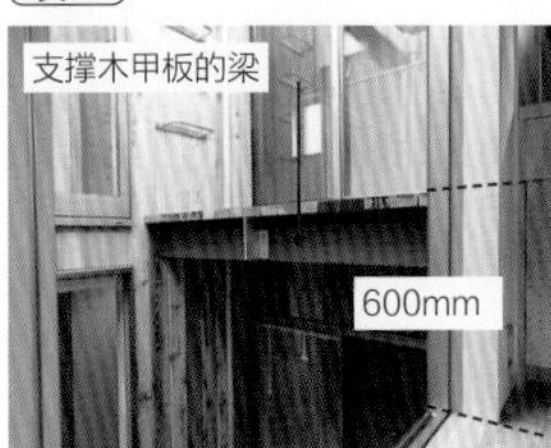

木甲板的地板水平与客厅及卧室相同。支撑地板的梁在高于厨房600㎜的位置。

从饭厅看书柜和衣柜。地板的高低差为600㎜。安装在扶手墙上的装饰柱的背面楔形。

<如无特别标注>
桁、梁(角)：105□
桁、梁(平)：105□
管柱子[暗柱墙]：105□
间柱：上加工(缺口)·下加工(缺口)
间柱间隔：@455
地板龙骨雕刻(承接合成板)：60×45@910
★…横架材上端的座槽
☆…用螺钉或枋头螺栓固定
※…螺栓孔延长
装饰梁：美国松木KD,3面抛光
端部上端角孔螺栓
或者在现场用金属件加固

抛光处理
参照86页

因为设计了跳层，预制构件图需要按照每个地板水平提交2张

2 跳层应加固地板四周

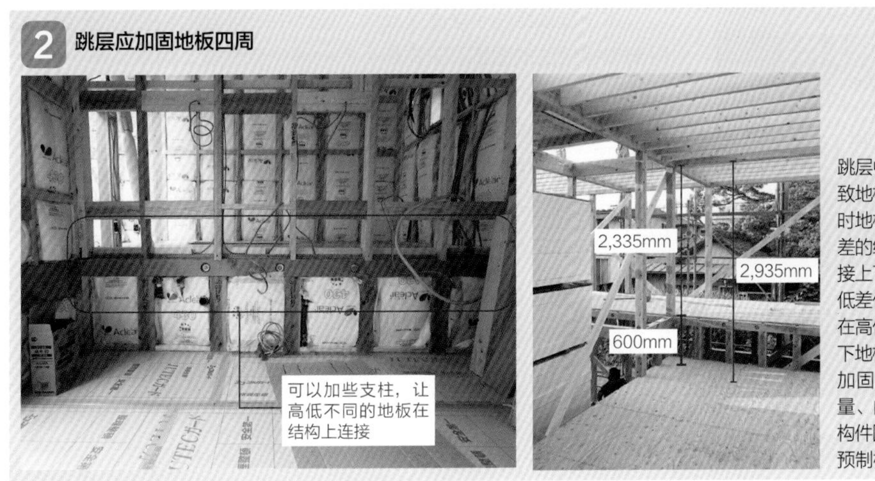

可以加些支柱，让高低不同的地板在结构上连接
2,335mm
2,935mm
600mm

跳层中，因为地板的高低差会导致地板被截断，受到较大水平力时地板容易变形。为了埋住高低差的缝隙，可以用承重合成板连接上下梁，这里则利用了地板高低差作为厨房的管道空间。所以在高低差部分加了支柱，连接上下地板，既保证了管道空间，也加固了水平结构面。支柱的数量、间隔、安装位置都要在预制构件图上确认，委托施工方按照预制构件图进行施工。

二楼地板预制构件图［S=1:60］(原图［S=1:50］)

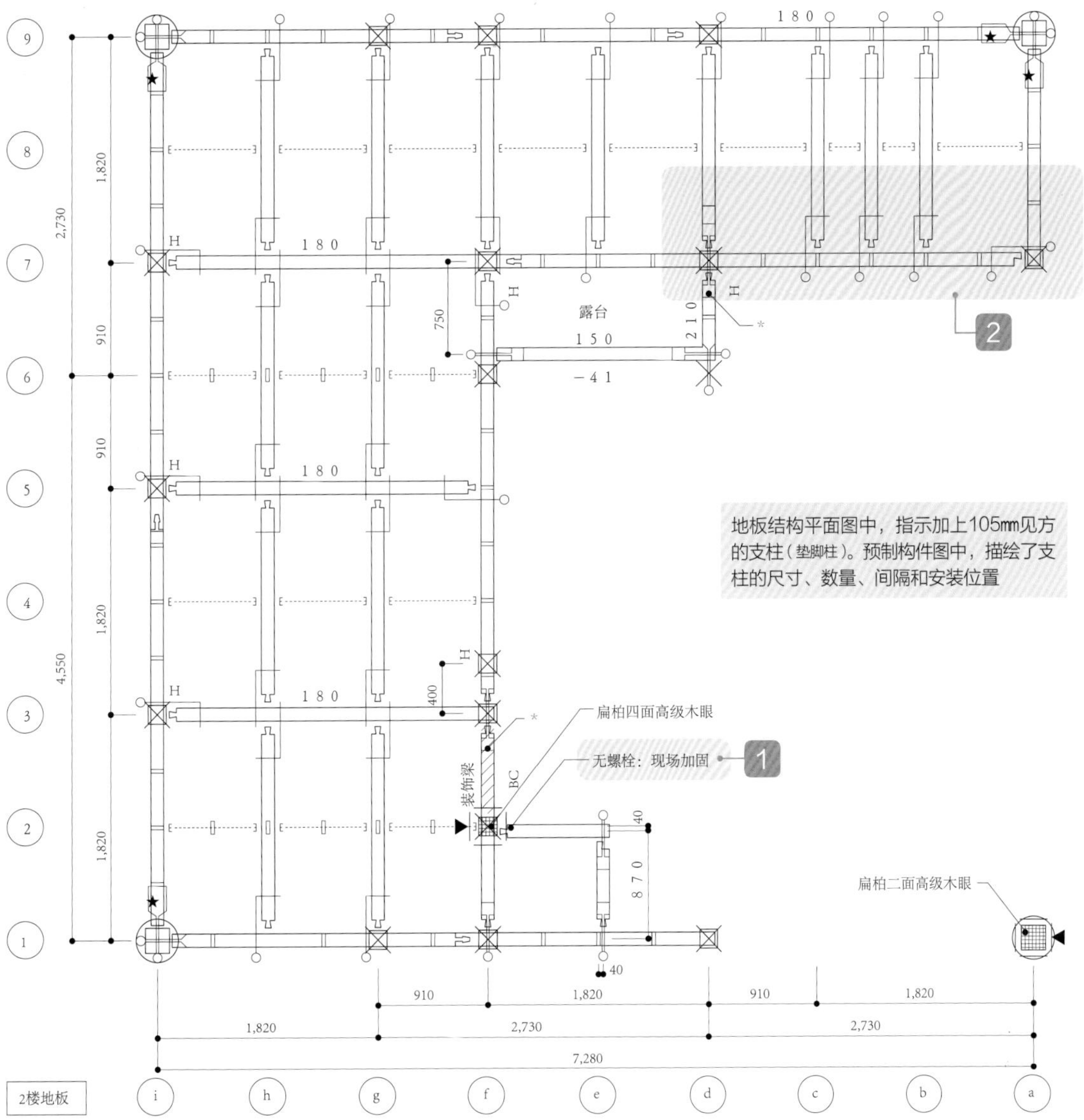

露台

扁柏四面高级木眼

无螺栓：现场加固 1

装饰梁

扁柏二面高级木眼

2楼地板

地板结构平面图中，指示加上105mm见方的支柱（垫脚柱）。预制构件图中，描绘了支柱的尺寸、数量、间隔和安装位置

木屋屋顶结构平面图

木屋屋顶組外露时的尺寸计算方法

木屋屋顶结构平面图是凝缩了设计中如何构建木屋屋顶骨架、如何架梁等想法的图纸。天花板外露时要特别注意。通常采用 2×4 木材或是承重合成板上印有号码或构件数字，对预制构件厂家，要指示“无字”加工［参照 86 页］。结构要与设计的收头密切结合。

像本案例中为偏心梁的情况下，需要较为复杂的操作，为了避免施工出错，要非常细致地在图纸上做好标注（离心方向和尺寸）。［关本龙太］

木屋屋顶结构平面图［S=1:60］（原图 S=1:50）

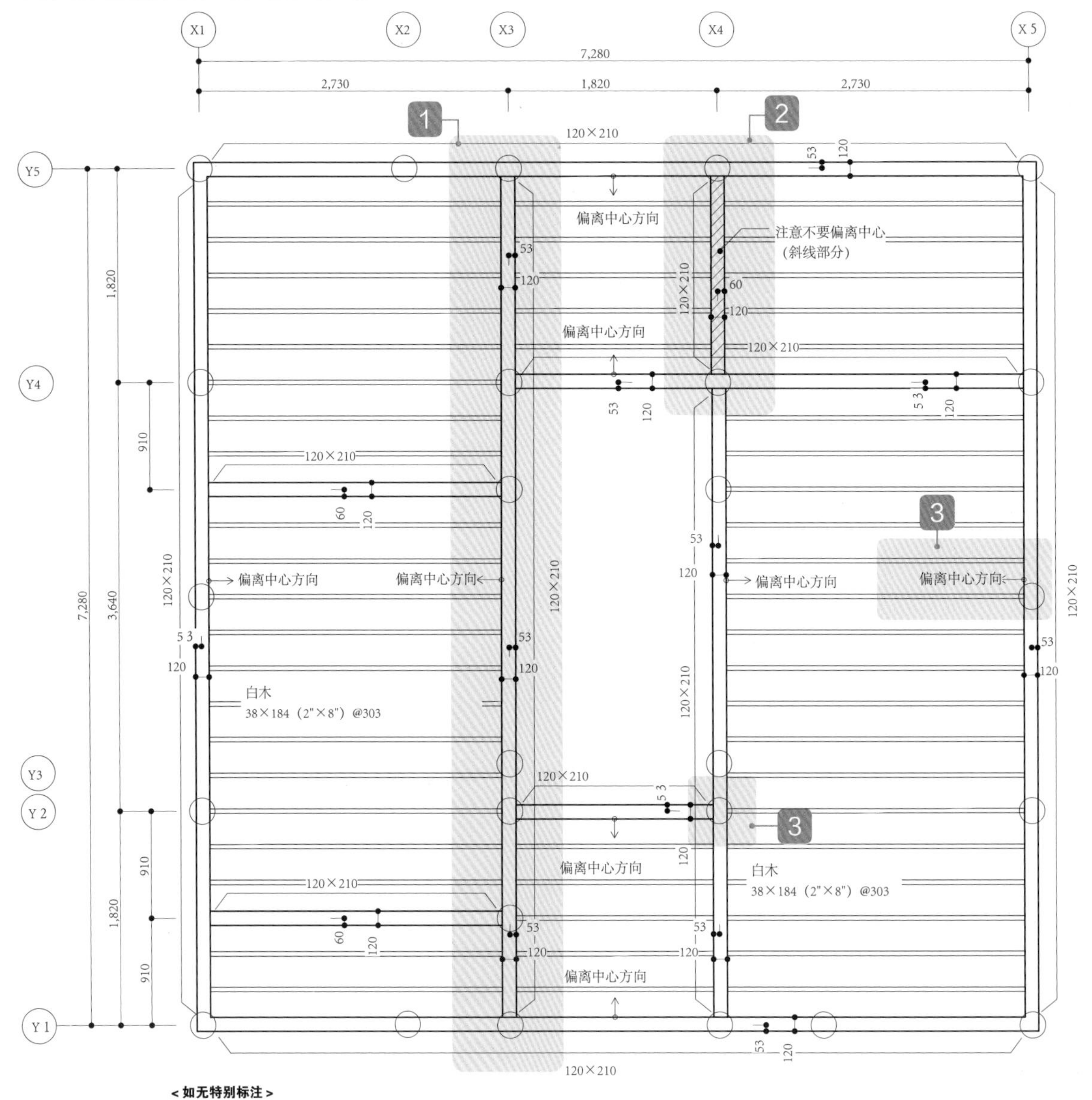

1 为了留边，标注梁偏离中心的方向

偏离中心
背面楔形开口(装饰柱)
7.5

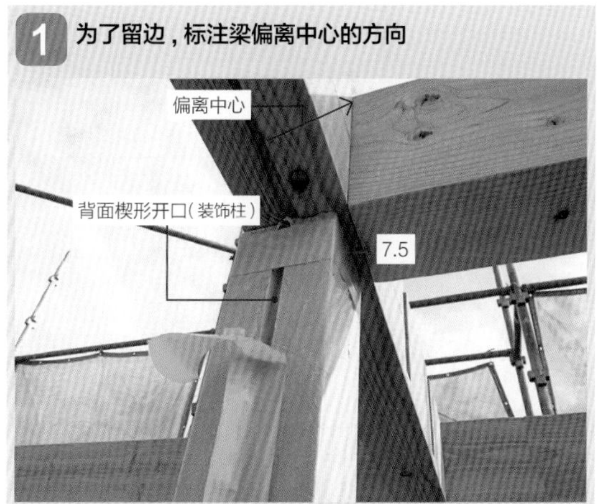

本案例中内装墙饰面采用的是贴椴木合成板。外周的梁宽与其他部分的105mm不同，采用的是120mm，在室内侧偏离中心，与墙饰面之间有了留边，在梁下用饰面材作为端部。

2 不是偏离中心的梁用斜线识别

X4轴的木屋屋
顶梁

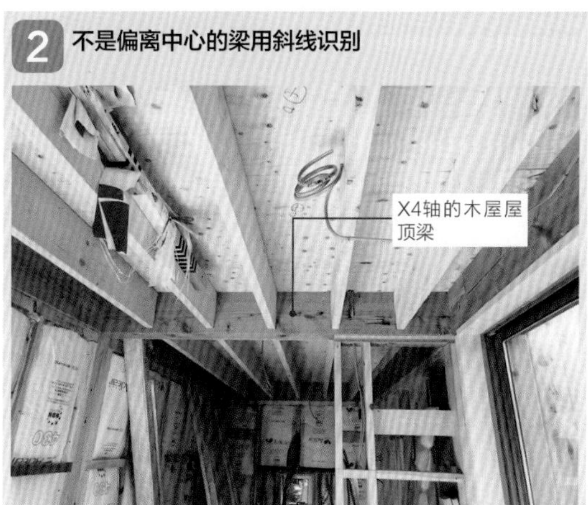

偏离中心的梁与不偏心的梁都有时，在图纸上要区分指示。梁下没有结构柱，若留边而不必让梁偏离中心时，绘制斜线以示区别。

剖面详图[S=1:4](原图[S=1:2])

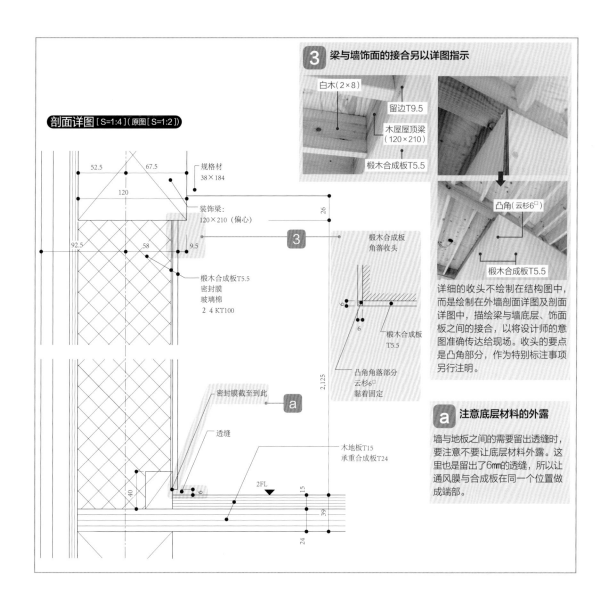

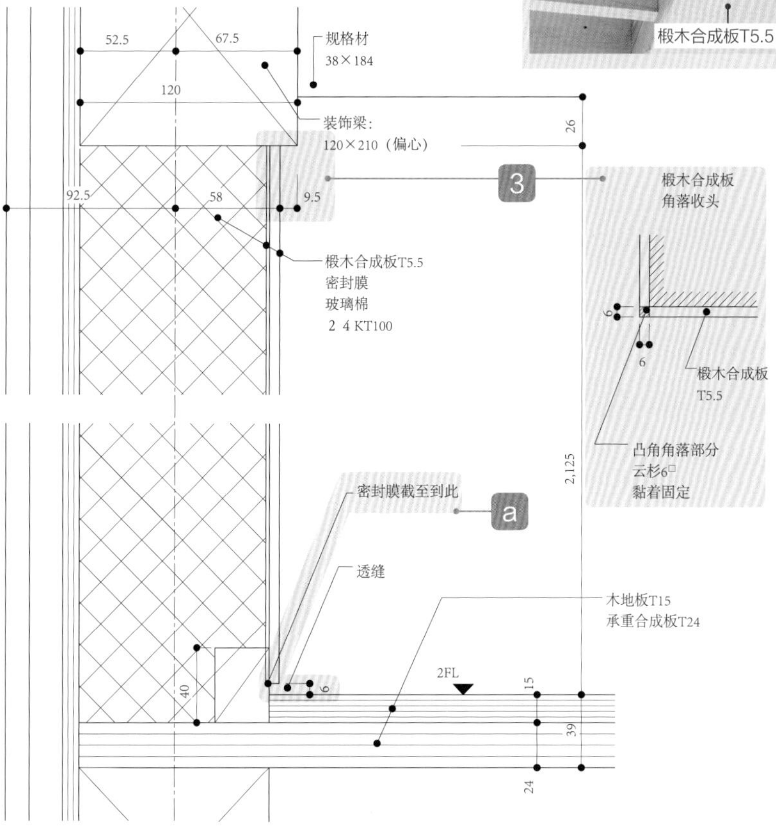

52.5
67.5
120
规格材
38×184
装饰梁:
120×210（偏心）
26
92.5
58
9.5
3
椴木合成板T5.5
密封膜
玻璃棉
2 4 KT100
椴木合成板
角落收头
6
6
椴木合成板
T5.5
凸角角落部分
云杉6□
黏着固定
2,125
密封膜截至到此
a
透缝
木地板T15
承重合成板T24
2FL
40
6
15
39
24

3 梁与墙饰面的接合另以详图指示

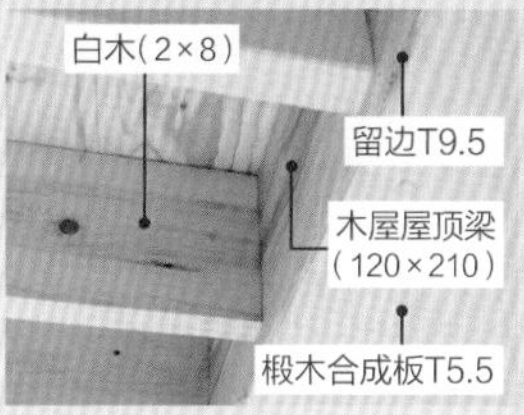

白木(2×8)
留边T9.5
木屋屋顶梁
(120×210)
椴木合成板T5.5

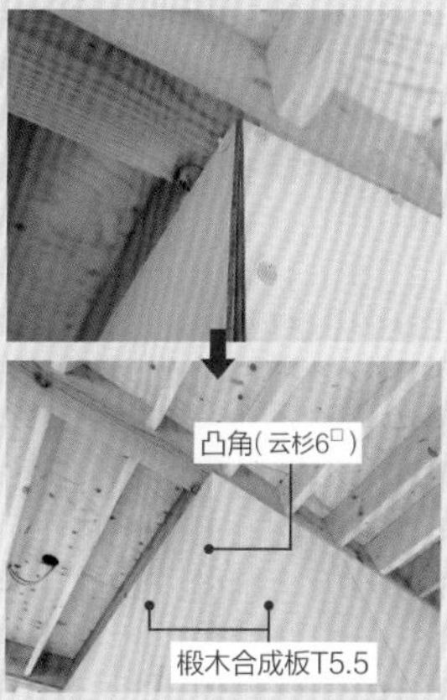

凸角(云杉6□)
椴木合成板T5.5

详细的收头不绘制在结构图中，而是绘制在外墙剖面详图及剖面详图中，描绘梁与墙底层、饰面板之间的接合，以将设计师的意图准确传达给现场。收头的要点是凸角部分，作为特别标注事项另行注明。

a 注意底层材料的外露

墙与地板之间的需要留出透缝时，要注意不要让底层材料外露。这里也是留出了6mm的透缝，所以让通风膜与合成板在同一个位置做成端部。

木屋屋顶结构平面图（预切割图）［S=1:60］（原图［S=1:50］）

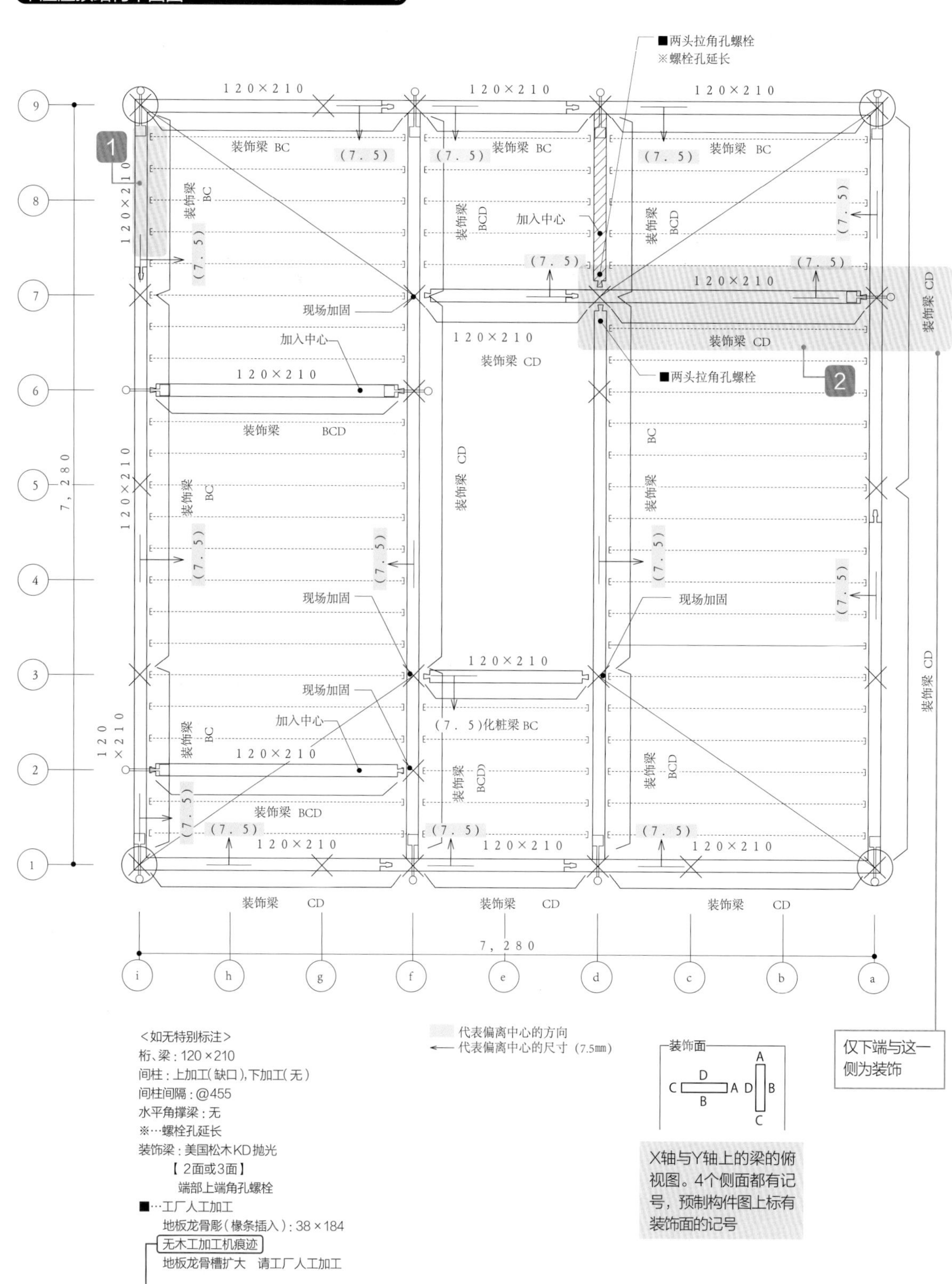

<如无特别标注>
桁、梁：120×210
间柱：上加工（缺口），下加工（无）
间柱间隔：@455
水平角撑梁：无
※…螺栓孔延长
装饰梁：美国松木KD抛光
【2面或3面】
端部上端角孔螺栓
■…工厂人工加工
地板龙骨彫（椽条插入）：38×184
无木工加工机痕迹
地板龙骨槽扩大　请工厂人工加工

无木工加工机痕迹参照89页

1 木屋屋顶組外露时梁的榫接不留缝隙

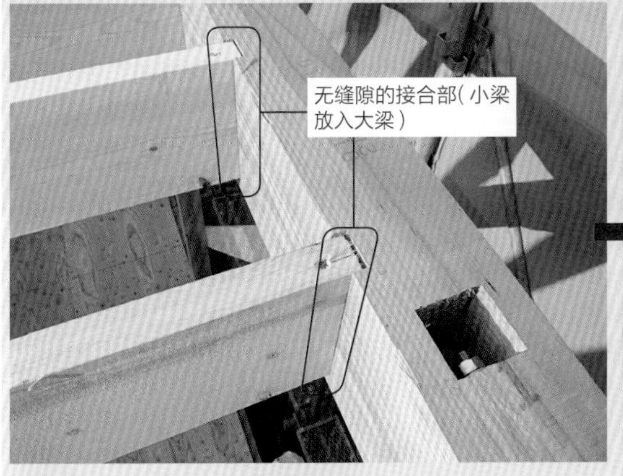

外露的木屋屋顶梁(小梁)采用2×8木材。以303mm间隔排放密实，这种纤细的结构是设计上有意要表现的部分。此时，大梁与小梁的接合部如果有缝隙则会破坏美感，要请预制构件厂家采用人工加工的方式将榫接做成直角[参照89页]。

梁的接合位置和方法也应指示

预制构件图中显示的是结构平面图上没有绘制的梁的具体接合方法。装饰梁上所有的金属件都不外露，要在现场加固[参照101页]。

2 混合存在外露面与不外露面时应特别标注

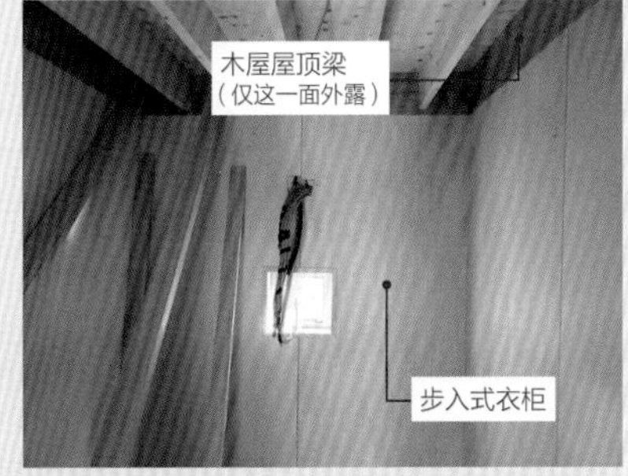

虽说是装饰梁，也不是所有场合下所有的面都要外露。本案例中就有被厨房的下吊天花板遮住的梁。此时，要在批准预制构件图的阶段，与施工方及预制构件厂家达成共识，确定方法。

骨架立面图

建筑骨架立体化与可视化

骨架立面图中，要绘制地板结构平面图中所表现的结构的立体接合。特别是设计了跳层时，或有复杂的屋顶架构时，利用骨架立面图进行研究不可或缺。如梁的接头位置及梁有立体交差时哪方在前等，研究的内容非常详细。只要有地板结构平面图，预制构件厂家就可以绘制施工图纸，所以虽然在现场可以做出指示，但很多收头问题能在绘制骨架立面图时发现。如“与跳层在同一平面上地板梁交差的位置”、“布局承重墙的横架材间距超过了承重合成板的规格尺寸的位置”等，查看骨架立面图可以立体地理解收头的具体情况。［关本龙太］

Y4轴骨架立面图［S=1:60］(原图［S=1:50］)

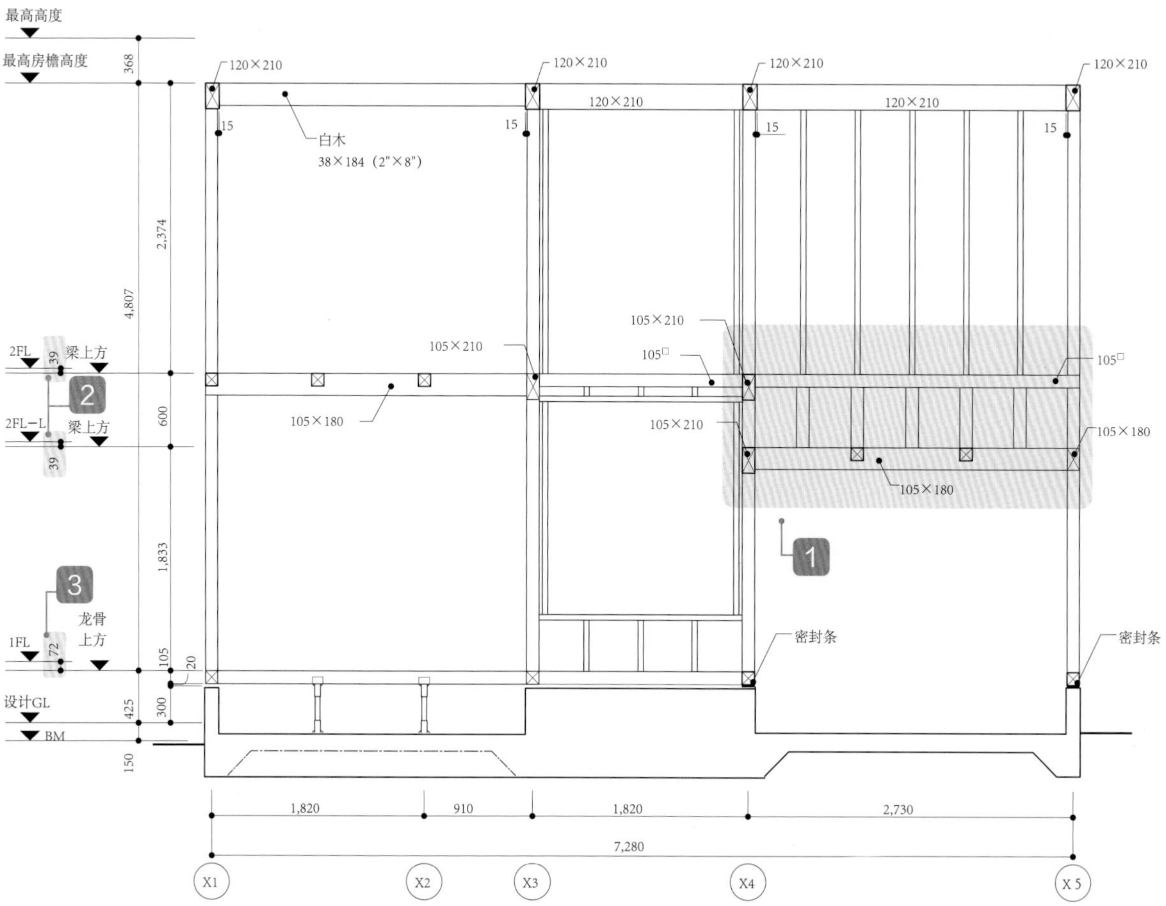

最高高度
最高房檐高度
368
4,807
2,374
600
1,833
105
20
425
300
150
2FL
梁上方
39
2
2FL−L
梁上方
39
3
龙骨
上方
1FL
72
设计GL
BM
120×210
120×210
120×210
120×210
120×210
120×210
15
15
15
15
白木
38×184（2"×8"）
105×210
105×210
105□
105□
105×180
105×210
105×180
105×180
1
密封条
密封条
1,820
910
1,820
2,730
7,280
X1
X2
X3
X4
X 5

二楼平面图 [S=1:120]

Y5 Y4 Y2 Y1
1,820 910 2,730 910 910 7,280
收纳 步入式衣柜 主卧室 露台 厨房 竖井 客厅 饭厅 楼梯间 储物间 书柜
910 910 1,820
1,820 910 1,820 2,730
7,280
X1 X2 X4 X5

一楼平面图 [S=1:120]

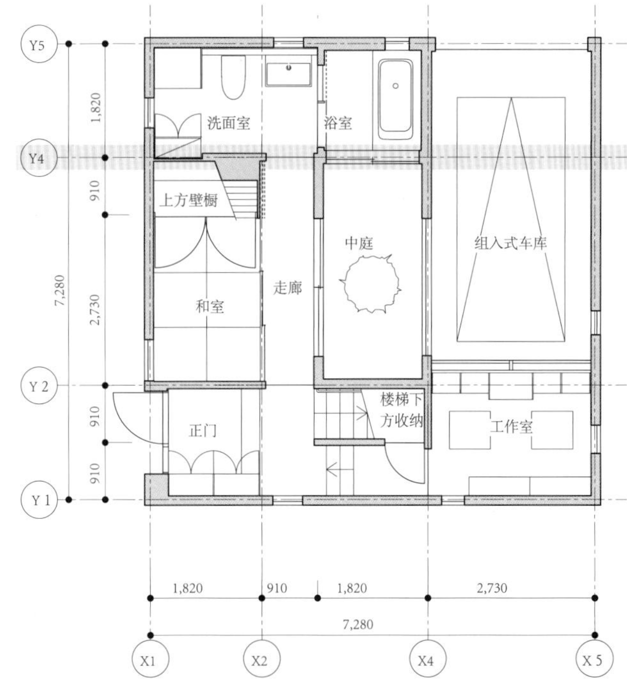

骨架立面图画的中心线越多越好

为实现整合性较高的设计方案，骨架立面图上多绘制一些轴比较好。有中庭的**口**字住宅方案中，绘制的骨架立面图上，X轴与Y轴共有8个轴。无论哪个轴都是形成**口**字的中心轴。而且做了跳层的两处也绘制了骨架立面图。

1 梁在平面上重叠时应使用骨架立面图研究

对于梁在平面上重叠的跳层，要用骨架立面图确认梁的位置关系及接合方法。本案例中是用支柱将上弦梁与下弦梁接合在一起。

2 地板水平也放入高度信息中

高度方向尺寸的信息中，除主要结构件的上方外，含饰面在内的地板水平尺寸也要标注。只标注主要结构部分的尺寸，在现场无法确认尺寸之间的一致性。以外墙剖面详图的尺寸为标准标注地板水平尺寸，可以更加方便地采用图纸进行研究。

3 地板龙骨搭建处用作隐藏管道的位置

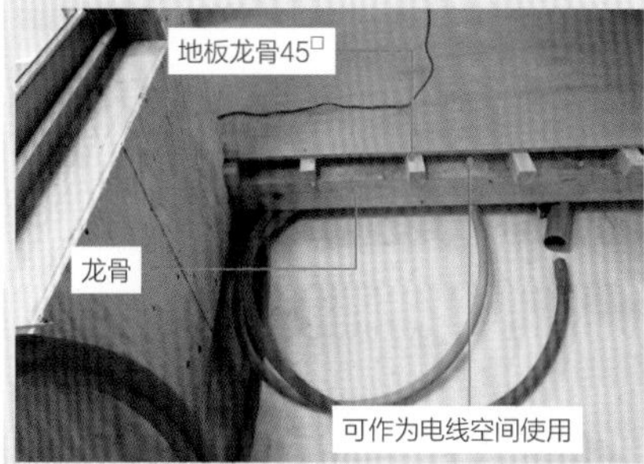

1楼与2楼的地板厚度不同（一楼72㎜，二楼39㎜），是因为1楼地板搭建了地板龙骨，2楼地板则是无龙骨的刚性地板。从2楼墙内穿到1楼的管道隐藏在地板下比较困难。但是1楼地板如果做地板龙骨的话，地板龙骨之间会产生空间（这里是45㎜），利用这个空间隐藏管道，而且可以很方便地在地板下排管。而且，万一基础做得不够平整，也可以用地板龙骨吸收。

Y4轴预制构件图［S=1:80］(原图［S=1:60］)

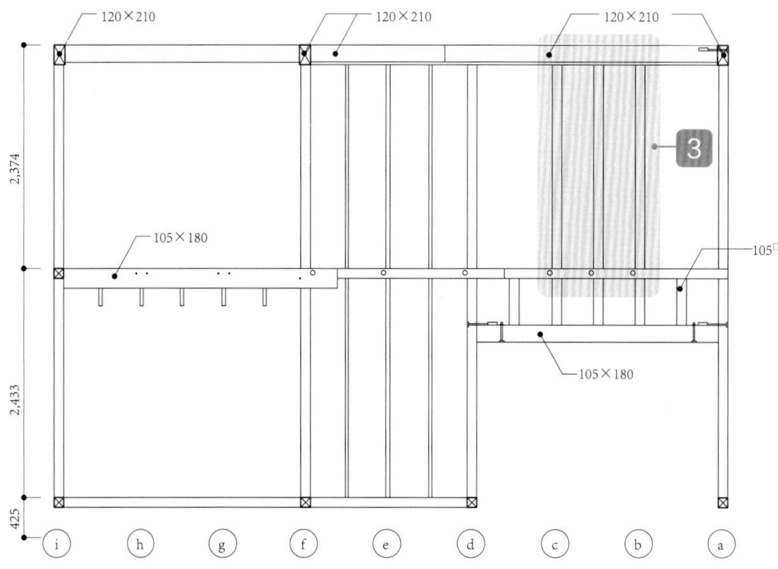

修正

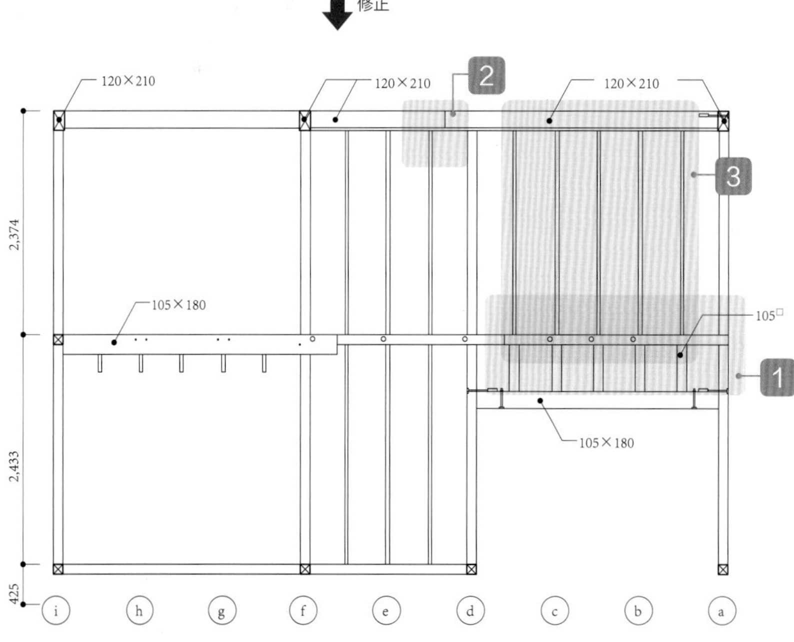

1 确认梁侧面安装的螺栓位置

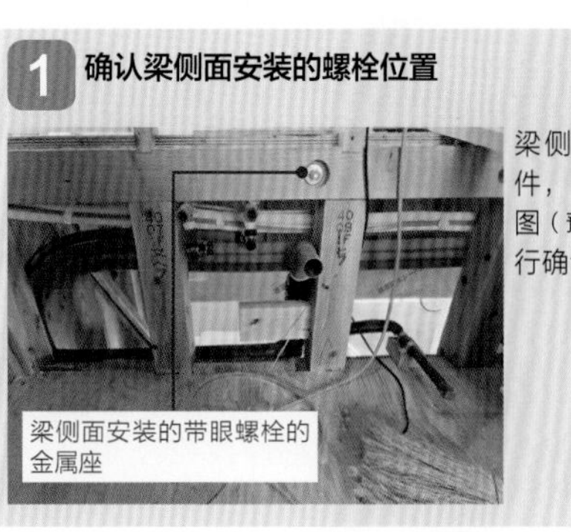

梁侧面安装的金属件，要在骨架立面图（预制构件图）中进行确认。

2 确认梁的接头位置

确认骨架立面图中没有绘制的梁的接头位置。施工现场是带眼螺栓及长方形金属件，确认是否牢固。

骨架立面图 [S=1:60]（原图[S=1:50]）

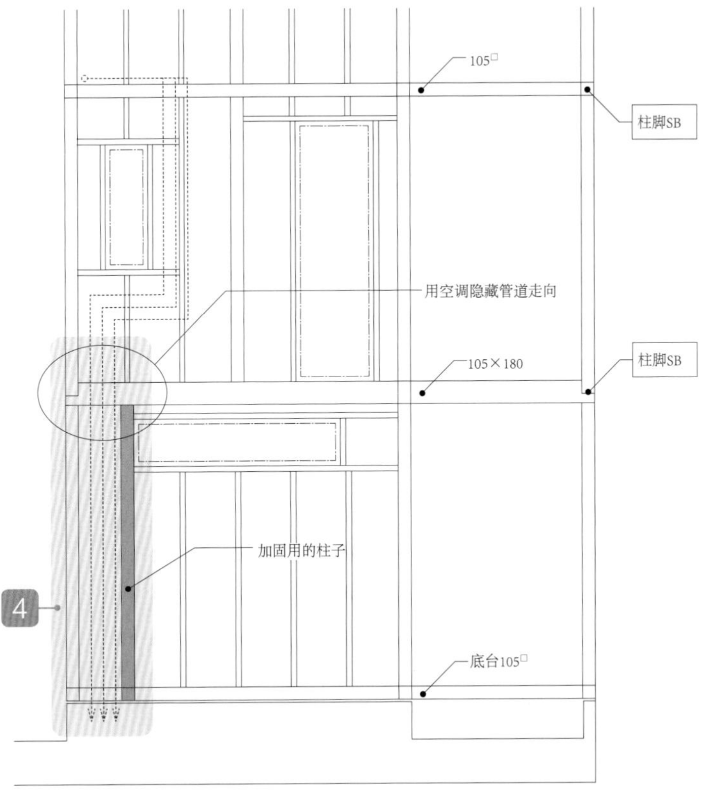

＊ 这里是其他住宅的骨架立面图及照片

4 因管道需要在梁上切割缺口时的应对方法

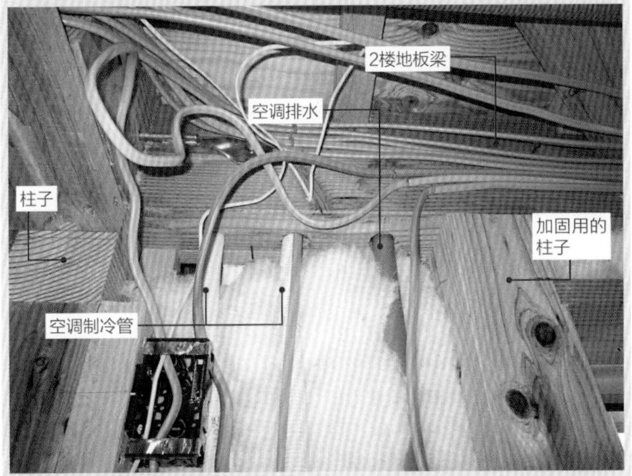

很多情况下住宅设计中难以保证管道空间，或是管道空间十分紧凑。因此，有时为了通过管道，不得不在梁上切出缺口。如果估计梁需要缺口时，一定要写上关于加固的指示，这样可以防止事后出现麻烦。增加加固的柱子等方法，也可以辅助梁因开凿缺口降低的承受力。

3 骨架立面图与预制构件图之间的矛盾应立刻修改

骨架立面图与预制构件图之间不一致时，一定要确认预制构件图，修改为正确的做法。本案例中，在骨架立面图上指示了做间柱，但在预制构件图中却改为柱子，因此修改回间柱。

供排水卫生图

供水处位于二楼时的排水方法

供排水卫生图中重要的部分是要将设备机器列为清单，并在图中明确标注它们所在的位置，以及达到该位置的管道走向（含室外管道）。对于管道直径较大的排水管，要保证管道空间，并确认排水坡度是否合适。特别是用水处如果设置在二楼，为了固定水平结构与地板龙骨之间有偏差，通管道二楼地板下很可能无法保证有足够的空间。要想顺利将管道通向宅基地内排水雨水井，就需要研究排水途径。若设计小高层或跳层，可以比较容易地解决拉排水管的问题。［关本龙太］

1 确认量水器与宅基地内最终雨水井

事先调查时要确认宅基地内的量水器位置，并反映在图纸中。量水器的口径也要确认。2楼作为用水处时，至少需要20㎜。确认宅基地内最终雨水井的深度，保证足够的排水坡度。

一楼供排水卫生图［S=1:100］

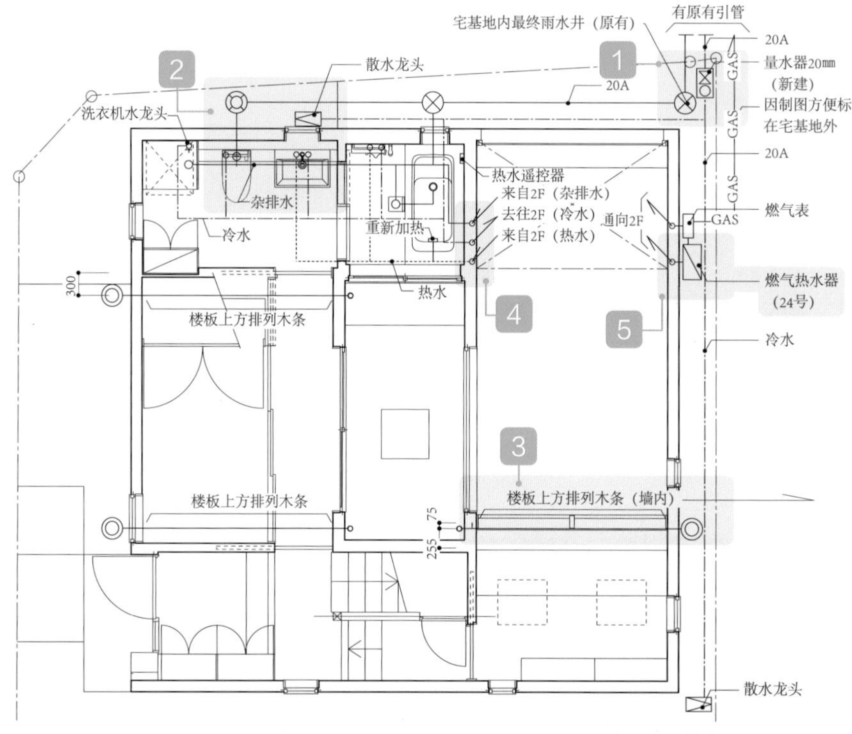

2 要注意管道直径较大的卫生间排水管

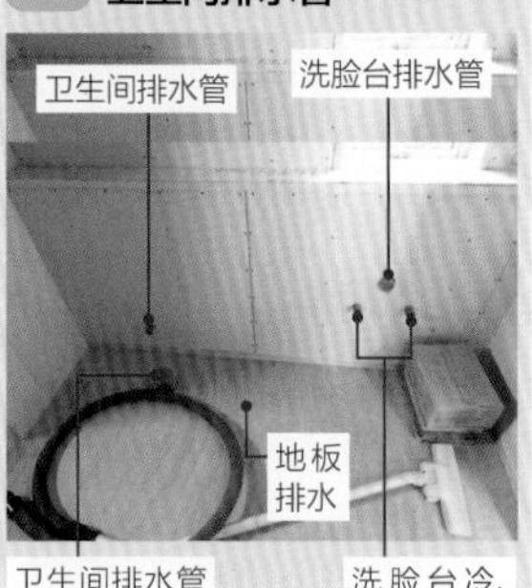

管道中，冷水管、热水管、燃气管等管径较小的管道可以自由拉伸，污水管、杂排水管的管径较大，很可能无法埋在地板下或天花板内侧。另外，还要保证所需的坡度（1/100~1/50），否则很难顺利排水。

3 对于墙内无法安装的管道，利用细木工家具

部分详图［S=1:50］

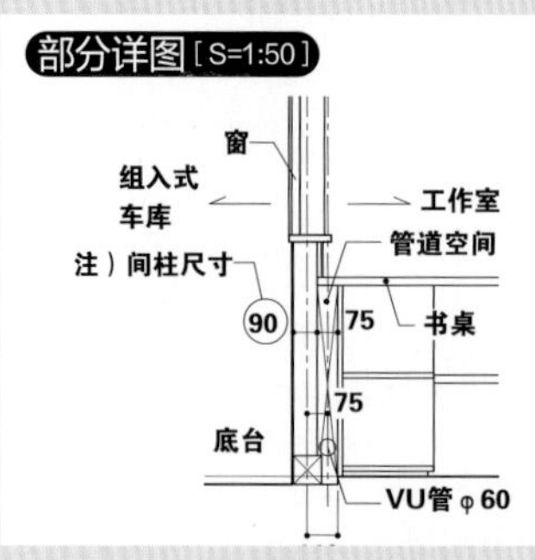

一般情况下都排列管道隐藏在墙内，但也有无法收纳到墙内的情况。此时可以设计一些细木工家具，保证通管道所必须的尺寸。

不可忽视的管道防杂音措施

管道噪音问题很容易被忽视。特别是浴室及卫生间的排水声音，因为是一次性流过大量的水，尽量要避开卧室附近，或是采用隔音效果较好的高质量保温材料等作为防噪音措施。

4 浴槽下方空间可以用作管道空间

对于半间卫浴一体间及传统浴室，浴槽下方的空间可以用作管道空间。本案例中用作从2楼下来的杂排水管道与去往2楼的冷、热水管道的空间。但是，全卫浴一体间无法利用。

二楼供排水设备图［S=1:100］

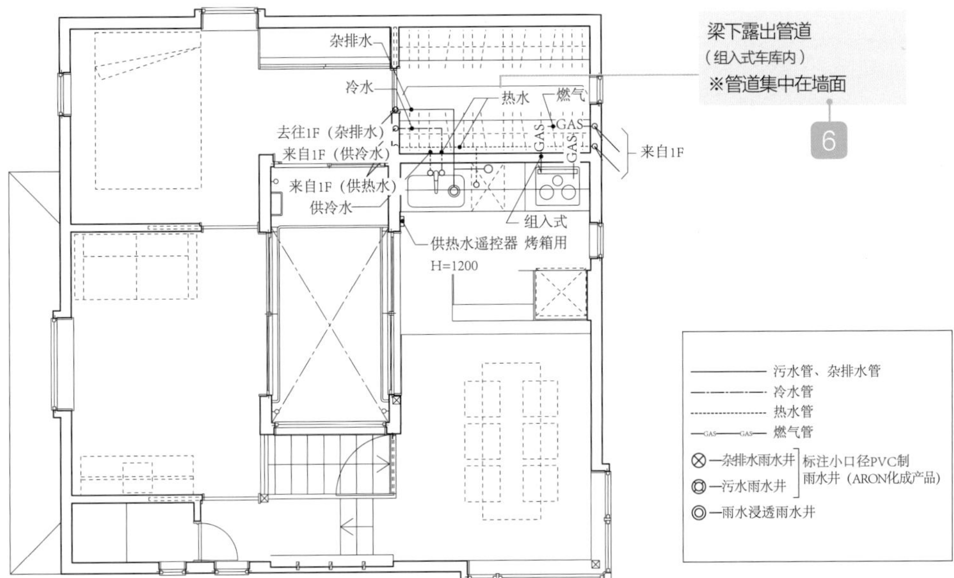

5 燃气热水器应在图纸上标明编号

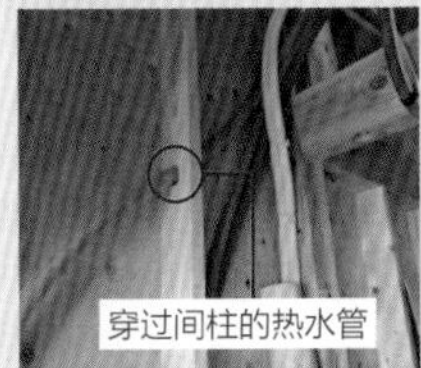

首先应确认楼房是城市燃气还是液体燃气罐的供应地区（这栋楼属于城市燃气供应地区）。对于城市燃气，要在现场确认引管途径，并在图纸上绘制好图形。燃气热水器要标明编号以防订货出错。这里采用的是24号管。去往2楼的热水是从龙骨上方将热水管引入墙内，再与2楼厨房相接。

6 告知现场施工人员管道是外露还是隐藏

剖面图［S=1:200］（原图［S=1:30］）

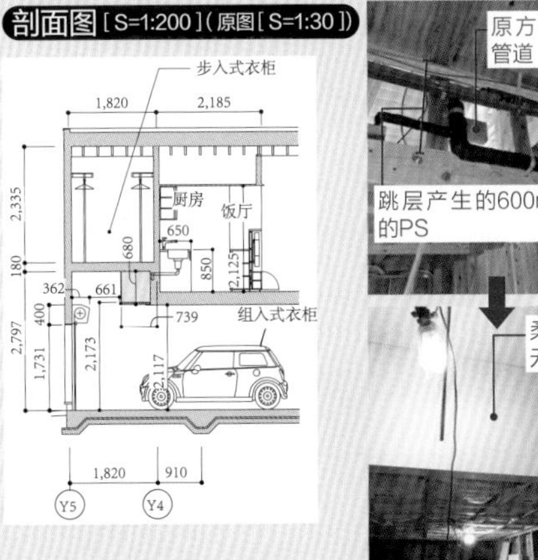

给二楼LDK的供排水管利用跃层产生的高低差，组入式车库内原本计划外露管道，但进入现场后，发现外露管道没有预想中美观，改为隐藏管道。饰面采用柔性板（停车场有内装限制，所以采用不可燃材料）。

电气设备图 1

标注安装方式时可搭配展开图

电气设备图中要标注房主使用频率较高的插销、通信设施、灯具以及机器型号。与建筑设计图之间的一致性也很重要。开关与插销要在电气设备图上标注位置、高度，针对非常规的做法，还要同时参照展开图做出指示。特别是LDK周边的门铃母机、地板采暖遥控器、热水遥控器等，安装的机器非常多，要毫无遗漏地掌握，否则很可能安装到与预想不同的位置。不同的房主所希望的插销位置以及使用的视频或通信设备规格、看电视的方式等都各不相同，所以要特别注意。

[关本龙太]

二楼电气设备图[S=1:50]

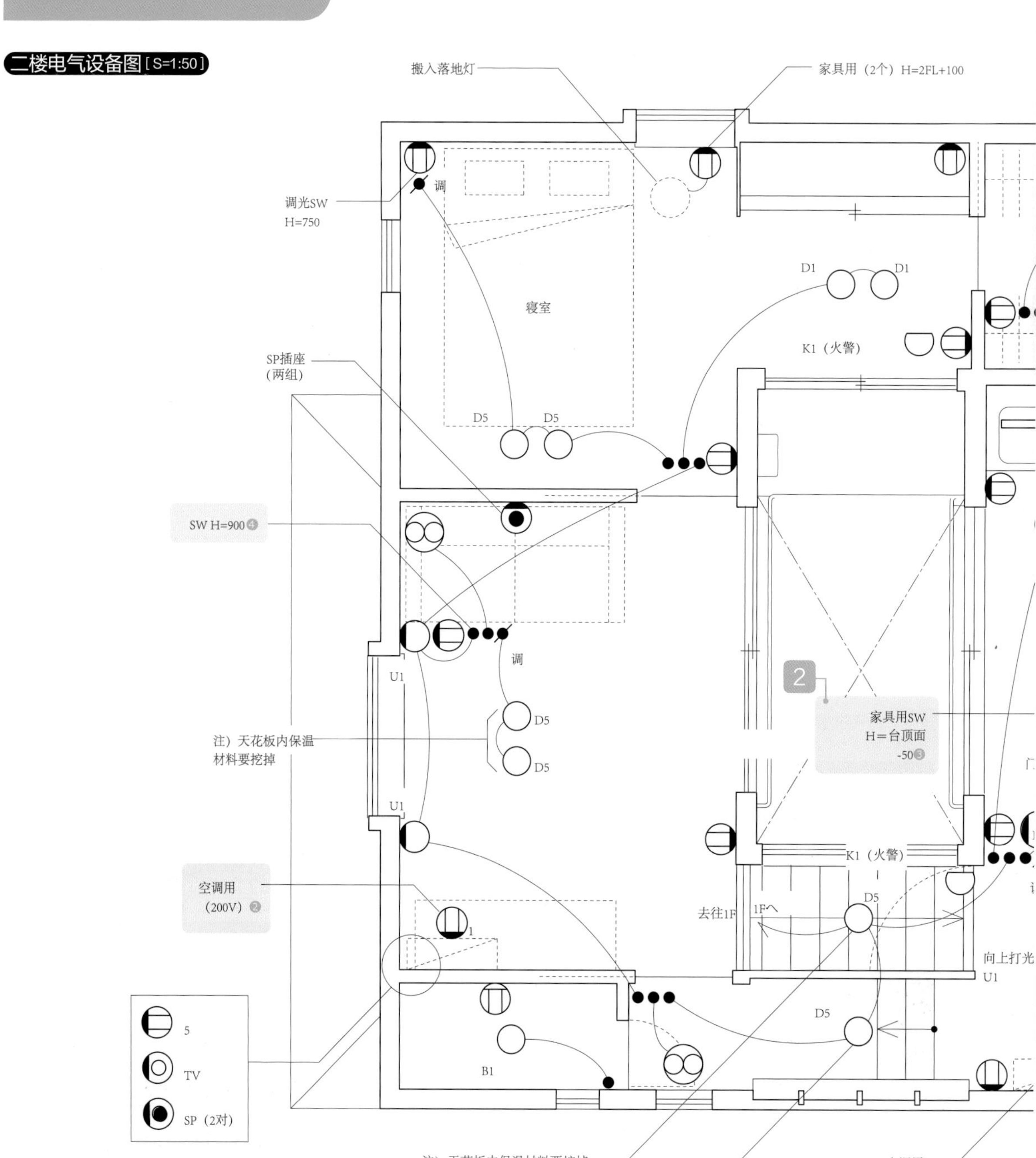

1 天花板没有内侧安装空调时配电箱和电视盒的接线需要一定厚度的墙

绕过2楼地板梁接线到2楼

穿过上门框

穿过窗台

配电箱

配电箱及电视盒在住宅内一般安装在不易看到的墙面，因为接线较多，比较薄的隔断墙或明柱墙等难以安装。同时，如果天花板外露，天花板里侧也无法使用。对于这栋住宅，2楼的步入式衣柜是外露天花板，配电箱与电视盒则安装在外墙面（暗柱墙）上。所有接线都从室外引入龙骨上方拉进室内，然后绕过2楼地板梁将线拉入2楼墙内。

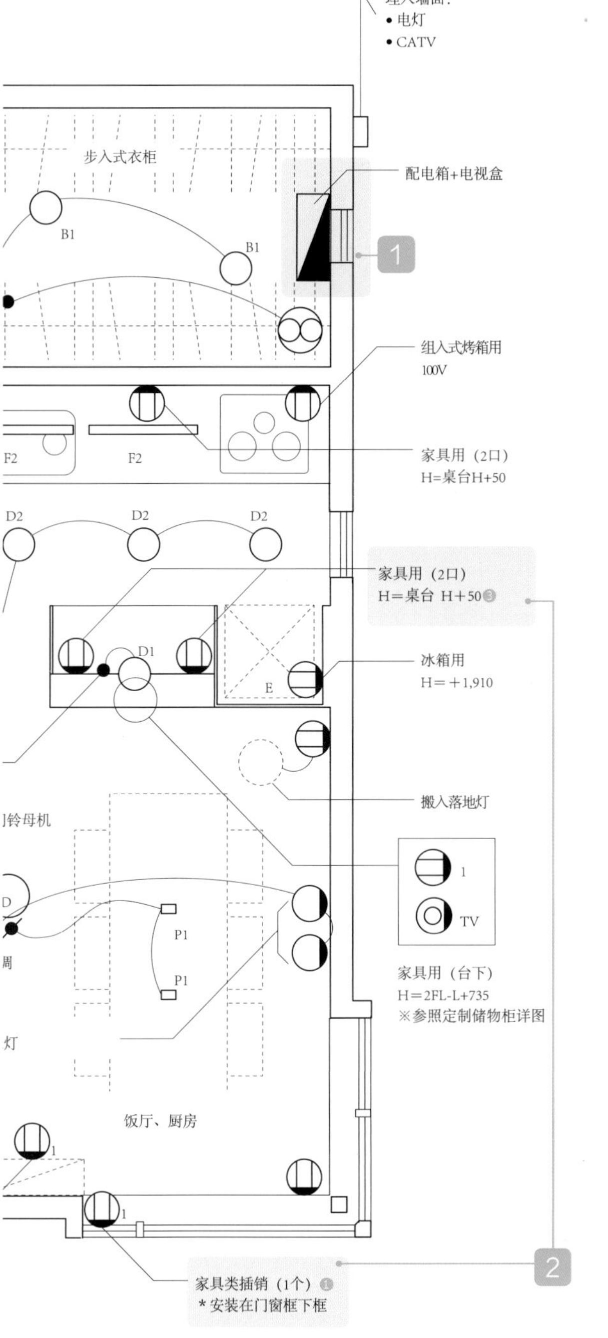

2 非常规安装位置的高度应在图纸内标注

对于安装与非常规高度的（卧室枕边等）的设备，要在另外的展开图上标注高度。床的高度通常是400mm左右，枕边照明等的开关高度定在750mm左右（中心高度）。在图纸中将床用斜线涂满会比较容易看清楚。

展开图 [S=1:30]

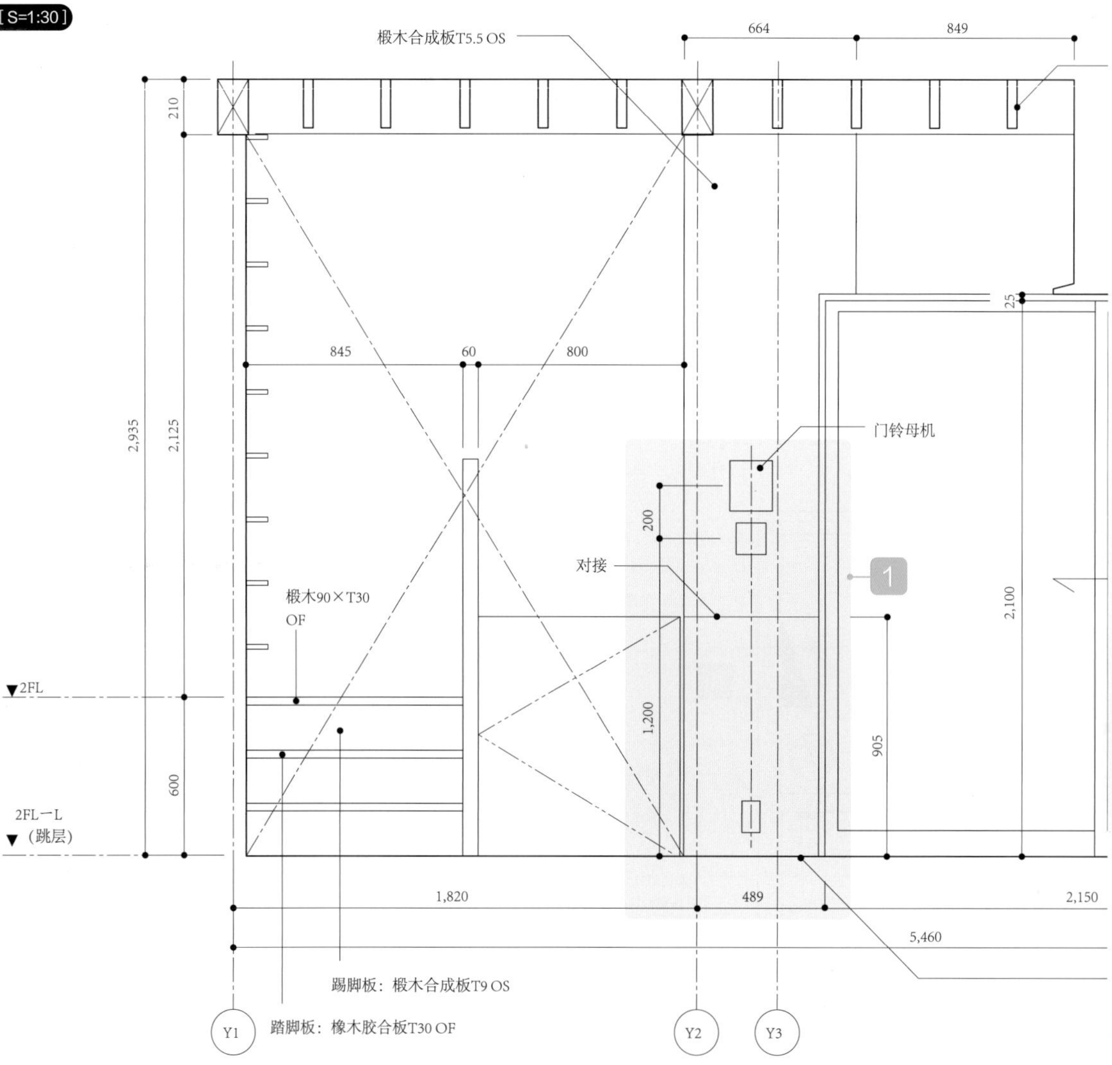

椴木合成板T5.5 OS
664
849
210
25
845
60
800
门铃母机
2,935
2,125
200
对接
1
2,100
椴木90×T30
OF
▼2FL
1,200
905
600
2FL－L
▼（跳层）
1,820
489
2,150
5,460
踢脚板：椴木合成板T9 OS
踏脚板：橡木胶合板T30 OF
Y1
Y2
Y3

1 在展开图中标注时应时刻意识到中心线

展开图上标注的信息与平面方向的接合位置非常重要。有意识地注意离开中心线的距离，可以避免干扰到柱子的位置。本案例中，厨房部分的袖墙是不锈钢材料制作的饰面，开关与插销的安装位置不要进入不锈钢饰面的墙面范围，要安装到椴木合成板制作饰面的墙中心。考虑开口部分两侧柱子的正面尺寸（105㎜角），标注正确位置。

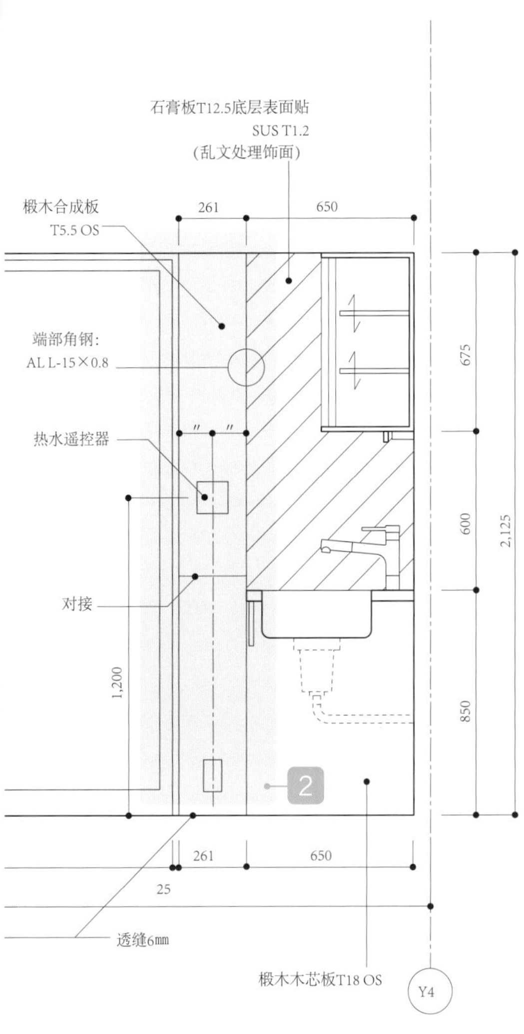

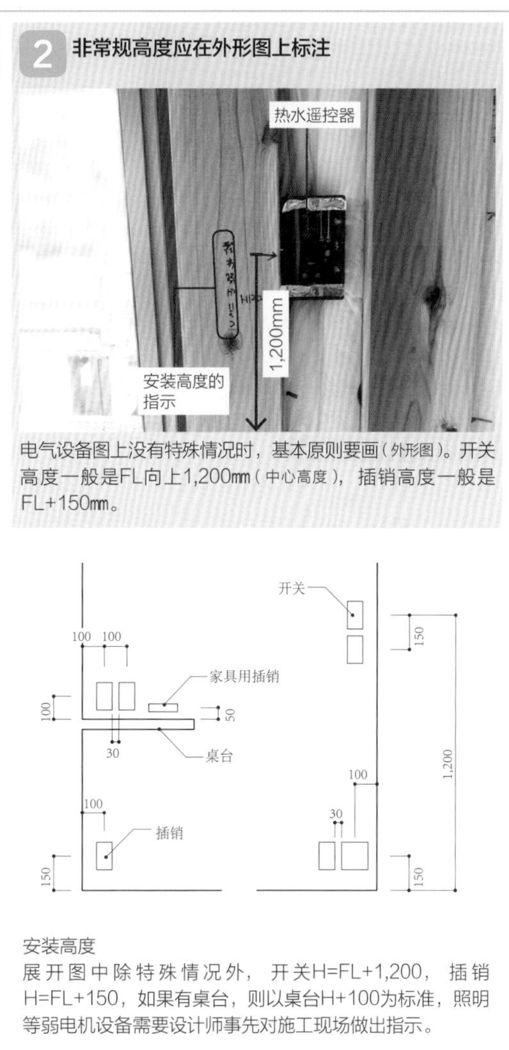

2 非常规高度应在外形图上标注

电气设备图上没有特殊情况时，基本原则要画（外形图）。开关高度一般是FL向上1,200㎜（中心高度），插销高度一般是FL+150㎜。

安装高度

展开图中除特殊情况外，开关H=FL+1,200，插销H=FL+150，如果有桌台，则以桌台H+100为标准，照明等弱电机设备需要设计师事先对施工现场做出指示。

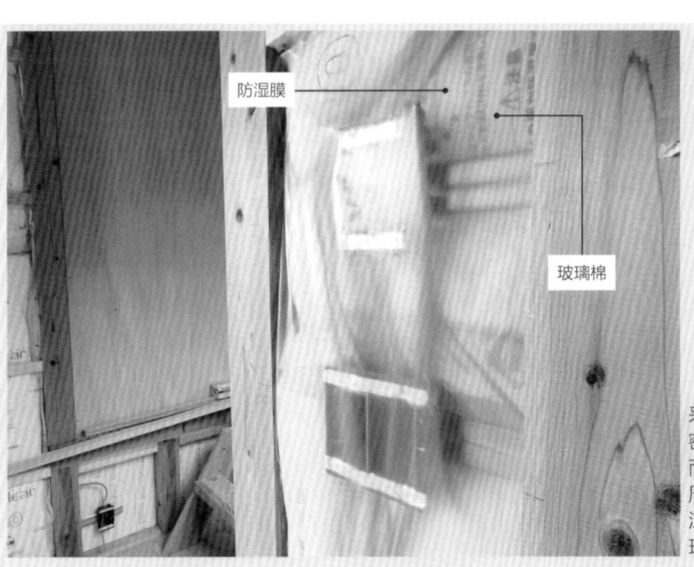

不要忘记开关与插销周围的密封处理

采用玻璃棉等保温材料时，开关与插销的防湿和密封处理很重要。因为要挖出部分保温材料，因而会产生缝隙。插销盒盖安装好后，贴防湿膜，周围的防湿膜与密封胶带要重叠。采用聚氨酯泡沫保温时，不产生缝隙，可以省去防湿和密封处理的环节。

电气设备图2

避免照明与建筑骨架间的干扰

电气设备图中还要描绘照明的安装位置。筒灯及吸顶灯更详细的配灯位置绘制在天花板结构平面图上[参照32-35页]，要避免干扰到吊顶木筋及地板梁。壁灯等也要绘制在展开图中[参照26-31页]，明确指示安装高度。同时，与这些灯具对应的开关也要考虑实际生活的方便性，研究合适的布局。

开关原则上是安装在门口处，但在设计方案时如果不有意识地考虑到开关位置，会与开口部及门窗盒等发生干扰，找不到安装位置，这一点需要注意。[关本龙太]。

一楼电气设备图[S=1:80]

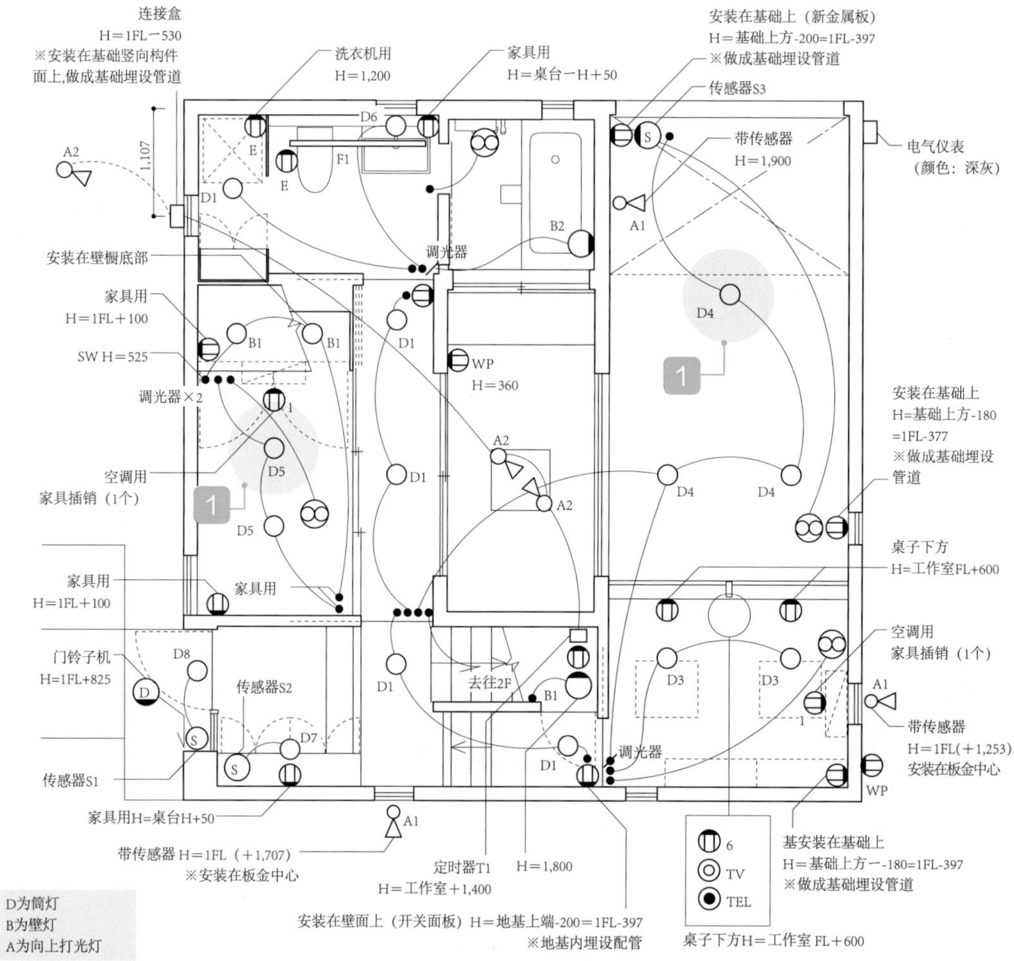

连接盒
H=1FL−530
※安装在基础竖向构件面上,做成基础埋设管道
洗衣机用
H=1,200
家具用
H=桌台−H+50
安装在基础上（新金属板）
H=基础上方-200=1FL-397
※做成基础埋设管道
传感器S3
带传感器
H=1,900
电气仪表
（颜色：深灰）
安装在壁橱底部
调光器
家具用
H=1FL+100
SW H=525
调光器×2
WP
H=360
空调用
家具插销（1个）
安装在基础上
H=基础上方-180
=1FL-377
※做成基础埋设管道
桌子下方
H=工作室FL+600
家具用
H=1FL+100
家具用
门铃子机
H=1FL+825
传感器S2
去往2F
空调用
家具插销（1个）
带传感器
H=1FL(+1,253)
安装在板金中心
传感器S1
调光器
家具用H=桌台H+50
带传感器 H=1FL（+1,707）
※安装在板金中心
定时器T1
H=工作室+1,400
H=1,800
6
TV
TEL
基安装在基础上
H=基础上方−-180=1FL-397
※做成基础埋设管道
安装在壁面上（开关面板）H=地基上端-200=1FL-397
※地基内埋设配管
桌子下方H=工作室 FL+600

D为筒灯
B为壁灯
A为向上打光灯

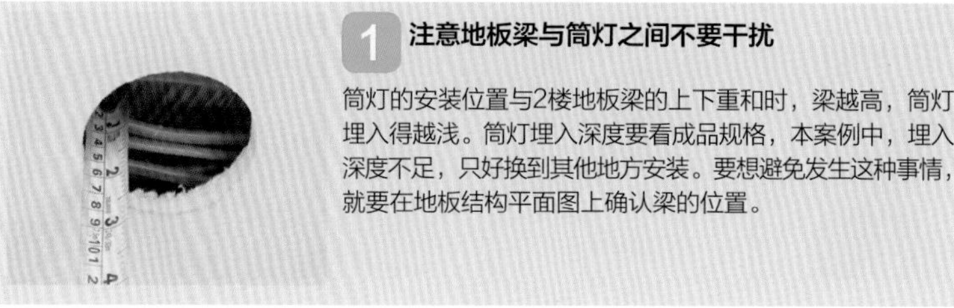

1 注意地板梁与筒灯之间不要干扰

筒灯的安装位置与2楼地板梁的上下重和时，梁越高，筒灯埋入得越浅。筒灯埋入深度要看成品规格，本案例中，埋入深度不足，只好换到其他地方安装。要想避免发生这种事情，就要在地板结构平面图上确认梁的位置。

二楼电气设备图 [S=1:50]

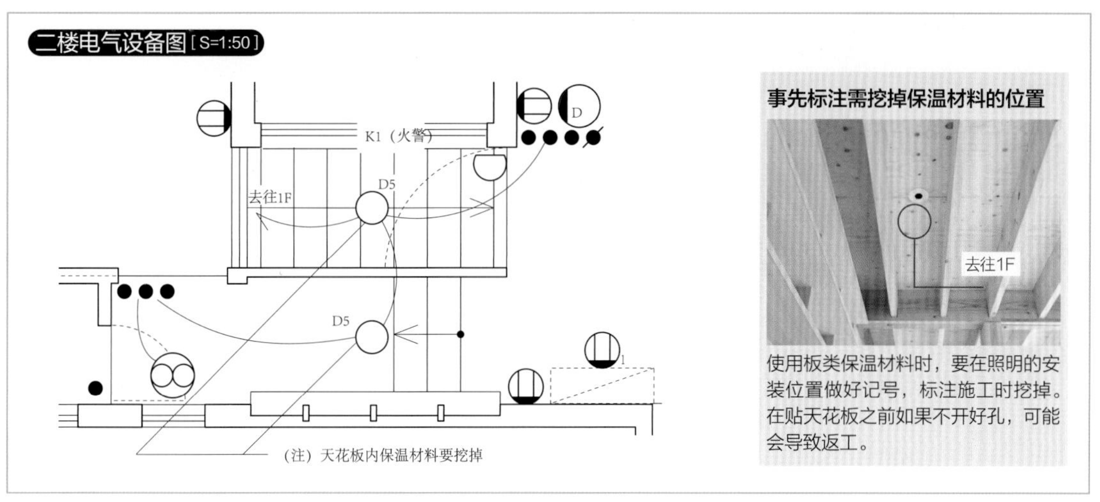

D
K1（火警）
D5
去往1F
D5
（注）天花板内保温材料要挖掉

事先标注需挖掉保温材料的位置

去往1F

使用板类保温材料时，要在照明的安装位置做好记号，标注施工时挖掉。在贴天花板之前如果不开好孔，可能会导致返工。

天花板结构平面图 [S=1:50]

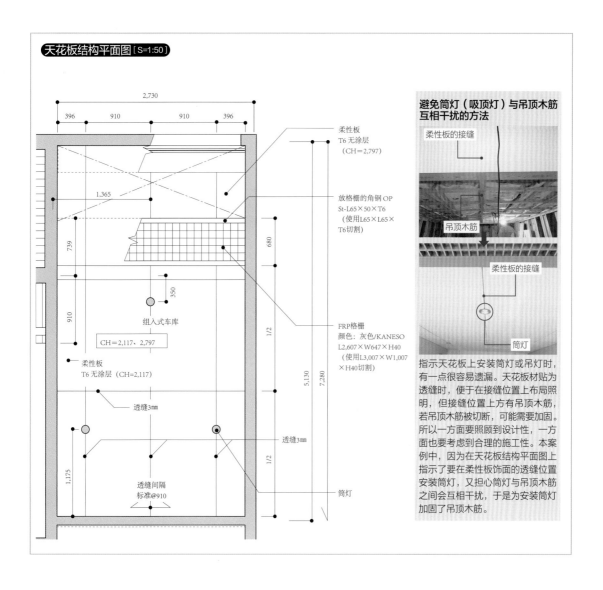

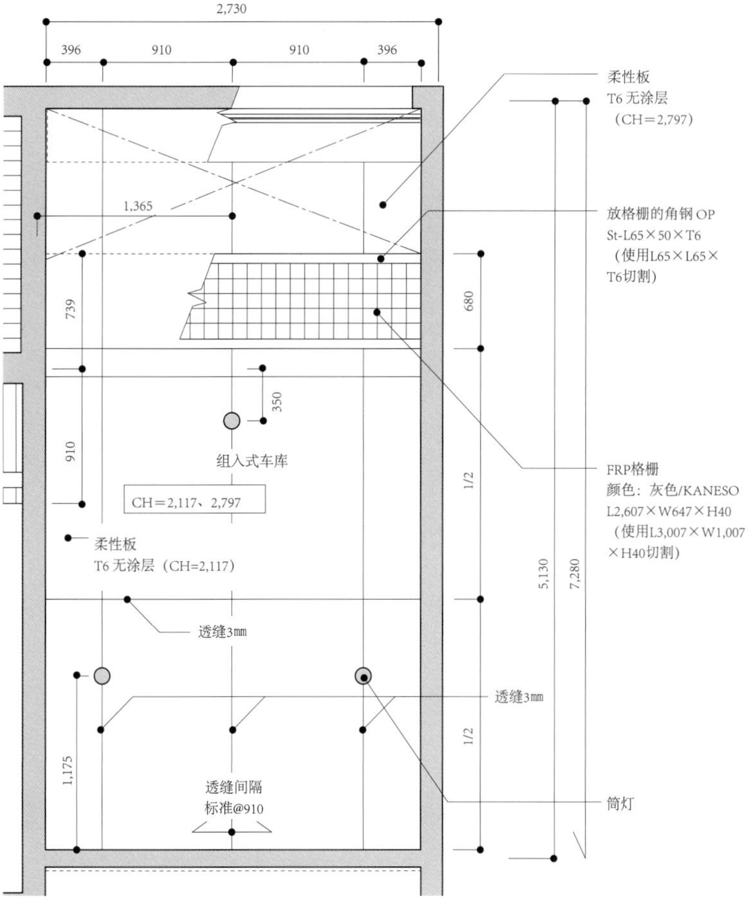

2,730
396
910
910
396
柔性板
T6 无涂层
（CH＝2,797）
1,365
放格栅的角钢 OP
St-L65×50×T6
（使用L65×L65×T6切割）
739
680
350
910
组入式车库
CH＝2,117、2,797
FRP格栅
颜色：灰色/KANESO
L2,607×W647×H40
（使用L3,007×W1,007×H40切割）
柔性板
T6 无涂层（CH=2,117）
1/2
5,130
7,280
透缝3㎜
透缝3㎜
1/2
1,175
透缝间隔
标准@910
筒灯

避免筒灯（吸顶灯）与吊顶木筋互相干扰的方法

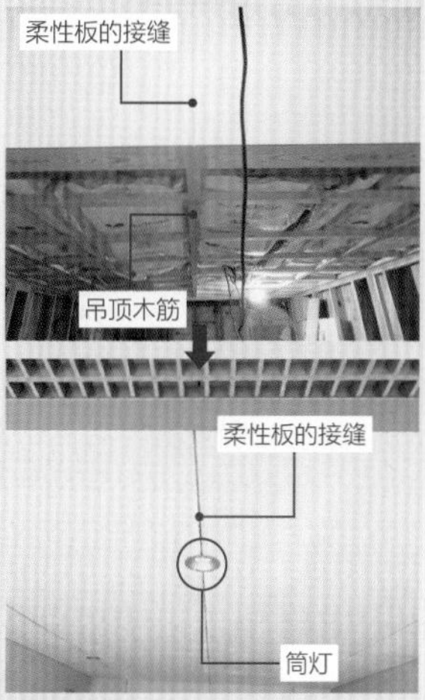

柔性板的接缝
吊顶木筋
柔性板的接缝
筒灯

指示天花板上安装筒灯或吊灯时，有一点很容易遗漏。天花板材贴为透缝时，便于在接缝位置上布局照明，但接缝位置上方有吊顶木筋，若吊顶木筋被切断，可能需要加固。所以一方面要照顾到设计性，一方面也要考虑到合理的施工性。本案例中，因为在天花板结构平面图上指示了要在柔性板饰面的透缝位置安装筒灯，又担心筒灯与吊顶木筋之间会互相干扰，于是为安装筒灯加固了吊顶木筋。

二楼饭厅展开图［S=1:30］

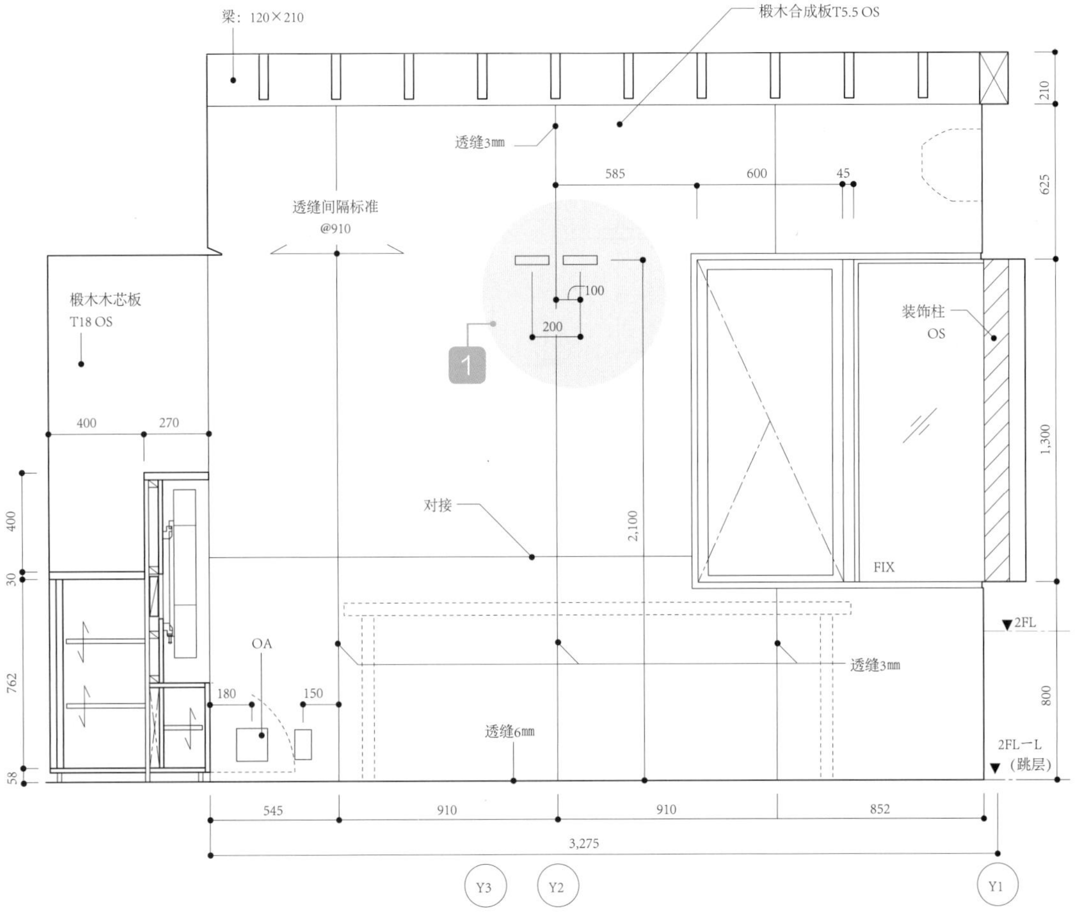

梁：120×210
椴木合成板T5.5 OS
透缝3mm
585
600
45
透缝间隔标准
@910
100
200
1
椴木木芯板
T18 OS
装饰柱
OS
400
270
对接
2,100
FIX
400
30
762
58
OA
180
150
透缝3mm
透缝6mm
2FL
800
2FL一L
（跳层）
210
625
1,300
545
910
910
852
3,275
Y3
Y2
Y1

a 特殊的接线计划应特别标注

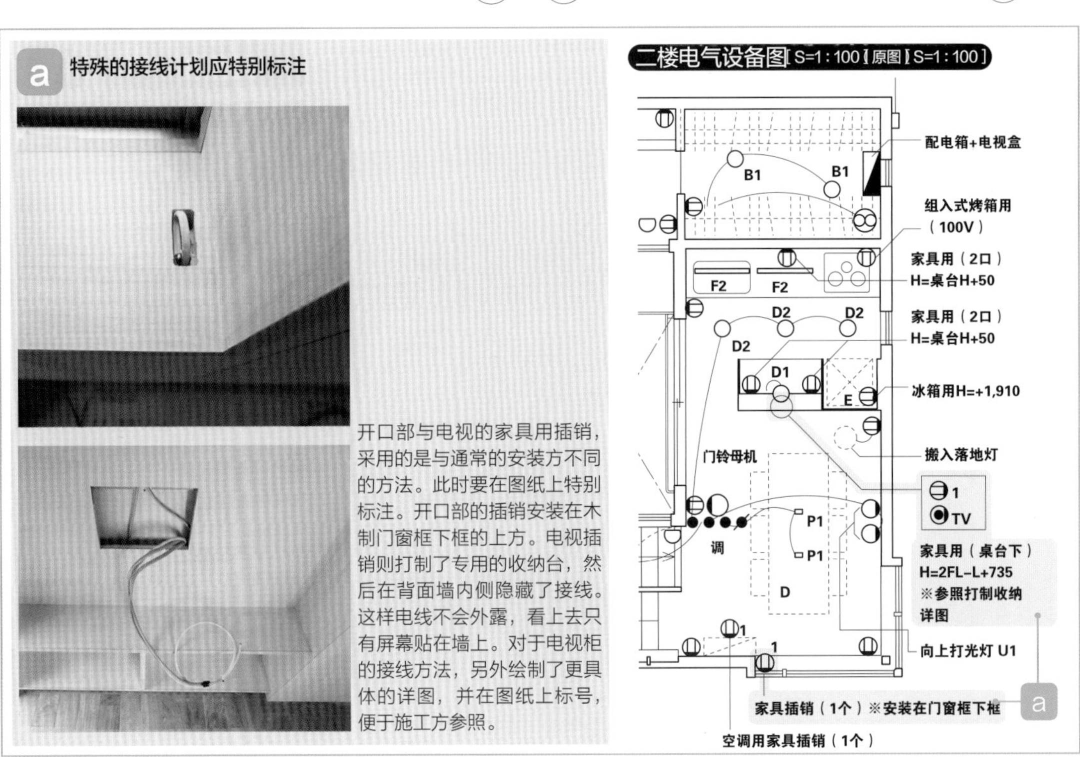

开口部与电视的家具用插销，采用的是与通常的安装方不同的方法。此时要在图纸上特别标注。开口部的插销安装在木制门窗框下框的上方。电视插销则打制了专用的收纳台，然后在背面墙内侧隐藏了接线。这样电线不会外露，看上去只有屏幕贴在墙上。对于电视柜的接线方法，另外绘制了更具体的详图，并在图纸上标号，便于施工方参照。

二楼电气设备图［S=1:100【原图】S=1:100］

配电箱+电视盒
B1
B1
组入式烤箱用
（100V）
家具用（2口）
H=桌台H+50
F2
F2
D2
D2
D2
家具用（2口）
H=桌台H+50
D1
E
冰箱用H=+1,910
搬入落地灯
门铃母机
1
TV
P1
P1
调
D
家具用（桌台下）
H=2FL-L+735
※参照打制收纳
详图
1
1
向上打光灯 U1
家具插销（1个）※安装在门窗框下框
a
空调用家具插销（1个）

1 增加灯具应在室内木工施工前的阶段决定

安装保温材料前不接好线会导致返工

椴木合成板T5.5

向上打光灯

应房主要求，开工后重新安装灯具的情况是很多的。本案例也是2楼饭厅的向上打光灯，在实施设计以后决定要安装。但是，电气接线施工多在基础施工结束后，已经进入室内木工施工阶段，很难处理。所以一定要尽早与房主确认。

浴室展开图〔S=1:50〕

贴美国扁柏OF

透缝6㎜

300

300

照明

375

400

25

端部：铝合金角钢
L-30×30×T1.0

1,300

2,170

2,125

200

75

贴瓷砖

▼1FL

▲浴室FL

45

375

45

425

1,600

1,820

110

110

Y5 Y4

热水遥控器
※对准瓷砖分割处

安装壁灯的指示也应在展开图上确认

横加固件

接线

透湿防水布

贴竖衬板

壁灯

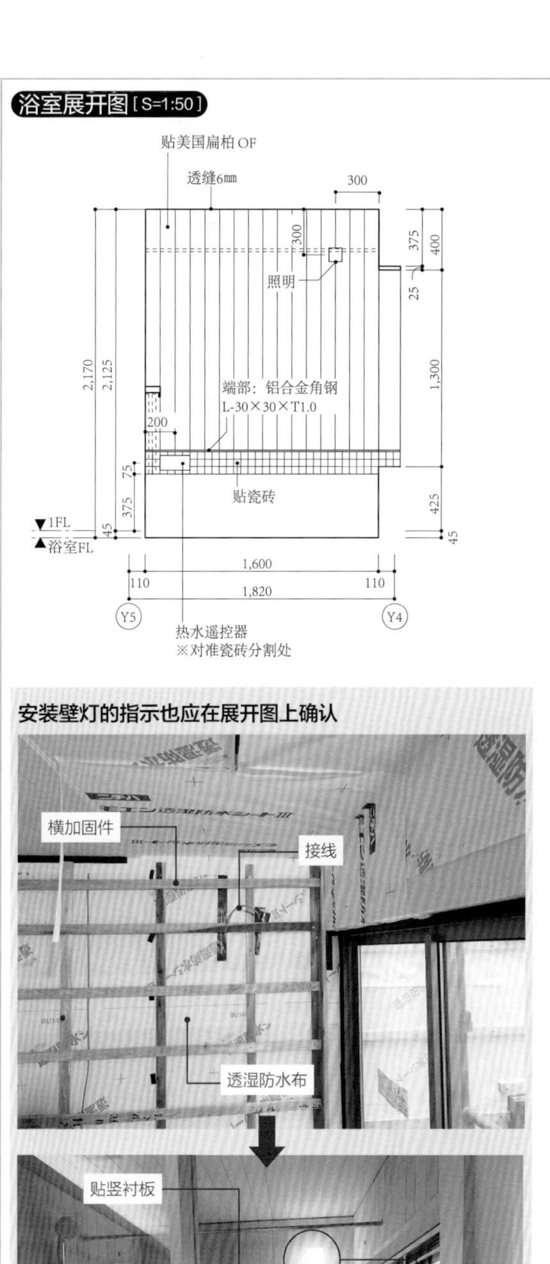

安装在墙上的壁灯，要在展开图上标好准确位置以防遗漏。

建筑设计图

建筑设计图［详图］

结构图

设备图

从完工状态学习施工图纸

空调设备图

成功绘制空调安装位置的方法

空调设备图主要是绘制空调、换气扇等机器图形的图纸，也要绘制油烟机及换气扇的烟道（风道）途径，以及空调的排水、制冷途径。要在天花板里侧及墙内设置通路，注意不让管道外露。

笔者特别注重的是要标上挂式空调的排水、制冷管道的取出位置。即使绘制了空调的安装位置，如果管道取出位置偏移，空调位置也会偏移。特别是考虑到以后要安装空调的情况，套管帽的位置要在展开图上做出指示。［关本龙太］

一楼空调设备图［S=1:80］

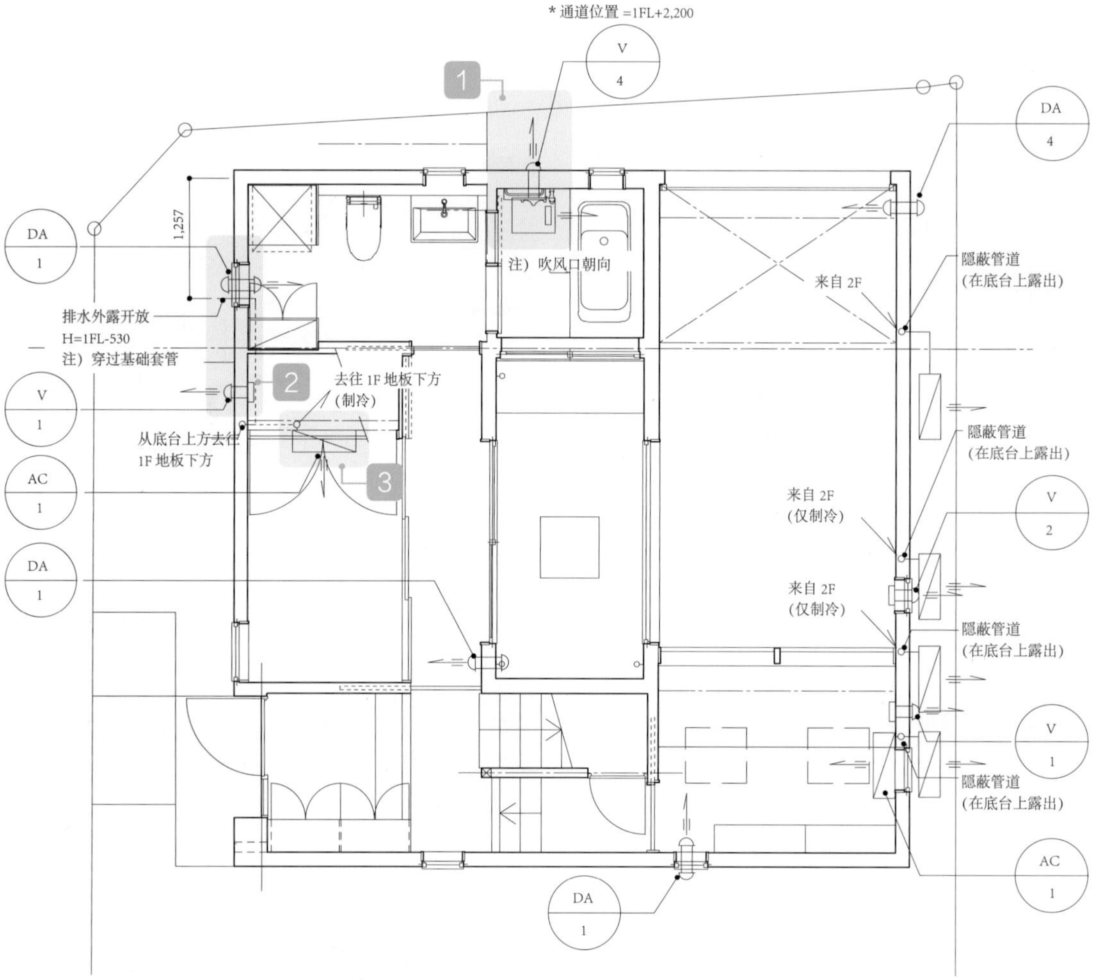

＊通道位置 =1FL+2,200

1

2

3

V 4

DA 4

DA 1

1,257

排水外露开放

H=1FL-530

注）穿过基础套管

V 1

从底台上方去往1F 地板下方

AC 1

DA 1

去往 1F 地板下方（制冷）

注）吹风口朝向

来自 2F

隐蔽管道（在底台上露出）

隐蔽管道（在底台上露出）

来自 2F（仅制冷）

V 2

来自 2F（仅制冷）

隐蔽管道（在底台上露出）

V 1

隐蔽管道（在底台上露出）

AC 1

DA 1

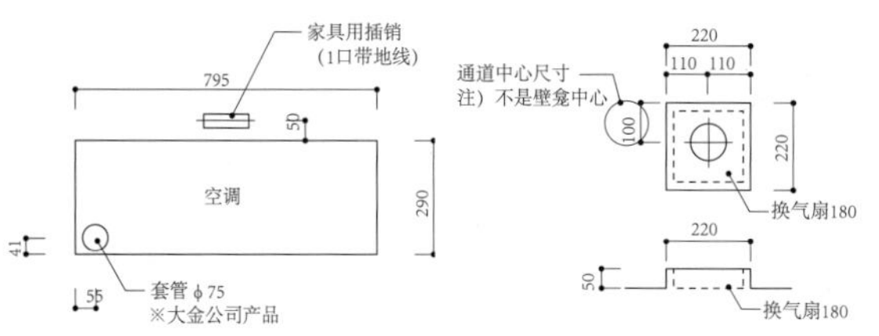

空调设备器表

- 油烟机按照工厂喷涂规格（特别订制的颜色）要注意交货期比较长
- 空调的排水、制冷管道原则上做在墙内隐藏式，从底台上穿到室外

1 换气扇的位置应与立面图一致

油烟机是外露在外墙上的，需要在空调设备图与立面图中进行研究。本案例中，外墙采用的横面板板金饰面。我们用上述两种图纸，将换气扇的安装位置设置为板金线与油烟机互不干扰的位置上[参照23页]。

2 指示油烟机的颜色

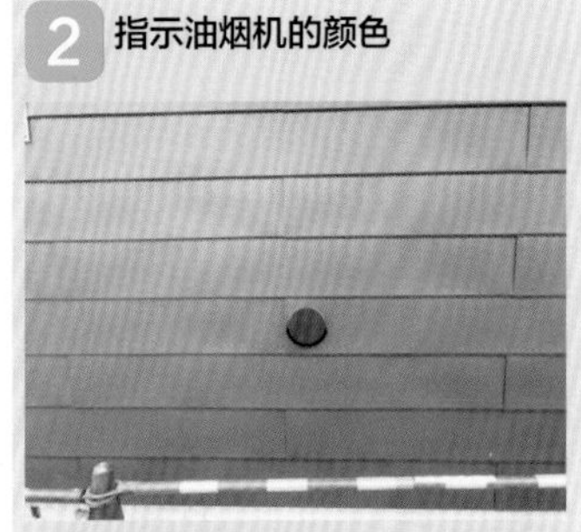

油烟机的颜色也是很重要的指示。采用与外墙饰面一致的（相似的）颜色时，需要在工厂做喷涂。虽然在现场也能喷涂，但是与在工厂喷涂相比，涂膜的性能差一些，经过较长时间后，表面的涂层很有可能剥落。而工厂喷涂的烘干涂料则可以降低这一风险[*]。

3 换气扇、挂式空调做壁龛收头的方法

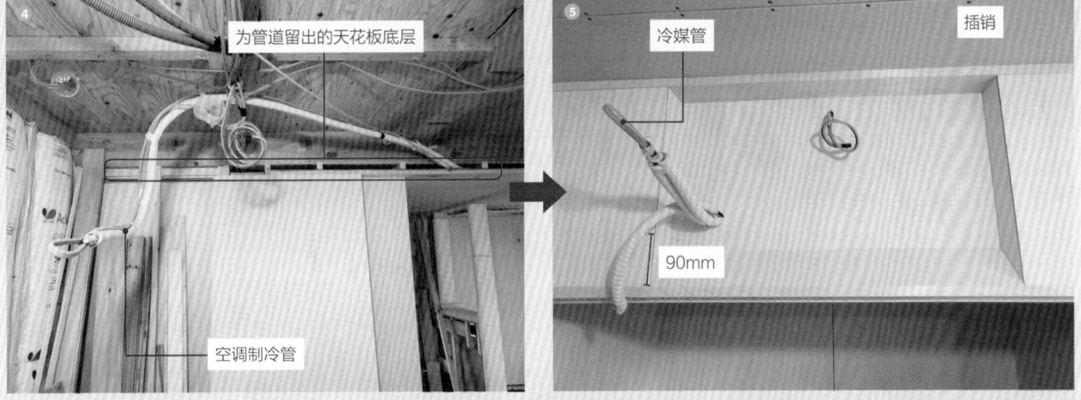

换气扇及挂式空调的壁龛收头有以下几个要点。换气扇中比较重要的是壁龛与管道风机的位置关系[❶❷❸]。管道风机不一定位于外盖（室内墙）的中心位置。所以，遇到管道风机的中心位置和壁龛的中心位置不一致的情况时，要在特别标注事项中标注。对于挂式空调，除要注意埋入的深度，在下方还要做成梯形风道，以让空气顺利吹出[❹❺]。本案例中是在空调下方90mm的范围做成了梯形风道。

* 工厂喷涂所需时间较长（2周左右），要在图纸上作为特别标注事项标注以示提醒。想要达到与外墙颜色统一的效果时，选择比外墙颜色“感觉稍微深一点”的颜色会比较好。

1 注意油烟机的通道管道径

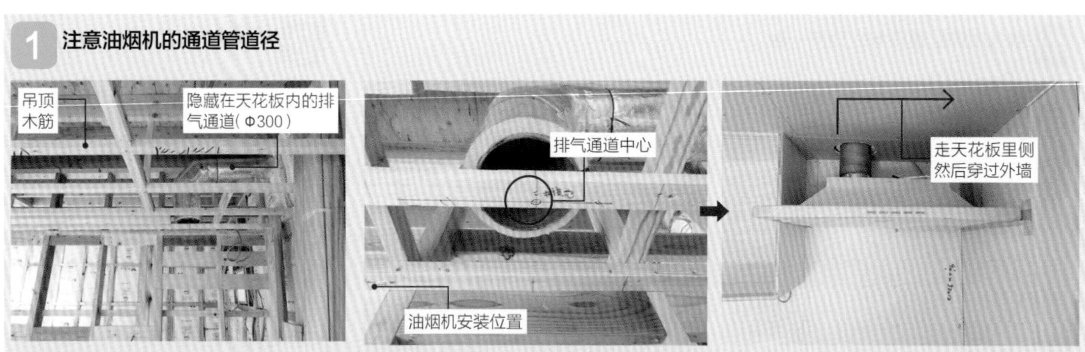

油烟机通道的直径大约有φ150左右，想要在天花板内与梁互相干扰通到室外不太容易。对于油烟机管道的遮盖方式，最合理的就是让厨房的天花板高度下降。改变天花板高度时，其切换位置要在平面详图中明示[参照8·9页]。

二楼空调设备图[S=1:100]

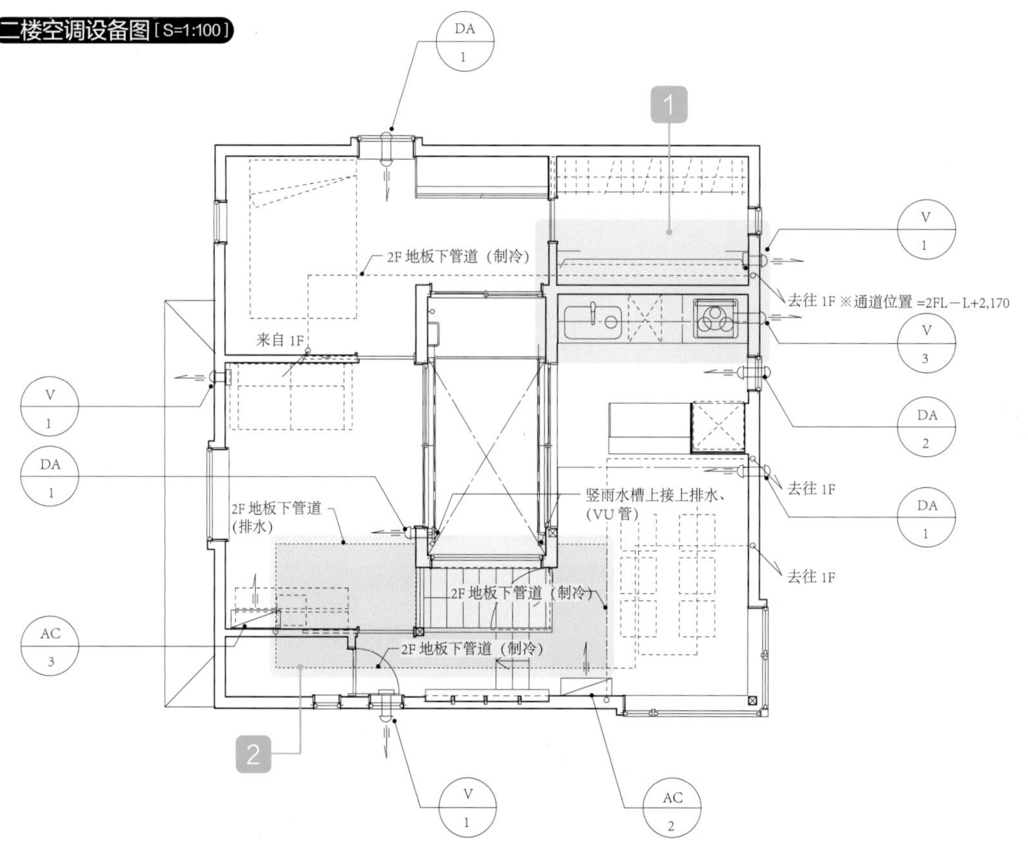

2 从 2 楼走管道的路线应利用所有的缝隙

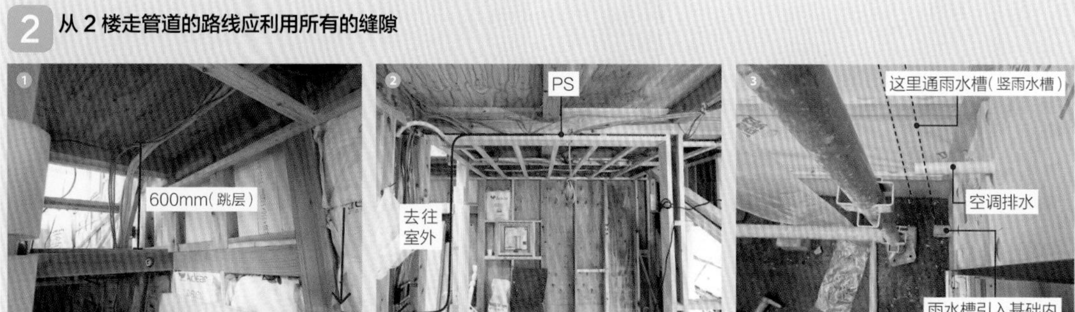

采用无龙骨的地板时，2楼地板下就很难用作管道空间。对于设计为跳层的这栋楼，地板下空间足够的区域都用虚线表示[❶]，利用这些区域排列空调的制冷管等[❷]。空调制冷管通过开口部旁边的墙穿到外墙，然后与角落设置的竖雨水槽连接[❸·参照92-93页]。

专栏

不可小窥的大型冰箱搬入途径

最新产品有的容量超过了700L，有的宽度超过了800㎜，与房主开会的时候一定要确认安装的冰箱尺寸。

|表|容量越来越大的冰箱(大型厂家的最大容量产品)

公司名称	产品名称	额定容量(L)	宽×进深×高(㎜)
三菱电机	MR-WX71Y	705	800×738×1,821
东芝	GR-H62FX	618	750×732×1,818
日立制作所	R-SBS6200	615	910×720×1,760
夏普	SJ-GF60A	601	750×728×1,820
松下	NR-F560PV	555	685×733×1,828

|图1|安装在暗柱墙内时采用扶手拆卸式

在暗柱墙上安装扶手则有效尺寸会变窄

这是用石膏板作为暗柱墙收头的楼梯。楼梯的有效尺寸是766㎜。虽然不同的扶手形状不同，对于笔者常常采用的木制扶手，从墙伸出50㎜左右，有效尺寸只能保证716㎜左右，很可能难以搬入大型冰箱。

制作拆卸式扶手的方法

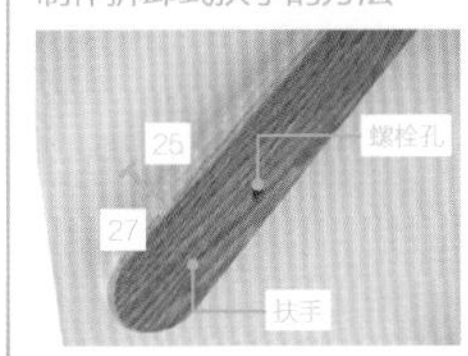

将扶手制作为可拆卸式的，则有效尺寸可以加宽几十毫米。笔者将扶手用螺栓固定等方式进进应对，但外观上仍存在问题。另外还有采用普通扶手底座等方法。

二楼平面详图[S=1:100](原图[S=1:50])

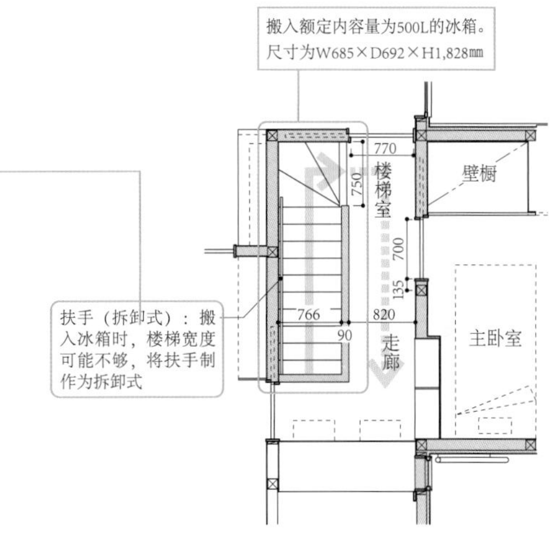

尽可能放宽楼梯的有效尺寸

进行设计时或现场监理时不管做得多好，最后还有一个很大的陷阱。这就是房主搬家时发生的问题。通常设计师都经历过房主的一通电话让心提到嗓子眼的情况。特别是设计的时候最容易忽略的，也是搬家时最容易发生问题的就是冰箱（或者是洗衣机或是钢琴，所有大型搬入家具都有可能发生同样的问题）。

在住宅密集地区盖二层独立住宅时，受采光条件等的限制，在2楼布局LDK的情况较多。此时要从楼梯搬入冰箱。有时候甚至发生要另外付钱，让吊车从2楼露台搬入的情况。

即使毫无问题地设计了冰箱的放置地点，如果搬入路线的楼梯有效尺寸不够宽，也会影响冰箱的搬入，而且破坏墙壁等的风险也加大。围式楼梯、旋转楼梯、拐弯楼梯肯定会出问题，即使是直行的楼梯，也要保证足够的有效尺寸。

木制传统组建法中标准模板是910㎜。加上底层（最标准的石膏板的厚度是12 · 5㎜）及饰面，楼梯的有效尺寸只有766㎜左右。

此时问题的关键在于，“冰箱产品的大型化”“表”与“因扶手宽度造成楼梯有效尺寸变窄”“图1，图2”这两点。前者需要常常查阅各厂家的产品目录，对尺寸体系做一个整理，以便随时可以用到。最近的趋势是，使用500L以上冰箱的家庭越来越多。这种冰箱的尺寸大约在W685×D690×H1818㎜左右）。

对于后者，因为扶手造成有效尺寸还要减少几十毫米。应对方式是，在平面详图等上面标注“扶手制作为可拆卸式”，在施工现场指示可以实现的收头方式。当然，楼梯制作为明柱墙收头，若可以让楼梯的宽度足够宽，就没有必要把扶手制作为可拆卸式的。但为了以防万一，遇到地板及墙都包着保护层时，也要考虑保护层的厚度。而且冰箱也有可能是包装以后才搬入，所以若能尽量加宽有效尺寸就要尽可能地加宽。[关本龙太]

图2 | 用明柱墙安装等可以保证足够的宽度，所以扶手也可以制作为固定式

楼梯室的一侧制作为明柱墙时的有效尺寸增加了+18㎜（椴木合成板）

二楼地板梁
105□
装饰柱105□
透缝3㎜
椴木合成板T5.5

明柱墙
暗柱墙

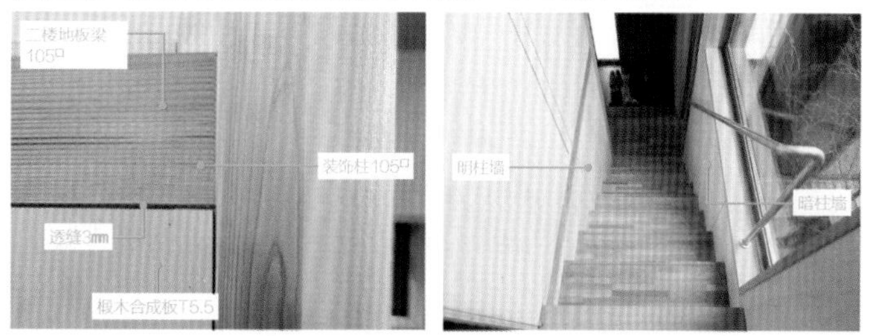

扶手安装面虽然是暗柱墙，但不安装扶手的另一面墙是明柱墙，可以保证宽松的有效尺寸。本案例中，将装饰柱与装饰梁面对齐，采用T5.5㎜的椴木合成板做透缝贴。楼梯的有效尺寸在扶手内侧为743㎜。如果是容量500L的冰箱则可以毫无问题地搬入。

麻烦的冰箱门

放入冰箱
门打开的范围

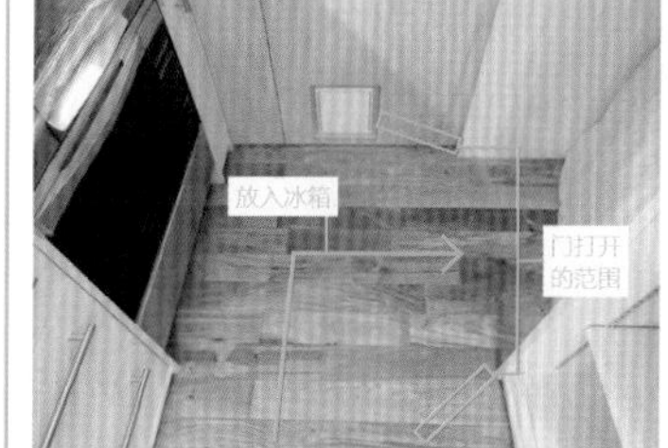

各成品都规定了最小放置空间的尺寸，在实施设计时一定要参考。特别要注意的是两边开的冰箱门。冰箱空间两侧如果有袖墙靠得太紧，门就无法打开90°以上，所以要特别注意。

二楼平面详图[S=1:100]

露台
厨房
2,600
898
58
766
18
1,100
18
720
50
58
800
649
21
注意墙壁厚度
竖井
客厅
饭厅
3,640
5,460
冰箱：R-G4800D/
日立制作所
W685×D638×H1,818
楼梯室
800
743
1,820
储物间

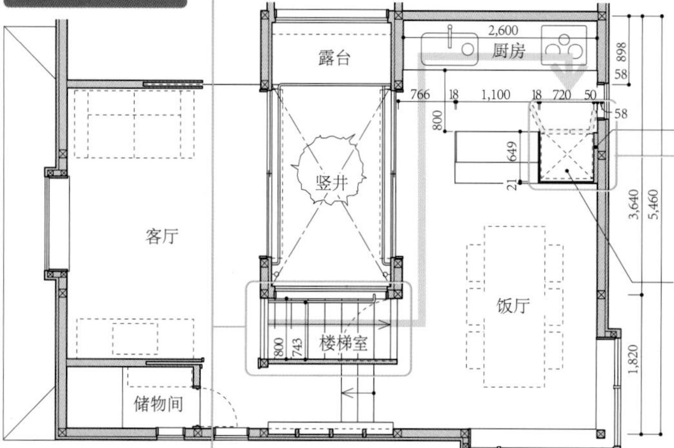

一楼平面详图[S=1:100]

和室
走廊
中庭
组入式车库
800
330
20
225
楼梯下
收纳
815
正门
1,320
105
1,820
2,150
工作室
800
明柱墙
1,820
910
1,820
2,730
7,280
N

扶手详图[S=1：10]

扶手：St ϕ 27.2×2.3
热浸镀锌质地
栏杆
1,967
676
726
门窗框（窗台）
50
扶手埋入
托架
标注墙线
6
50
30
27
扶手：St ϕ 27.2×2.3
热浸镀锌质地
标注门窗框下框线

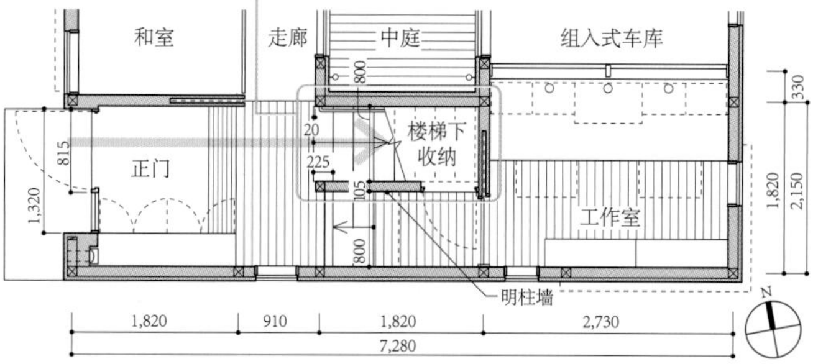

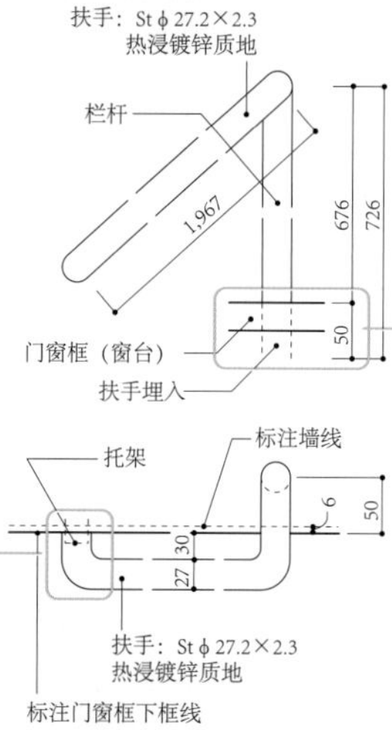

扶手下端固定在托架上

托架
扶手

扶手

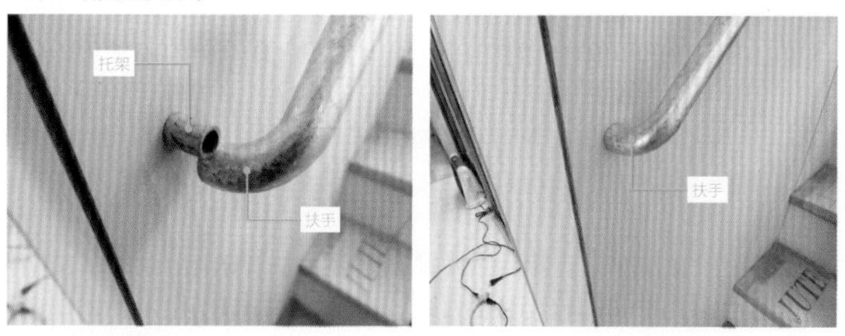

扶手带榫舌，只需插入事先安装好的托架中，然后下方用螺钉固定即可。本案例中用的是固定扶手，也可以应用可拆卸式。

扶手上端固定在门窗框的窗台上

栏杆
圆底座
窗台

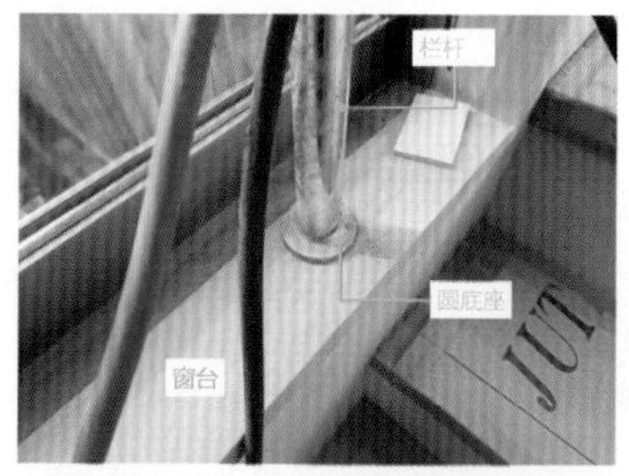

对于楼梯上端部分，为了防止摇晃地穿过窗台，在内部用螺栓固定。一方面要夹住扶手固定，另一方面要避免穿孔形成的缝隙，所以扶手上采用了固定的圆底座。

从完工状态学习施工图纸

这一章中，将对照前几章介绍的住宅完成照片与实施图纸。看到之前介绍的 4 栋住宅的最终完成效果，就可以理解为什么图纸一定要详细和准确。

图纸产生的功能美

房屋南侧外观

[摄影：大泽诚一]

房屋外围通常都会安装水表、燃气表、电表等隐藏的仪表，各类仪表的设置位置需要在一开始就决定好。

笔者考虑的是不要让查表人员走到宅基地太里面，对于这栋房子，南侧的前方道路集中了停车空间与仪表类。但这里刚好也是代表楼房主要外观的位置。为了不妨碍房屋的美观，在实施设计图纸上，不仅要仔细研究仪表设备类的安装位置，还要考虑与建筑之间的连接问题。

水表埋入了停车空间的素土地面下，电表安装在道边引道杆上。仪表中最让人头疼的是燃气表，最后埋入停车空间与庭院之间的隔断墙中，并用金属板遮盖。围墙的高度有一处是不同的，利用这个高低差将金属板融入了围墙。

像这样，设备仪表类也要作为设计的一环，在实施图纸上认真研究。[本间至]

1 调理台与碗橱的连接

厨房设计的是水槽与灶台并排排列的I字型调理台。对面是放置调理机器等的开放空间。调理台及碗橱在工厂制作好外箱，然后搬入现场调整安装。图纸中，按照施工顺序，分别明确标注家具施工、木工施工的范围以及互相连接的地方，以便施工现场人员确认。笔者所在的事务所，向现场提交的连接详图采用了1:20原寸大的比例尺。

2 层厨房

［摄影：大泽诚一］

厨房详图［S=1:20］

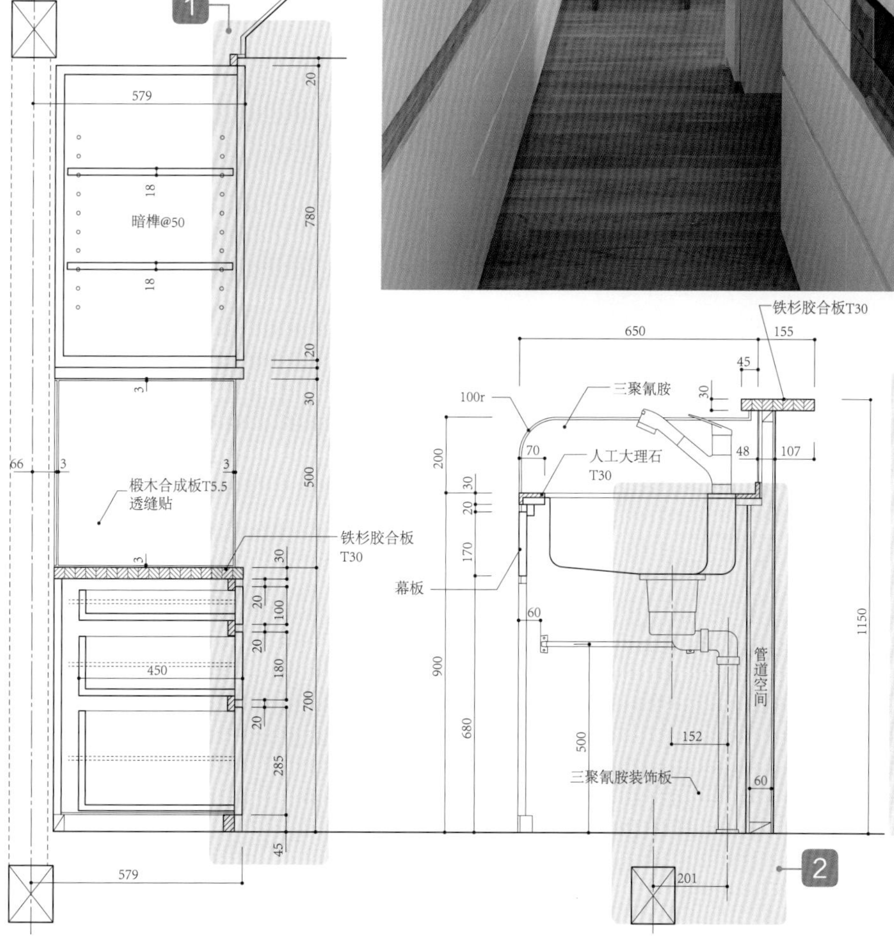

2 注意结构件材与管道之间不要互相干扰

厨房周围的图纸中，还要标明设备机器与管道之间关系的详细尺寸。设备机器与管道采用的是市售品，不能自由设置尺寸。特别是地板管道立起来的高度以及之后的管道走向，要让施工方了解清楚，标注作为标准的墙中心位置以及从结构件材计算的尺寸。标注前，要认真研究，确保可以避免设备管道与结构件之间的互相干扰。

2 楼饭厅

［摄影：大泽诚一］

最复杂的部分应绘制图纸

饭厅的墙面制作了储物柜。中间的位置是带拉门的柜子，其上方有装饰碗柜，再上方是书柜。中间的位置做成拉门是考虑到前面时常要放着餐椅。柜子的一端制作为抽屉，其他部分用百叶门遮住里面的进气口。上方还有一个小腰窗。像这种多个元素混合存在的情况，要挑选连接最复杂的位置另外制图。有些尺寸非常细致，最好放大比例尺绘制。

食器收纳剖面详图［S=1:25］（原图［S=1:20］）

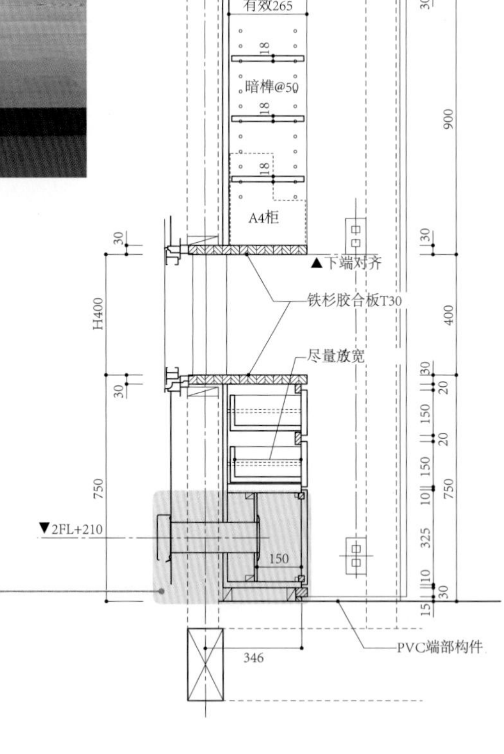

进气口剖面详图［S=1:10］（原图［S=1:20］）

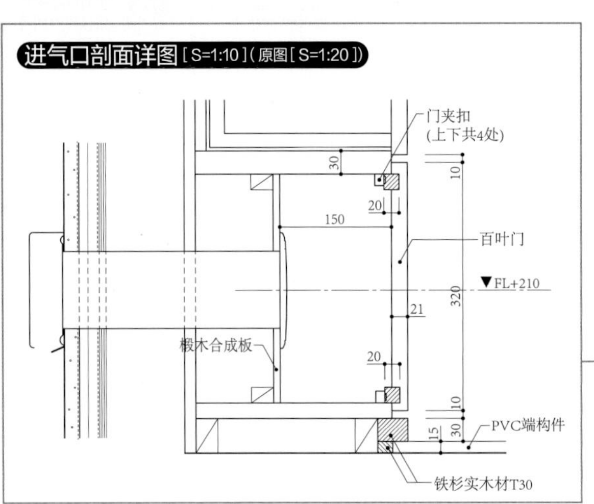

从2楼饭厅眺望客厅

[摄影：大泽诚一]

二楼剖面详图[S=1:50]（原图[S=1:20]）

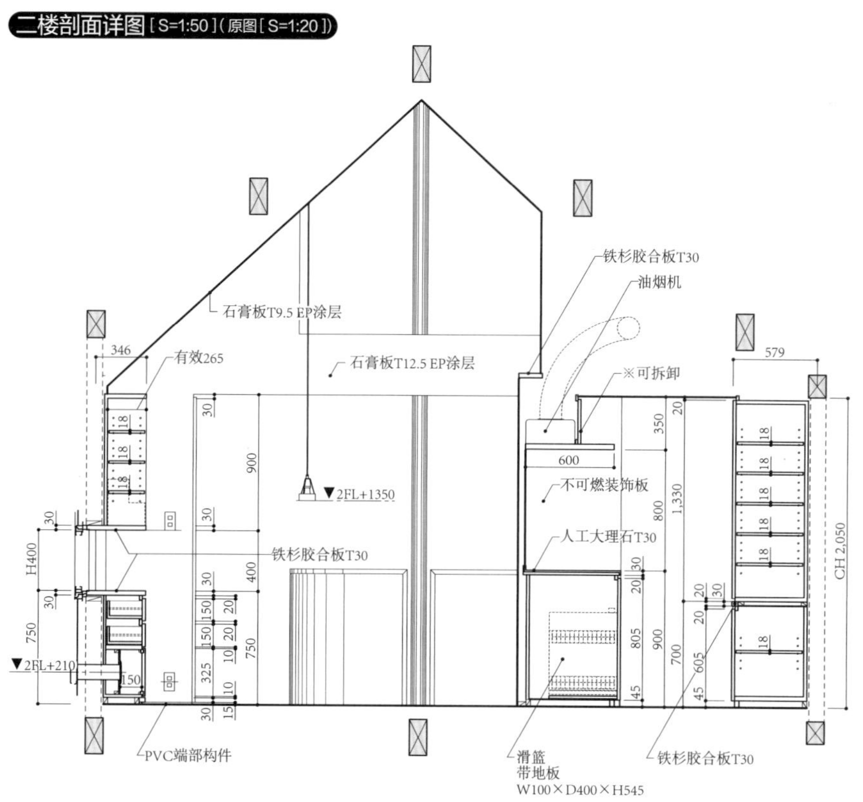

标注木屋屋顶周围的梁、主楼、屋脊

层天花板采用的是与建筑外观相同的三角形饰面。中央楼梯是一种柔性隔断，将客厅与饭厅隔开，楼梯正上方的天窗射入的自然光，将时间的变化传达到室内空间。笔者在图纸上标注了木屋屋顶周围的梁、主楼、屋脊等结构件，这是为了用于研究天花板底层的吊顶木筋及保温材料的位置关系，同时也用于研究天花板的饰面位置。

铭记图纸就是施工合同

所有的工程都共通的一点就是，实施图纸意味着不能再因为设计师的某个想法而随意改变，就像是已经签出去的支票一样。设计师要带着这种意识，开展制图以及相关工作。

但现实中由于时间的制约或是负责人的技术不够纯熟，难免会发生修改和变更的地方。

但是绝对不能因为这样就认为反正一边制图一边施工就好，这种想法是绝对错误的。变更的内容有些需要施工方管理人员的认可，有时候要需要房主的认可。由于变更产生额外费用的情况也很多，即使需要变更，也要通过图纸进行具体的沟通。

此时使用的称为修改图纸或补充图纸，这些图纸要作为沟通工具起到应有的作用，必须考虑到对方的时间，给对方充分考虑的时间，尽可能早地提交。另外，导致变更的过程最好也在设计师和施工方都在现场的时候予以明确，以便双方达成一致。为此，一定要在绘制的图纸或文件上标注日期。日期既可以用做预算和工程的参考，也可用于分配现场作业时间。[瀬野和广]

北东侧房屋外观

[摄影：吉田诚]

玄关拉门框架平面详图[S=1:12](原图[S=1:10])

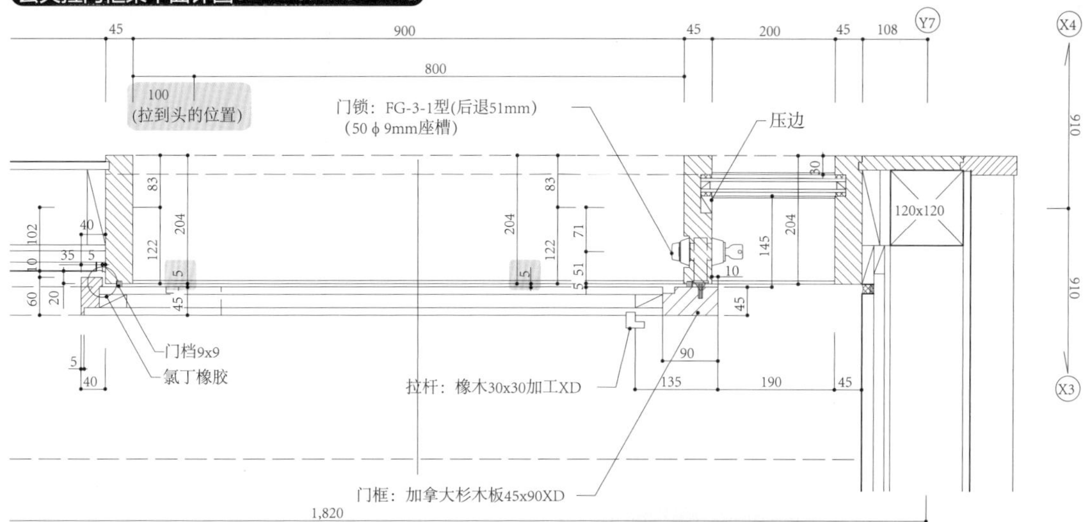

正面玄关

拉门的缝隙接合应以毫米为单位标注

大的开口部为了防火及提高密封性能，通常采用铝合金产品，笔者比较重视玄关大门，用的是打制的方式。设计玄关拉门时，既要保证密封性，也要减少摩擦阻力，开门关门都要平滑。为此，与门框之间的接合细节需要仔细考虑后再绘制。这里，将门与框之间的留缝设置为5mm，并明确标注在图纸上。另外，为了防止拉门夹手，也标上了“拉到头的位置”的尺寸。图中尺寸为100mm。

[摄影：吉田诚]

南东侧房屋外观

[摄影：吉田诚]

越屋顶檐头详图[S=1:15](原图[S=1:10])

屋顶2
铝合锌镀膜钢板
T0.4竖平面班@455
沥青油毡
杉木粗锯木板T24
椽条45x180@455
保证屋顶保温通风空间
(椽条间)
(※以下均为信越BIB施工越)
保温材料：玻璃棉35K
T200吹制
贴可变透湿布
X3
650
夏日阳光
杉木板 45x120加工XD
15
45
24
10
4
160
40
10
105
120x120
(房檐高+2570)
冬日阳光
檐口换气口
房檐内侧：硅酸钙板T12
处理接缝后 UP
210
460
椴木胶合板+EP 多层喷涂
遮挡日射
百叶窗：
加拿大杉'2x'6/2
@90 XD
89
500
358
(窗打开时留缝
335以上)
464
45
雨档
25
89
30
120x150
(房檐高+1456)

1 绘制夏季与冬季的日射角

设计带天窗的屋顶，主要以散热、自然换气和采光为目的。特别是采光方面，夏季要遮阳，冬季要吸收阳光，天窗起到了重要的作用。为此，要将夏季和冬季的日射角分别绘制图纸上，强调室外百叶窗倾斜角度的重要性。绘图时，还要考虑尺寸标注与文字标注的布局平衡。

2 窗户与百叶窗的留缝

开口部与百叶窗要互不干扰，标明留缝。图中标注了保证打开窗户时的最少留缝，是为了防止施工时出错。

1 指示更换屋顶的面板

为了令檐头线看上去更简洁，将蔓叶纹样部分换成了平面板。更换为平面板的部分在图中做了标注。

2 连檐垫板收头

一栋建筑的前端部分决定了人们对其的印象。大屋顶切山墙的檐头就是房屋最前端的部分，我们对形成前端形状的椽条与连檐垫板的剖面形状做了多次确认，包括施工现场对实际尺寸的确认。队板金卷起状态的剖面形状也做了尺寸调整。檐头的详细信息都可以在1张剖面图中找到。

因为连檐垫板是决定檐头氛围的关键，对尺寸、加工方法及与其他构件之间的接合等都要做出详细的指示。连檐垫板与封檐板上方横木的角落收头等，在剖面图上无法表现的收头相关注意点都做出特别标记，告知现场设计师意图。

3 屋顶通风防虫措施

面户板考虑到屋顶通风，以455㎜间隔开孔。同时指示盖上网作为防虫措施。

从木甲板南西眺望

[摄影：吉田诚]

主楼檐头详图 [S=1:15]（原图[S=1:10]）

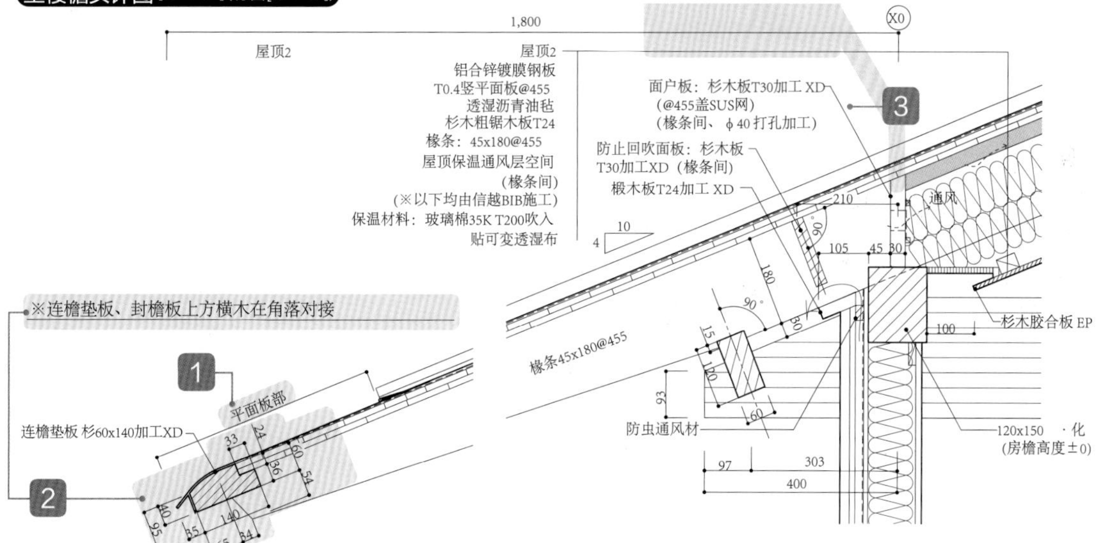

同时针对制作方与居住方的图纸

笔者在实施设计时经常提醒自己的就是“考虑对方的立场和能力”“不忘人性化的合理比例”这两点。

虽然工匠也是专家，但是太难理解的细节不仅在施工时容易出错，常年使用后也容易变形，有一定危险，而且很难保证所有的图纸都能准确一致。在细密的图纸中，关键还是需要宽松和弹性。而且，仅仅将制图放在第一位，而忘记了人性化及合理性，是最需要避免的。无论是窗户的高度还是照明的位置，设计师在现实的空间里，从居住方的角度去想像生活细节，才是设计好一栋舒适住宅最重要的。

这两个关键点能够相结合，实施设计图才会和谐，才会减少事后想起的各种变更。进入现场后绘制的图纸，大多应该是作为补充用的，重要的信息都应该在实施图纸中绘制。这样设计师才不会每一次到现场，都根据当场情况做出设计变更。笔者认为这不是自己特别讲究的地方，而是与现场施工人员在平等立场上工作时应恪守的最低限度的礼节，也是作为一名设计师应有的自觉。[关本龙太]

西侧房屋外观

[摄影：新泽一平]

[摄影：新泽一平]

开口部框架平面详图 [S=1:6]（原图[S=1:3]）

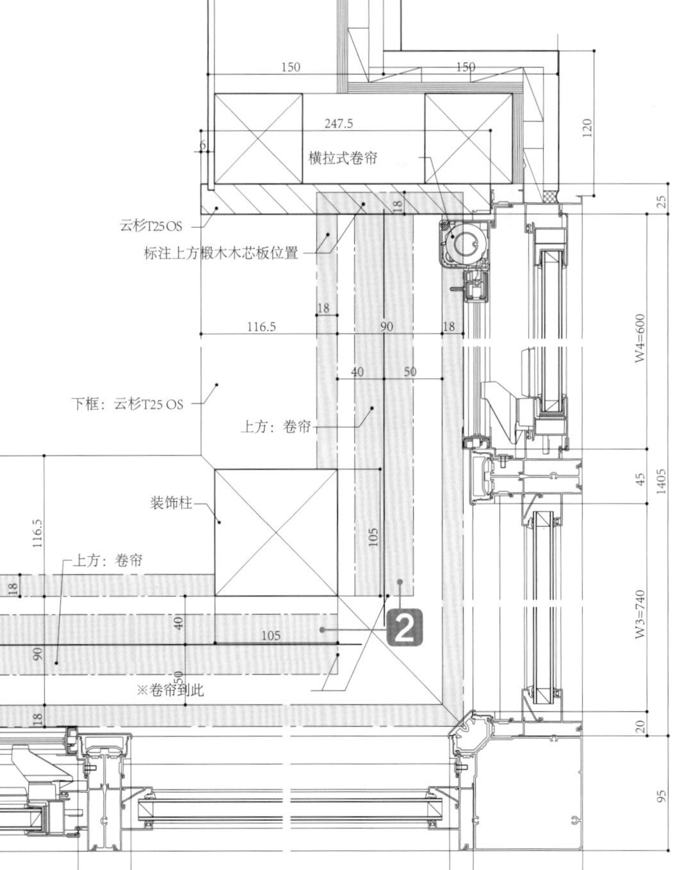

1 指示卷帘盒的布局

饭厅东南角设计了飘窗。采用铝合金窗框制作为拐角窗时，抱框容易遮挡眺望视线。但是如果窗户设计为飘窗，结构柱可隐藏窗框，角落看上去也线条简洁。而且利用飘窗的进深，还可以消弱看向收纳卷帘的窗帘盒的视线，获得更大的开放感，得到更好的眺望效果。图纸中，为了让围住上方卷帘盒的椴木木芯板与装饰柱及侧面窗框的位置关系均可一目了然，将构件的布局与厚度用外露线标注出来。

2 卷帘偏向室内一侧

绘制盒内的卷帘位置与长度。考虑到卷帘在开闭时的操作性，偏向室内一侧布局。标注了卷帘中心线到盒侧面两处的尺寸，以具体传达设计师的意图。

房屋配件平面详图［S=1:10］（原图 S=1:5）

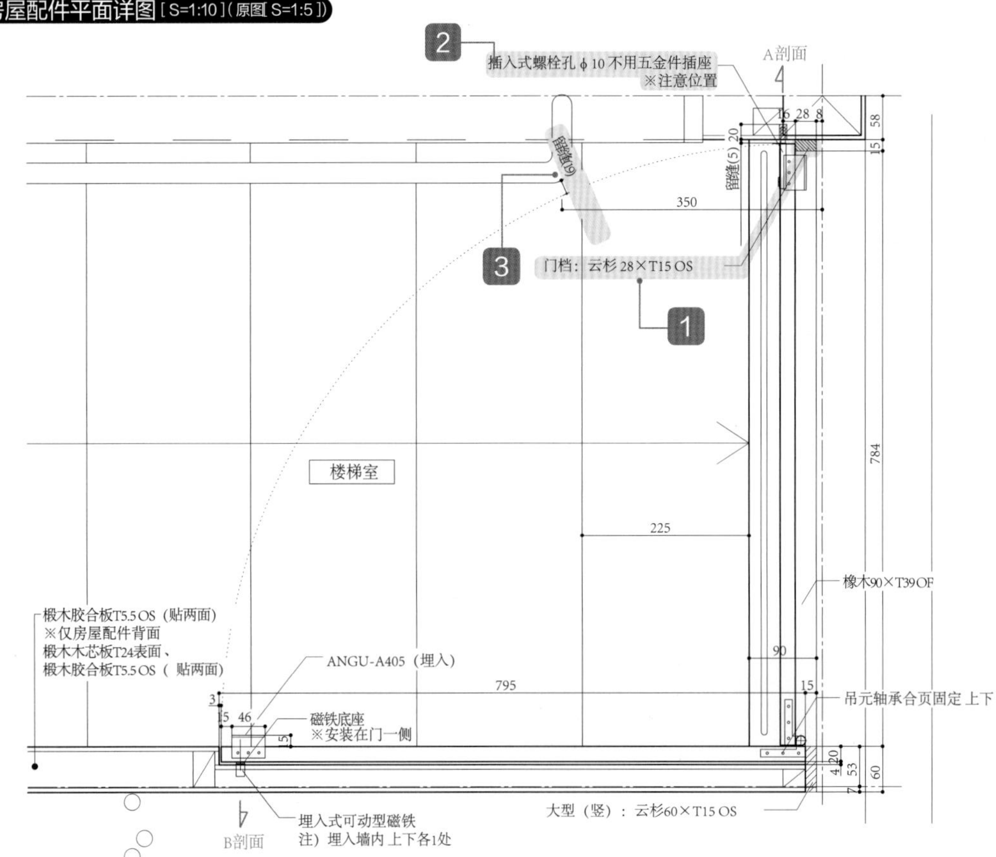

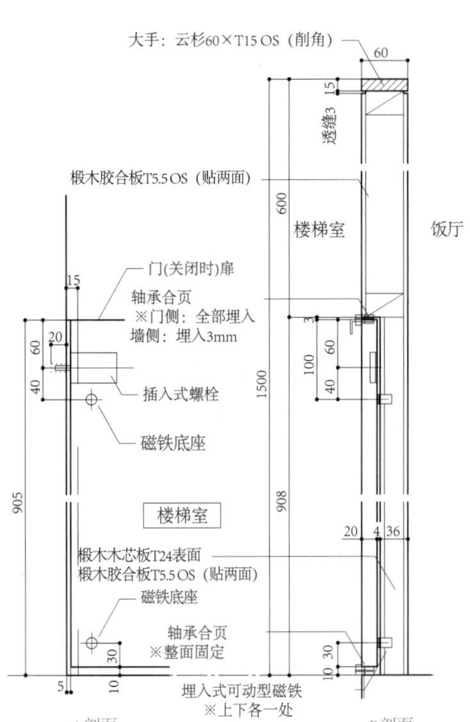

1 省略门档

设计时虽然有门档，但考虑到大部分时间门被收起来，最后决定省略门档。

2 注意螺栓底座位置

埋入磁铁门夹扣的安装，含底座厚度在内，制图时及施工时都精确到了毫米单位。带槽螺栓的插孔，会因为门的微小下垂以及旋转轨迹的些微偏离就插不进去。插孔位置，在图纸上做出了提醒以便在现场实际将门吊起后，让施工方准确打孔。而且此处一旦出现差错则无法返工，图纸上要重点标注“要注意”。这类注意事项除要在图纸上明确标注外，最好还要在现场直接告知施工人员。

3 扶手与门之间的留缝

扶手上端固定在不会干扰到开门轨迹的位置。但是扶手会延伸到最大限度，为了提醒现场施工人员注意，在扶手离门轨迹最近的地方绘制了留缝。

从2楼饭厅眺望楼梯室

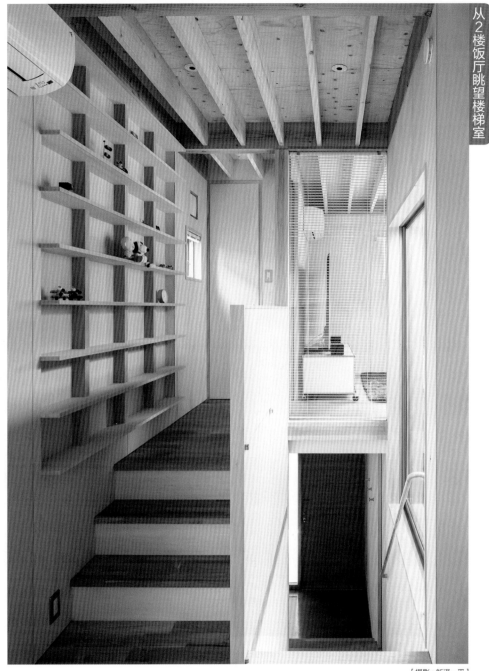

[摄影：新泽一平]

半埋入的轴承合页

2楼客厅及饭厅与楼梯室连在一起时，在夏天使用空调的季节，冷气会往下层走。为此，在楼梯上方安装了挡住冷气的“隐蔽门”。收起来的时候看不到，吊门上方没有用合页，而是用了家具专用轴承合页。轴承合页如果按照通常的安装方式，只有这个部分会多出来6mm的留缝。为了和门上方其他地方的3mm留缝对齐，这里只埋入了一半，即3mm。

房屋配件详图扩大图 [S=1:1]

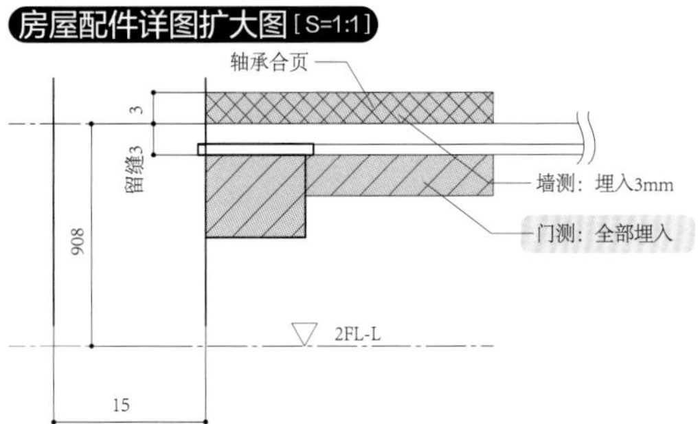

关注图纸可优化建筑计划

南侧房屋外观

［摄影：NAKASA&Partners］

实施图纸除把设计意图准确传达到现场以外，还是立体验证房屋、找出问题并研究解决方案的有效手段。

这栋房屋搭建在住宅密集区，为了满足房主希望白天打开窗户的要求，设计了两个中庭，几乎所有的窗户都向着中庭开放。所以需要针对“房间之间有无视线干扰”、“开口部的开闭轨迹是否妨碍了其他窗户或人的动作”等，进行详细的验证。

笔者在绘制实施图纸的过程中，反复与施工方开会讨论。接下来介绍的门窗框之间的角落部分收头，也是将讨论的施工方法在事先准备好的图纸上多次绘制修改，最终完成了施工上、防水性能上、设计的视线上都没有问题的窗户饰面。图纸不仅仅是一份施工计划，还是客观审视设计方案、最终引导房屋成为最佳效果的手段。我认为只有经过多次反复研究图纸的过程，才能最终实现完善度较高的房屋。［彦根 明］

向上眺望南侧中庭

[摄影：NAKASA&Partners]

中庭平面图 [S=1:20]（原图 [S=1:10]）

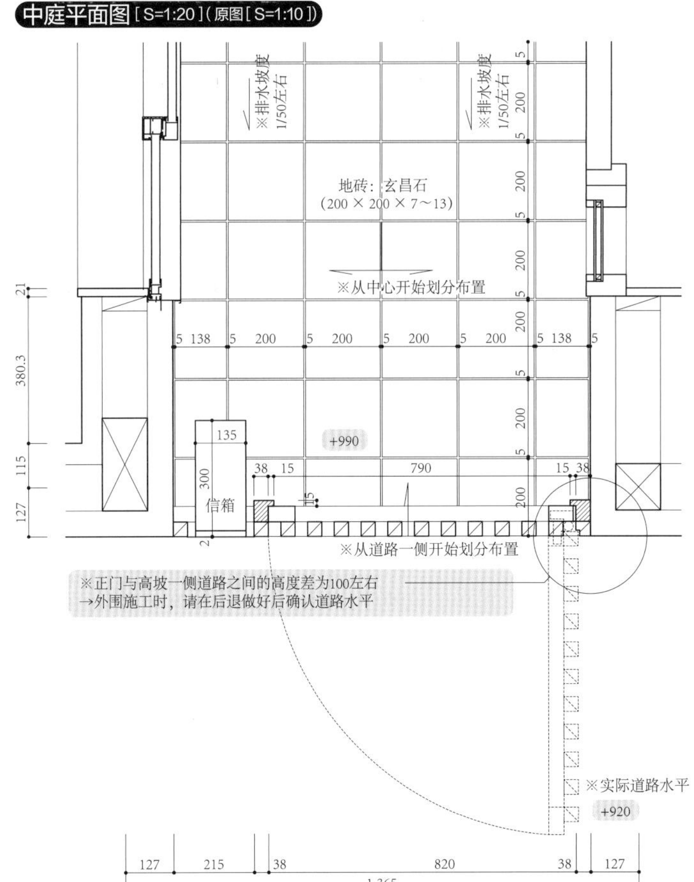

注意路面与正门之间不要接触

正门可以说是整栋住宅的脸，同时也是每天进进出出的地方，需要满足一定的功能性。正门处还有信箱、门铃、门牌等，集中了各类必要的构件。为了令施工满足房主的希望，要在图纸上反复研究，然后将研究结果传达到现场。正门面对的中庭只有1贴半的榻榻米宽度，非常狭窄，所以正门设计为向外推开的形式。前面道路有坡度，打开门时正门与路面之间不得接触，外围做完后施工的道路水平要确认，这些都在图中记载以提醒施工方。从路面到正门的高度差也做出了指示。

从饭厅越过中庭眺望客厅

［摄影：NAKASA&Partners］

将窗户连成一体，室外开口部角落做防水

与大窗户相邻的中庭角落的收头很难做。要想窗户之间以直角安装，做好防水收头需要给施工留下很大一块空白，所以需要比原计划的窗户间隔要大出很多。经过与现场商议，将垂直相邻的3个窗户做成了一体。这样也不必担心防水收头，还可以让门窗框之间离得更近。

开口部平面详图［S=1:10］

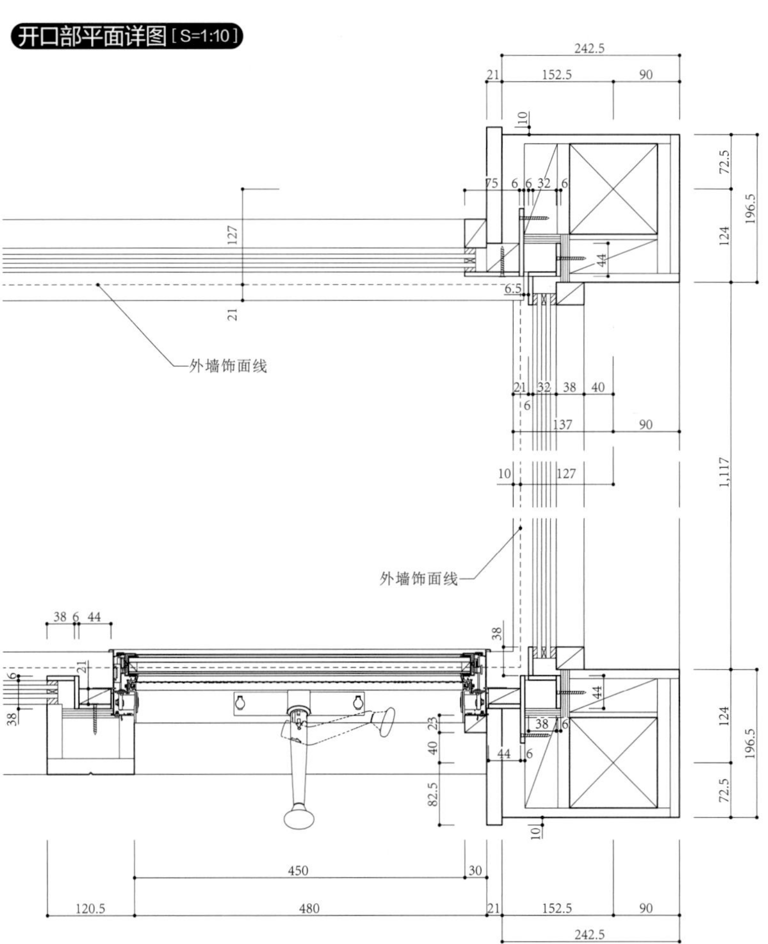

[摄影：NAKASA&Partners]

不要忘记标注柜下筒灯的布局

厨房的设计在住宅设计中也是一个重点。从了解料理机器与需要收纳的器皿数量，到实际与施工方针对含饰面在内的各部分收头进行讨论，要经过很多细节。要考虑使用方便的高度和宽度，确认放置的机器的大小以便决定柜子的尺寸，根据房主希望做好瓷砖的划分布置，这样才能最终完成一个理想的厨房。

厨房储物柜的剖面图上不仅标注柜子各部位的尺寸，还要标注接合时的详细尺寸。另外，储物柜板下方有埋入的筒灯，在立面图上要将这一意图切实传达给施工现场。

厨房展开图 [S=1:30]（原图 S=1:20]）

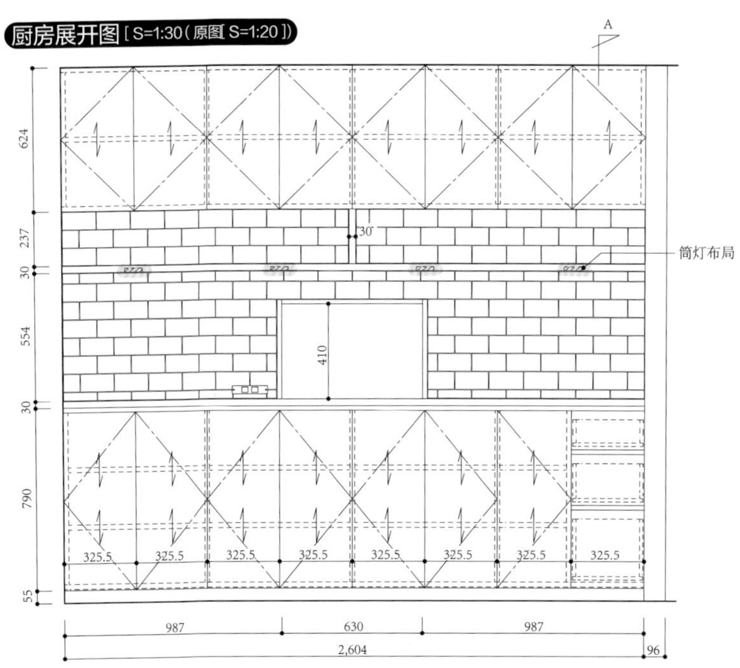

厨房储物柜A剖面图 [S=1:20]（原图 S=1:10]）

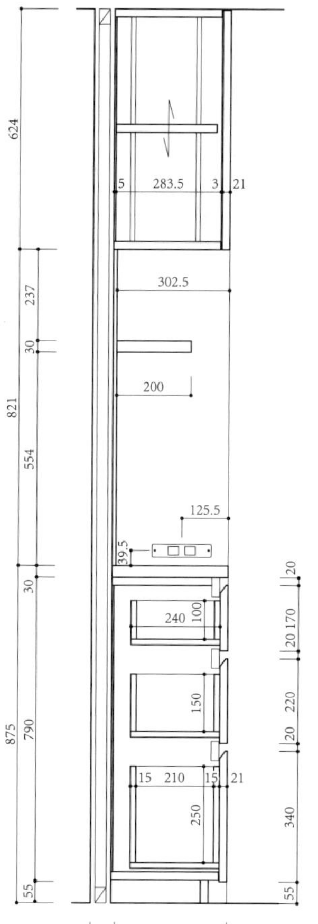

关键词索引

作者简历

BLEISTIFT

本间至

1956 年出生于东京都。1979 年毕业于日本大学理工学部建筑系，同年进入林宽治设计事务所。1986 年成立本间至建筑设计事务所。1994 年更名为本间至 BLEISTIFT。1995 年成为住房打造会的理事。2010 年成为日本大学理工学部建筑系的特邀讲师。

三平奏子

1987 年出生于与千叶县。2012 年毕业于日本大学研究生院理工学研究科建筑学专攻博士前期课程，同年进入 BLEISTIFT 工作。

■ 书中案例相关数据

［大宫之家］

宅基地面积…… 795.36m²
建筑面积……… 139.62m²
总建筑面积…… 118.41m²
规模…………… 地上 1 层
土地用途……… 第 1 类低层住居专用地
结构…………… 木制传统组建法

濑野和广+设计工作室

濑野和广

1957 年出生于山形县。1978 年毕业于东京设计学院，曾在大成建设设计部工作，于 1988 年成立设计工作室一级建筑师事务所。2006 年成为建筑环境省节能机构 CASBEE 的研究开发“住宅研究小委员会”委员。2009 年成为东京都市大学都市生活系的特邀讲师。

新井麻意子

1978 年出生于神奈川县。毕业于武蔵野美术大学，曾在 Design Farm 建筑设计工作室工作，于 2010 年进入濑野和广 + 设计工作室。

■ 书中案例相关数据

［简栋庵］

宅基地面积…… 117.34m²
建筑面积……… 46.89m²
总建筑面积…… 93.06m²
规模…………… 地上 2 层
土地用途……… 第 1 类低层住居专用地
结构…………… 木制传统组建法

RIOTA DESIGN

关本龙太

1971 年出生于埼玉县。1994 年毕业于日本大学理工学部建筑系，1999 年前在 Edy Network 建筑研究所工作。2000 ~ 2001 年在芬兰阿尔托大学留学。2002 年回国后成立 RIOTA DESIGN。

山口纯

1989 年出生于爱媛县。2010 年毕业于东京工学院专业学校。2012 ~ 2013 年在芬兰阿尔托大学留学。同年 8 月进入 RIOTA DESIGN 工作。

■ 书中案例相关数据

［FP］

宅基地面积…… 75.13m²
建筑面积……… 48.44m²
总建筑面积…… 113.45m²
规模…………… 地下 1 层 · 地上 2 层
用途地域……… 第 2 类低层住居专用地
结构…………… 木制（SE 施工法）

彦根建筑设计事务所

彦根明

1962 年出生于埼玉县。1985 年毕业于东京艺术大学建筑系，1987 年毕业于同校生院建筑系，同年进入矶崎新工作室。1990 年成立彦根建筑设计事务所。1990 年成为东海大学特邀讲师。

织田辽平

1984 年出生于神奈川県。曾在住宅厂家及 Design Farm 建筑设计工作室工作，于 2012 年进入彦根建筑设计事务所。

■ 书中案例相关数据

［NGC］

宅基地面积…… 100.45m²
建筑面积……… 48.02m²
总建筑面积…… 78.41m²
规模…………… 地下 1 层 · 地上 2 层
土地用途……… 第 2 类低层住居专用地
结构…………… 木制（SE 施工法）

施工图纸符号对应表

施工图中，根据习惯不一样表示方法也不尽相同，但国内施工图相对比较统一如：梁（L）、连梁（LL）、框架梁（KL）、过梁（GL）、柱（Z）、构造柱（GZZ）、框架柱（KZ）、梯柱（TZ），梯板，压顶，压顶圈梁、踏步等，如果是现浇的前边加一（X）。

附部分代号：

板	B	天沟板	TGB	楼梯梁	TL	柱	Z	梯	T
屋面板	WB	梁	L	框架梁	KL	框架柱	KZ	雨篷	YP
空心板	KB	屋面梁	WL	框支梁	KZL	构造柱	GZ	阳台	YT
槽行板	CB	吊车梁	DL	屋面框架梁	WKL	承台	CT	梁垫	LD
折板	ZB	单轨吊	DDL	檩条	LT	设备基础	SJ	预埋件	M
密肋板	MB	轨道连接	DGL	屋架	WJ	桩	ZH	天窗端壁	TD
楼梯板	TB	车挡	CD	托架	TJ	挡土墙	DQ	钢筋网	W
盖板或沟盖板	GB	圈梁	QL	天窗架	CJ	地沟	DG	钢筋骨架	G
挡雨板或檐口板	YB	过梁	GL	框架	KJ	柱间支撑	DC	基础	J
吊车安全走道板	DB	连系梁	LL	刚架	GJ	垂直支撑	ZC	暗柱	AZ
墙板	QB	基础梁	JL	支架	ZJ	水平支撑	SC		

版权登记号：01-2017-7432

图书在版编目（CIP）数据

室内设计施工图画法图解 /（日）本间至等编著；朱波译．— 北京：中国青年出版社，2017.12
国际环境设计精品教程
ISBN 978-7-5153-5009-7
I. ①室… II. ①本… ②朱… III. ①室内装饰设计 — 建筑制图 IV. ① TU238
中国版本图书馆 CIP 数据核字（2017）第 298034 号

国际环境设计精品教程：室内设计施工图画法图解
[日]本间至 濑野和广 关本龙太 彦根明/编著
朱波/译

出版发行：中国青年出版社
地 址：北京市东四十二条 21 号
邮政编码：100708
电 话：（010）50851188 / 50851189
传 真：（010）50851111
企 划：北京中青雄狮数码传媒科技有限公司

责任编辑：张 军
助理编辑：杨佩云
封面制作：叶一帆 邱宏

印 刷：北京瑞禾彩色印刷有限公司
开 本：787 × 1092 1/16
印 张：9
版 次：2017 年 12 月北京第 1 版
印 次：2017 年 12 月第 1 次印刷
书 号：ISBN 978-7-5153-5009-7
定 价：59.80 元

本书如有印装质量等问题，请与本社联系
电话：（010）50856188 / 50856199
读者来信：reader@cypmedia.com
如有其他问题请访问我们的网站：www.cypmedia.com